普通高等教育计算机规划教材

网页设计与制作教程

（Dreamweaver +Photoshop+Flash 版）

刘瑞新　吴丰　主编

周月红　庞子龙　李艳静　等编著

机械工业出版社

本书结合工作实践，按照 DIV+CSS 的主流模式，在介绍 HTML、XHTML 和 CSS 的基础上，将网页设计中经常使用的软件进行组合，以案例的形式详细讲解 Dreamweaver、Photoshop 和 Flash 在网页设计与制作中的应用和设计流程。本书除了介绍软件的使用外，更多地体现了基于 Web 标准的网页设计理念。在内容安排方面，前后练习所用素材交叉互用，将三款软件间的协同工作的情景清晰体现；在结构编排方面，每章均包含知识重点、预期目标、课堂练习、课堂实训和习题等环节，方便读者把握学习进度，方便教师掌控教学安排。

本书按照教学规律精心编排设计，可作为各类院校的网页设计与制作教材，各层次职业培训教材，同时也可作为广大网站开发爱好者的自学指导用书。

本书配套授课电子课件，需要的教师可登录 www.cmpedu.com 免费注册、审核通过后下载，或联系编辑索取（QQ：241151483，电话：010-88379753）。

图书在版编目（CIP）数据

网页设计与制作教程：Dreamweaver+Photoshop+Flash 版 / 刘瑞新，吴丰主编. —北京：机械工业出版社，2012.6

ISBN 978-7-111-38442-7

Ⅰ. ①网… Ⅱ. ①刘… ②吴… Ⅲ. ①网页制作工具-教材 Ⅳ. ①TP393.092

中国版本图书馆 CIP 数据核字（2012）第 102333 号

机械工业出版社（北京市百万庄大街 22 号 邮政编码 100037）
责任编辑：郝建伟 刘敬晗
责任印制：乔 宇

三河市国英印务有限公司印刷

2012 年 8 月第 1 版 · 第 1 次印刷
184mm×260mm · 16.5 印张 · 406 千字
0001—3000 册
标准书号：ISBN 978-7-111-38442-7
定价：34.00 元

出 版 说 明

　　信息技术是当今世界发展最快、渗透性最强、应用最广的关键技术，是推动经济增长和知识传播的重要引擎。在我国，随着国家信息化发展战略的贯彻实施，信息化建设已进入了全方位、多层次推进应用的新阶段。现在，掌握计算机技术已成为 21 世纪人才应具备的基础素质之一。

　　为了进一步推动计算机技术的发展，满足计算机学科教育的需求，机械工业出版社聘请了全国多所高等院校的一线教师，进行了充分的调研和讨论，针对计算机相关课程的特点，总结教学中的实践经验，组织出版了这套"普通高等教育计算机规划教材"。

　　本套教材具有以下特点：

　　1）反映计算机技术领域的新发展和新应用。

　　2）为了体现建设"立体化"精品教材的宗旨，本套教材为主干课程配备了电子教案、学习与上机指导、习题解答、多媒体光盘、课程设计和毕业设计指导等内容。

　　3）针对多数学生的学习特点，采用通俗易懂的方法讲解知识，逻辑性强、层次分明、叙述准确而精炼、图文并茂，使学生可以快速掌握，学以致用。

　　4）符合高等院校各专业人才的培养目标及课程体系的设置，注重培养学生的应用能力，强调知识、能力与素质的综合训练。

　　5）注重教材的实用性、通用性，适合各类高等院校、高等职业学校及相关院校的教学，也可作为各类培训班和自学用书。

　　希望计算机教育界的专家和老师能提出宝贵的意见和建议。衷心感谢计算机教育工作者和广大读者的支持与帮助！

机械工业出版社

前　言

网页设计是一门集艺术性与技术性于一身的交叉学科，在实际工作中所使用的软件也多种多样。本书结合工作实践，按照 DIV+CSS 的主流模式，在介绍 HTML、XHTML 和 CSS 的基础上，将网页设计中经常使用的软件进行组合，分别在网页制作与网站开发领域、网页图像处理领域以及网页动画设计领域，深入浅出地介绍了 Dreamweaver、Photoshop 和 Flash 三款软件，全面讨论了网页制作的流程、方法和效果图的制作，以及网页动画制作等内容。本书之所以使用 Photoshop 软件替换 Fireworks 软件，是因为在工作中前者比后者的应用范围要宽广很多。此外，Photoshop 同样具有切片输出图像的功能，在制作网页效果图方面也优于 Fireworks，所以本书在效果图制作方面将 Photoshop 软件作为首选。

全书共分为 12 章，各章的主要内容如下。

第 1、2 章，主要介绍与网页设计相关的基础知识以及必须学习的 HTML 与 XHTML 语言基础，使读者对网页设计有整体认识。

第 3～7 章，采用知识点、练习与实训相结合的方式，将 Dreamweaver CS5 和 CSS 两部分内容集合起来，不仅介绍 Dreamweaver CS5 在网页设计与制作方面的操作方法，而且深入浅出地介绍了有关 CSS 的内容。

第 8～9 章，详细介绍 Photoshop CS5 的基础知识以及制作各种网页素材应该掌握的基本技能，帮助用户了解如何设计和制作网页中的图像素材。

第 10、11 章，详细介绍 Flash CS5 的基础知识以及使用 Flash 制作各种网页素材的基本技能。

第 12 章，通过一个电子商务网站布局实例，强化之前学习的理论知识，使读者全方位体验作为一名网页设计师应该具有的素质和能力。

本书主要特色如下。

➤ 知识重点与预期目标：每章章首概括了本章所涉及的重要知识点，便于读者直观、简洁地了解本章内容要点。

➤ 课堂综合练习：围绕本章知识要点，综合练习、实践理论内容，满足学生模仿训练的需求。

➤ 课堂综合实训：提高学生自主解决实际问题的能力，有要求、有指导，方便教师对学习内容的安排。

➤ 思考与习题：每一章末尾为复习题、思考题或上机练习，便于巩固该章学习的内容，引导学生提高上机操作能力。

➤ 案例连贯：本书部分案例前后所使用的素材具有连贯性，充分体现 Dreamweaver、Photoshop 与 Flash 三者之间的联系。

➤ 课件资源：为了便于教师教学，本书配有教学课件和完备的实例素材，老师们可从机械工业出版社的网站下载，网址是 http://www.cmpedu.com。

本书由刘瑞新、吴丰主编，周月红、庞子龙、李艳静等编著，参加编写的人员有马莉（第 1 章），庞子龙（第 2、5 章），吴丰（第 3、6 章），周月红（第 4、7 章），杜鹃（第 8、

Dw **Ps** **Fl**

9 章），李艳静（第 10、11 章），万兆君、刘大学、陈文明、万兆明、王金彪、孙明建、骆秋容（第 12 章的 12.1 节），崔瑛瑛、孙洪玲、刘克纯、翟丽娟、缪丽丽、李美嫦、徐云林（第 12 章的 12.2 节），岳爱英、庄建新、张国胜、岳香菊、胡峰、丁新建（第 12 章的 12.3 节）。全书由刘瑞新教授统稿。

　　由于时间仓促，书中难免有错误和疏漏之处，欢迎广大读者批评指正。

编　者

教 学 建 议

教 学 内 容	教 学 要 求	课　时
第 1 章 网页设计基础	了解有关网页设计的基本概念；掌握网站建设的基本流程；了解常见的网页布局	2
第 2 章 网站设计基础语言 HTML 与 XHTML	熟练掌握 HTML 与 XHTML 的基本语法；熟练掌握 XHTML 中常见标签的含义及其使用方法；重点掌握超链接标签与列表标签的相关知识；能够使用 XHTML 创建简单网页	8
第 3 章 Dreamweaver CS5 的基本操作	掌握 Dreamweaver CS5 的基本操作方法；正确理解 CSS 的语法和盒模型等概念；熟练掌握 CSS 选择符；能够编写简单 CSS 规则美化页面	8
第 4 章 网页中文本与图像的控制	掌握超链接的种类及其使用方法；掌握插入图像和绘制特点区域的方法；熟练掌握与控制文本相关的 CSS 知识；熟练掌握与控制图像相关的 CSS 知识；熟练掌握图文混排的方法	6
第 5 章 列表元素、CSS 浮动和定位	熟练掌握列表元素的相关知识，能够借助列表元素实现多种效果；正确理解浮动概念，并合理运用浮动；正确理解定位概念，能够使用相对定位和绝对定位实现网页效果	8
第 6 章 表格与表单	掌握表格创建、拆分和合并等系列操作方法；掌握细线表格的制作方法；掌握表单的基本概念及各种表单对象；熟练掌握与表格和表单的相关 CSS 属性及其使用方法	6
第 7 章 框架与模板	掌握框架与框架集的基本概念；熟练掌握创建包含框架页面的方法；掌握模板的基本概念；能够使用模板快速创建其他页面	6
第 8 章 Photoshop CS5 的基本操作	了解位图与矢量图的区别，以及常用的图像格式；熟练掌握 Photoshop CS5 的常用工具与基本操作；掌握图层的创建与编辑的方法；掌握图层蒙版的创建方法	6
第 9 章 Photoshop CS5 页面设计	了解相近色与对比色的概念，并会为网页配色；掌握 Logo 的设计原则与制作方法；掌握导航栏的制作方法；掌握 GIF 动画的制作方法；熟练掌握切片工具及切片选择工具的使用方法	6
第 10 章 Flash CS5 的基本操作	认知 Flash CS5 的常用面板；掌握 Flash 基本操作；能够熟练完成 Flash CS5 元件的制作；掌握网页导航条的制作方法	6
第 11 章 Flash CS5 动画设计	了解有关动画制作的基本知识，认识动画制作的基本流程；掌握引导层动画与遮罩动画的制作方法；掌握简单的 Action Script 2.0 语法及其相关知识；能够制作简单的交互性动画	6（选修）
第 12 章 综合练习	掌握 Photoshop 和 Flash 软件制作网站素材的方法；掌握使用 Dreamweaver 实现布局的方法；掌握网站静态页面开发的全过程	12
总学时		80（74）

说明：

1）本课程参考总学时为 80 学时，建议所有教学内容均在机房进行，采用"边讲边练"、"任务驱动"的教学模式。

2）建议教师每次理论知识讲解完成后，先安排学生完成对应知识点的小例子，然后引导学生参照教材完成"课堂综合练习"环节，以便将知识在实践中加深记忆；每章结束后，以作业的形式安排学生独立完成"课堂综合实训"环节，以便将知识活学活用。

3）教材最后章节安排"综合练习"，以巩固所学知识，提高学生的分析问题和解决问题的能力。

4）本课程建议学时为 80 学时，任课教师可根据实际情况酌情增减或有选择地讲解部分章节的内容。

目　　录

第 *1* 章

网页设计基础

在正式学习网页设计与制作的内容之前，首先需要了解有关网页设计的基本概念、网页与网站的基础知识，为以后掌握深层次的知识打下基础。

知识要点

➢ 认识网页与网站；

➢ 网站的主题与风格；

➢ 网页设计的基本流程；

➢ 页面布局。

预期目标

➢ 初步认识网页设计的基本概念；

➢ 能够流畅地叙述网站建设的基本流程；

➢ 能够认知常见的网页布局；

➢ 能够赏析网页设计的优秀作品。

1.1 网页界面元素

浏览者在互联网中面对那些风格迥异的网页时，能够体会到不同的感受，但无论网页是何种类型、何种风格，从网页的构成元素来讲，基本上是一致的。网页设计的构成元素包括文字、图形图像、颜色和版式等。本节从认识网页开始，讲述有关网页设计方面的基本知识，希望读者能够对当前的网页设计与制作有正确的认识和理解。

1.1.1 基本概念

1. 网页

网页（Web Page）是一个文件，通常是 HTML 格式（文件扩展名为.html 或.htm），它存放于某台与互联网相连的计算机中。网页中通常包含文字和图像信息，有些网页还包含声音、视频、动画和程序等内容。网页是网站中的一页，是构成网站的基本元素。网页要通过网页浏览器来阅读。

2. 网站

网站（Web Site）有两层含义，从设计者的角度看，网站是由各种特定内容的网页集合而成的；从访问者的角度看，网站由域名（也就是网站地址）和网站空间构成，通常包括主页和其他具有超链接文件的页面。人们可以通过浏览器访问网站，获取相应的网络服务。

 1

3．主页

主页（Home Page）也称首页，是在浏览器打开某个网站后首先看到的页面，它承载着网站中所有指向二级页面或其他网站的链接信息，是整个网站中最为特殊的页面，起到体现整个网站形象的作用。

4．构成要素

从网页设计角度来讲，其信息的有效传达是通过各种构成要素的设计编排来实现的，图 1-1 所示的是某一常见的网页。

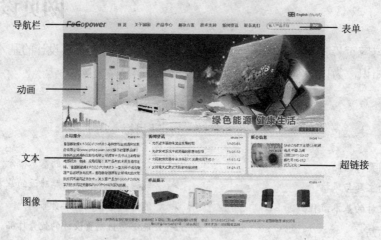

图 1-1　某一常见的网页

（1）文本

文本可以理解为网页中的文字内容，是网页设计的主体，具有准确表达信息的功能。为了引起浏览者的注意，网页设计人员通过设置字体、字号和颜色等文本属性，突出显示重要内容。

（2）图像

网页中的图像主要有美化网页、定位风格、产品宣传和信息传递等功能，JPEG、GIF 和 PNG 等图像格式常被应用于网页中。

（3）超链接

超链接是一种同其他网页或站点之间进行连接的元素。在网页中，超链接的对象可以是文字或者图像等。当浏览者单击已经链接的文字或图像等后，链接目标将显示在浏览器中。

（4）动画

网页中的动画可分为 GIF 动画和 Flash 动画两类。由于动态的内容更能吸引浏览者的关注，所以许多网站的广告都制作成动画的形式。此外，某些房地产、汽车销售和产品展示类的专业网站为追求丰富的视觉效果，还将整个网站制作成 Flash 动画的形式。

（5）音频和视频

随着网络带宽环境的改善，越来越多的网页设计人员在网页中加入音乐和视频等内容，这使得网页内容丰富起来。常用的网络音频格式有 MP3、WAV 和 MIDI 等，视频格式有 FLV、RM 和 MPEG 等。

（6）表单

表单在网页中主要负责数据采集，它是浏览者与服务器之间进行信息交互的元素，使用表单可以完成登录、搜索、注册、反馈意见和调查等交互功能。

（7）导航栏

导航栏其实是一组超链接，它通常被放置在网页页眉较引人注目的地方，起到链接网站各个页面的作用。

1.1.2　网站的主题与风格定位

1．主题定位

所谓网站的主题，就是网站所要表达的主要内容，即网站的题材。不同的网站对应不同的浏览群体，特定的浏览群体意味着网站要有特定的主题内容。为此，在动手制作网站之前一定要考虑这个网站到底要做什么，通过这个网站要表达什么内容，要给网站一个准确的定位，如果内容过于庞杂，就会失去中心主题从而降低对访问者的吸引力。

另外，网站的主题需要通过具体的功能去实现，系统功能是建设网站的核心。对于网站功能方面的设计，要考虑服务对象，了解服务对象的喜好与习惯；要适应管理对象，因为网站是一系列管理者的工作平台，不同管理者的职责和权限是不同的；还要善于总结，在进行需求分析的基础上，按照逻辑结构、角色权限、职能部门等内在因素进行有效合理的划分，以便后期开发。主题定位的几点建议如下。

1）尽量选择擅长的题材。作为设计师来讲，尽量选择自己熟悉、擅长的领域作为网站的主题，在设计制作时更能够得心应手。

2）主题范围要小而精。网站主题范围不应太宽、太大，要基于某一亮点做出特色，这样才能吸引广大浏览者的眼球。

3）内容要标新立异。可以借鉴、参考其他网站的主题，但一定要有创新。

2．风格定位

所谓风格，是指网站的整体内容与形式给浏览者的综合感受，即网站的特色。风格能够透露出设计者与企业的文化品位。从浏览者接受信息的角度来看，最初吸引浏览者的一定是风格特征，但随着浏览者的继续使用，会逐渐增加对内容以及浏览过程的体验。总之，有价值的内容是风格的基础，创意是风格的灵魂。风格定位的几点建议如下。

1）确保页面元素的统一性。网页中包含的图像、文字和导航背景等基本元素要形成统一的整体。

2）确保网站界面的清晰、美观、易于访问。

3）结合版式设计的相关理论，合理安排视觉要素，使得浏览者在访问站点的过程中体验到视觉的秩序感、新奇感。

1.2　如何进行网页设计

网页设计就是根据 HTML 规则，在明确建立网站的目标和用户需求的基础上，对网站的整体风格和特色做出定位，规划网站的组织结构，然后使用网页制作工具制作用于展示特定内容的相关网页的过程。

学习网页设计是一个循序渐进的过程，先要学习 HTML，然后学习 CSS。期间为了理解网页的结构原理，可以使用记事本编写简单网页。

在理解了 HTML、CSS 后，为了提高写网页的效率，再学习可视化工具，如本书介绍的 Dreamweaver。学习 Photoshop（以前是 Fireworks）的目的是学图片处理，比如加一些效果，还有很重要的就是切图，这对于初学者是很重要的。要想让网页多一些炫目的效果，就要再学一下 Flash。这时就可以体会到 Dreamweaver、Photoshop、Flash "网页三剑客" 的威力了。

网页设计属于设计的范畴，既然是设计，就是有目的、有方法的美化行为。本节主要从网页设计的流程、工具以及常见的版式布局出发，讲解网页是如何被设计出来的。

1.2.1 网页设计的基本流程

网站建设前期除了与客户保持良好的沟通和交流外，更重要的是要遵循网站建设的基本流程。一般将网站设计过程分为以下阶段。

（1）需求分析与调查阶段

设计师首先要与客户进行充分沟通，明确客户建设网站的目的和具体要求，并且全面收集各种资料，分析客户的真正意图。

（2）网站规划设计阶段

明确服务器解决方案，撰写网站规划设计说明书，确定网站主题、风格类型、版式布局等基础元素。

（3）界面设计与制作以及程序开发阶段

根据网站风格和功能进行网站前台页面设计与后台程序编写，使得网站基本符合客户要求，功能使客户满意。

（4）网站测试与文档编写阶段

网站制作完成后，需要经过反复测试、审核、修改，待确定无误后才能正式发布。

（5）网站维护阶段

网站建立之后，还需要对网站运行状态进行监控，并对网站运行情况进行统计，以便发现问题及时解决。在运行过程中还需要不断更新，根据客户需求增加、删除和修改相关内容。

综合上述 5 个阶段，可以得到如图 1-2 所示的网站设计工作流程图。

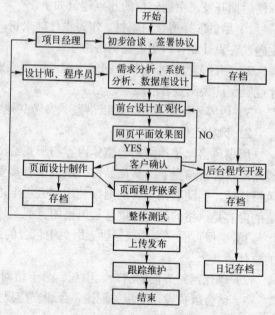

图 1-2　网站设计工作流程图

1.2.2 网页设计的常用工具

由于本书只涉及静态网页的设计与实现，这里所介绍的工具均是在制作静态网页时所用到的常用工具。根据网页的制作流程，通常需要图像处理软件、网页排版软件和动画制作软件来完成各部分的设计工作。

1. Dreamweaver

Dreamweaver 是一款所见即所得的网页编辑器，也是建立 Web 站点和应用程序的专业工具。它将可视布局工具、应用程序开发功能和代码编辑支持组合在一起，其功能强大，使得各个层次的开发人员和设计人员都能够快速创建基于 Web 标准的网站和应用程序。

2. Photoshop

Photoshop 是一款业界较出名的图像处理软件，可以为设计师提供专业的图像编辑与处理。该款软件应用的领域非常广泛，如平面设计、广告摄影、视觉创意和界面设计等。在网页设计领域，主要使用 Photoshop 制作网站效果图以及输出所需切片。

3. Flash

Flash 是一款二维矢量动画软件，用于设计和编辑 Flash 文档。Flash 中可以包含简单的动画、视频内容、复杂演示文稿和应用程序以及介于它们之间的任何内容。在网页设计中，Flash 通常被用来制作 Banner 动画、导航、广告以及视频播放器。

总的来说，只有多款软件的有机组合，发挥设计师的技术才华，才能简单、高效地实现网页各种功能。常用工具组合示意图如图 1-3 所示。

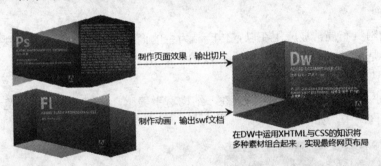

图 1-3　常用工具组合示意图

除了上述所介绍的三款软件以外，还有 Illustrator、Fireworks、CorelDraw、博硕网页设计师等其他第三方工具，能够作为辅助工具对网页进行设计，这里不再对这些软件进行详细讲解，有兴趣的读者可以自行学习。

1.2.3　页面布局的介绍与欣赏

由于网页中内容极其丰富，所涉及的元素又多种多样，使得网页的版式布局在有效传递信息方面处在非常重要的位置。本节将对网页设计的页面布局进行介绍与欣赏。

1. 拐角型

拐角型的网页布局主次鲜明，结构清晰，是初学者最容易学习的版面布局之一，如图 1-4 所示。采用这种类型布局的页面通常在顶部放置标题或广告横幅，左侧是一窄列导航链接，右侧是很宽的正文，网页底部放置一些网站的辅助信息。

2. "国"字型

"同"字型、"口"字型和"回"字型都可以归属于"国"字型，这种布局的优点是容纳信息量大，如图 1-5 所示。此外，某些综合性门户网站也经常使用此类型的布局。这种类型的布局通常在网页最上面放置网站的标题或横幅广告条，接下来是网站的水平导航栏，导航栏的下方分为左、中、右 3 栏布局，其中左栏常放置内容导航、注册登录等，右侧常放置热点链接、动态新闻等，中间则是网站的主体内容，页面最下方放置联系方式、版权声明等一般信息。

3. 框架型

框架型的布局又包括左右框架型、上下框架型和综合框架型 3 种布局类型，常见的有邮箱、办公自动化等页面，如图 1-6 所示。

图 1-4　拐角型布局　　　　图 1-5　"国"字型布局　　　　图 1-6　框架型布局

4. 封面型

封面型的网页布局常被应用在以宣传产品为主的商业网站中，其优点是视觉传达效果直观强烈，缺点是显示速度相对较慢，如图 1-7 所示。

5. 自由型

自由型的网页布局具有很强的随意性，结构富于美感，能够引起大量浏览者的欣赏，常应用于时尚类网站中，如图 1-8 所示。

图 1-7　封面型布局　　　　　　　　　　图 1-8　自由型布局

1.3　习题

1. 网页的构成元素有哪些？
2. 在定位网站主题与风格方面应该注意哪些事项？
3. 简述网站设计流程。
4. 在互联网上收集优秀网页设计，将其保存在收藏夹中，作为以后学习的素材。

第 *2* 章

网站设计基础语言 HTML 与 XHTML

HTML 与 XHTML 是网页设计的基础语言，无论网页效果多么绚丽，最终都是使用 HTML 或 XHTML 语言来制作的，掌握这些语言对以后精通网页设计与制作有很大帮助。本章主要从网页设计的基础入手，介绍 HTML 或 XHTML 语言方面的知识。

知识重点

> ➤ HTML 与 XHTML 的基本语法；
>
> ➤ HTML 与 XHTML 的区别；
>
> ➤ 排版类标签；
>
> ➤ 超链接标签。

预期目标

> ➤ 能够看懂常见的各种标签；
>
> ➤ 能够使用段落标签实现文本的简单排版；
>
> ➤ 能够使用超链接标签实现文本超链接；
>
> ➤ 能够使用 HTML 创建简单网页。

2.1　HTML 与 XHTML

尽管现在许多可视化的网页编辑软件都可以极大提高 Web 设计人员编辑网页的效率，但作为 Web 页面的基础组成部分，掌握 HTML 和 XHTML 的基本知识是非常有必要的，本节从最基本的知识讲起，希望读者对 HTML 和 XHTML 有全新的了解。

2.1.1　HTML 概述及其语法

1. HTML 与 XHTNL 是什么

HTML（超文本标签语言）和 XHTML（可扩展超文本标识语言）都是用于文档布局和超文本链接规范的语言。它们定义了许多带有语义的命令，虽然浏览器中不会显示这些命令，但是它们可以告诉浏览器如何显示文档内容（如文本、图片和其他媒体等）。这两种语言还可以通过超文本链接把用户的文档与其他互联网资源联系起来。

HTML 是在标准通用标签语言（Standard Generalized Markup Language，SGML）定义下的一个描述语言。起初创建 SGML 的目的是让它成为一个唯一的标签语言，但 SGML 太过广泛和全面，以至于设计者没有办法使用它。要想高效地使用 SGML，就需要复杂和昂贵的工具，这些条件远远超出了普通人编写 HTML 文档的范围。所以，HTML 采用了部分 SGML 标准，使得 HTML 易于使用。

 7

W3C（万维网联盟）认识到 SGML 过于庞大，不适合用来描述非常流行的 HTML，而对用于处理不同网络文档的其他类似 HTML 的标签语言的需求又急速增长。因此，W3C 定义了可扩展标签语言，也就是 XML（Extensible Markup Language）。与 SGML 一样，XML 也是一种元标记语言，它使用了 SGML 中的部分特性定义标签语言，摒弃了很多不适合 HTML 这类语言的 SGML 特性，并简化了 SGML 的其他元素，以使它们更容易使用和理解。

由于 HTML 4.01 并不与 XML 兼容，因此 W3C 又提供了 XHTML，它是一个 HTML 的重写版本，以使其能与 XML 相兼容。XHTML 试图用 XML 更加严厉的规则来支持 HTML 4.01 所有最新的特性，这种努力取得了十分明显的效果。

总而言之，XHTML 就是一个扮演着类似 HTML 角色的 XML。本质上，XHTML 是一个过渡，结合了 XML 的一些功能和 HTML 的大多数特性。

2．什么是 HTML 文档

HTML 文档包含 HTML 标签和纯文本，它被 Web 浏览器读取并解析后，以网页的形式显示出来，所以 HTML 文档又被称为网页。该文档的扩展名为".htm"或".html"，两者并无差别，常用的 HTML 编辑软件主要有记事本、写字板、Dreamweaver 和 UltraEdit 等。

3．什么是 HTML 标签

标签（Tag，也称标记）是用一对尖括号"<"和">"括起来的单词或单词缩写，它是 HTML 文档的主要组成部分。每个标签都有特定的描述功能，HTML 文档就是通过不同功能的标签来控制 Web 页面内容的，图 2-1 所示的是网页中常见的链接标签。

<a href="http://www.baidu.com/" title="百度一下，你就知道">百度搜索</a>

图 2-1　链接标签

图中"a"就是 HTML 标签的一种，在此的作用是标示超链接，"<a>"为开始标签，"</a>"为结束标签，所包含的内容就在两个标签之间。此外，<a>标签中还包含两个属性，即 href 属性和 title 属性，它们分别标示链接的地址和标题，属性的值要用等号进行连接，并用双引号进行标注。

需要特别注意的是，在 HTML 中有些标签并不是成对出现的（例如 img、br 和 meta 等），它们只有开始标签，没有结束标签。

4．HTML 文档的基本结构

HTML 文档结构很简单，由最外层的<html>标签组成，里面是文档的头部和主体。在 Dreamweaver 中新建一个 HTML 文档可以清晰看到其基本结构，如图 2-2 所示。

```
<!DOCTYPE HTML PUBLIC "-//W3C//DTD HTML 4.01
Transitional//EN" "http://www.w3.org/TR/html4/loose.dtd">
<html>
<head>
<meta http-equiv="Content-Type" content="text/html;
charset=utf-8">
<title>无标题文档</title>
</head>


<body>
</body>
</html>
```

图 2-2　HTML 文档的基本结构

如图 2-2 所示，每个文档都有头部（Head）和主体（Body），它们分别由<head>标签和<body>标签分隔开来。<head>是网页的头部信息，里面包含关于所在网页的信息，它主要是被浏览器所用，但不会显示在网页的正文内容中。头部信息通常包括<title>（标题）、<link>（链接）、<style>（样式）、<script>（脚本）以及<meta>（关于信息）等。<body>是放置文档实际内容的地方，也是访问者在浏览器中看到的内容。

需要特别注意的是，这里 DOCTYPE 的含义是文档类型，浏览器需要根据此文档类型和所使用的代码型号解析出相应的网页，DOCTYPE 直接决定了浏览器的显示效果；meta 元素是 HTML 语言头部的一个辅助性标签，具有定义页面的使用语言、自动刷新并指向新的页面、实现网页转换时的动画效果、网页定级评价以及帮助主页被各大搜索引擎检索等功能。

2.1.2 使用记事本创建 HTML 文档

能够编辑 HTML 文档的软件很多，如 Dreamweaver、FrontPage 和 UltraEdit 等，这些软件能够帮助用户构建大部分 HTML 文档，但作为初学者来说，不需要任何第三方工具就可以学习 HTML。本节使用纯文本编辑器（记事本）来创建一个网页，读者可以通过这个简单的案例学习网页的编辑、保存和测试的过程。

 2-1：使用记事本创建 HTML 文档。

1）在 Windows 中，执行"开始"→"所有程序"→"附件"→"记事本"，打开记事本。

2）创建网页。按照之前所讲的 HTML 规则，在"记事本"窗口中输入相关内容，如图 2-3 所示。

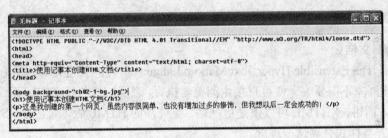

图 2-3 在"记事本"中输入 HTML 语言

3）保存网页。在记事本的菜单栏中，执行"文件"→"保存"，此时弹出"另存为"对话框。在该对话框的"保存在"下拉列表框中选择文件存放的路径；在"文件名"文本框中输入以".html"为扩展名的文件名，这里输入"使用记事本创建 HTML 文档.html"；在"保存类型"下拉菜单中选择"文本文档"，最后单击"保存"按钮即可。

需要说明的是，在保存 HTML 文件时，既可以使用".htm"也可以使用".html"扩展名，这是因为过去很多软件只允许使用 3 个字母的扩展名，而现在使用".html"完全没有问题。

4）启动 Internet Explorer。

5）执行浏览器菜单栏中的"文件"→"打开"，弹出"打开"对话框，如图 2-4 所示。

6）单击"浏览"按钮，在打开的对话框中找到刚才保存的"使用记事本创建 HTML 文档.html"文件。在"打开"对话框中，单击"确定"按钮，即可看到网页效果，如图 2-5 所示。预览后如果有需要修改的地方，还可以在"记事本"中打开该.html 文件进行修改。

本例中在 body 元素内部直接赋予"background"（背景）属性，主要是为了美化整个页面，但这种处理方式目前不值得提倡，后续章节会陆续讲解较好的处理方式，此处暂时这样处理。

图 2-4 "打开"对话框   图 2-5 预览效果

至此，使用记事本创建一个简单网页的过程已经介绍完了。读者在制作本案例过程中，可能觉得使用"记事本"编写网页十分枯燥也容易出错，对于这个问题读者无需担心，本书后续章节将着重讲解使用 Dreamweaver CS5 制作网页的方法，而本节主要希望读者能够亲身掌握有关 HTML 语言的基本规则。

2.1.3 XHTML 概述

1．XHTML 文档

XHTML 是 The Extensible Hyper Text Markup Language（可扩展超文本标识语言）的缩写，它是一种标记语言，不需要编译便可直接由浏览器执行，表现方式与超文本标签语言（HTML）类似。从语法方面讲，XHTML 可以说是更严格、更纯净的 HTML 版本，它与 CSS 相结合后，充分体现了内容与样式分离这一理念。

2．XHTML 文档的基本结构

XHTML 文档与 HTML 文档结构很相似，但还是有多方面的差别。在 XHTML 文档中必须进行文件类型声明（DOCTYPE declaration），必须存在 html、head、body 元素，而且 title 元素还要位于 head 元素中。为了更加方便地介绍，下面的示例给出了一个最基本的 XHTML 标准网页的文档结构，如图 2-6 所示。

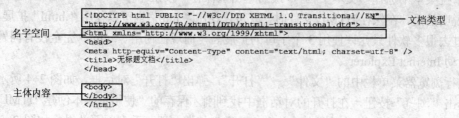

图 2-6　XHTML 文档的基本结构

（1）文档类型

文档类型的声明部分由<!DOCTYPE>标签进行定义，元素的名称和属性必须大写，代码

中 DTD 表示文档类型定义，浏览器就是根据定义的 DTD 进行页面元素解析的，网页文档必须有正确的文档类型，否则页面内的元素和 CSS 不能正确生效。

（2）名字空间

名字空间（Namespace）是通过一个网址指向识别页面上的标签。在 XHTML 文档中必须使用 xmlns 属性声明文档的命名空间。

由于 XHTML 是 HTML 向 XML 过渡的标识语言，因此需要符合 XML 的规定，这也是为什么需要定义名字空间的原因。此外，目前 XHTML 1.0 还不允许用户自定义元素，因此，无论 XHTML 文档的类型是什么，它的命名空间值都相同。

（3）head 元素

网页头部元素 head 也是 XHTML 文档中必须使用的元素，其作用与 HTML 文档相同，都是定义页面的头部信息。

（4）title 元素

页面元素 titile 用于定义页面的标题，在预览和发布时，页面标题所包含的内容会显示在浏览器的标题栏中。

（5）body 元素

页面主体元素 body 用来定义页面中所有要显示的内容（比如文本、超链接、图像、表格和列表等）。

2.1.4　HTML 与 XHTML 有何区别

XHTML 语法规则比 HTML 语法规则要严格许多，具体内容主要分为以下几方面。

1. 所有的标签都必须关闭，即便是空标签也必须关闭

在 HTML 文档中，用户可以打开多个标签，例如在使用<li>标签时，并不一定要用</li>标签将其关闭，而在 XHTML 中，这种写法是不合法的，不允许出现没有关闭的标签。如果是单独不成对的标签，也要在标签最后加一个"/"来关闭它。

以下示例代码片段是正确的写法：

```
<body>
<p>所有的标签都必须关闭，即便是空标签也必须关闭。</p>
<img src=" 插入图片.png" width="156" height="143" />
</body>
```

以下示例代码片段是错误的写法：

```
<body>
<p>所有的标签都必须关闭，即便是空标签也必须关闭。
<img src=" 插入图片.png" width="156" height="143" >
</body>
```

2. 所有标签的属性必须是小写

与 HTML 不同，XHTML 对大小写区分得十分清楚，像
和
是两个不同的标记。在 XHTML 文档中标签和属性的名称必须是小写，且大小写混合书写也是不被允许的。

以下示例代码片段是正确的写法：

```
<body>
<div id="main">
    <div id="main-main">
```

```
        <p><img src="images/1021.gif" width="50" height="51" />2011.01.05</p>
        <p>华东地区销售额已经突破 500 万，华中地区销售出现</p>
      </div>
    </div>
  </body>
```

以下示例代码片段是错误的写法：

```
    <BODY>
    <DIV ID="MAIN">
        <DIV ID="MAIN-MAIN">
        <P><IMG SRC="images/1021.gif" WIDTH="50" HEIGHT="51" />2011.01.05</P>
        <P>华东地区销售额已经突破 500 万，华中地区销售出现</P>
        </DIV>
      </DIV >
    </BODY>
```

3. 所有标签的属性值必须用英文格式的双引号括起来

在 HTML 中，可以不给属性值加引号，但是在 XHTML 中，则必须加上引号。以下示例代码片段是正确的写法：

```
    <body>
    <p>所有标签的属性值必须用英文格式的双引号括起来。</p>
    <img src=" 插入图片.png" width="156" height="143" />
    </body>
```

以下示例代码片段是错误的写法：

```
    <body>
    <p>所有标签的属性值必须用英文格式的双引号括起来。</p>
    <img src= 插入图片.png width=156 height=143 />
    </body>
```

4. 所有标签都必须合理嵌套

在 XHTML 文档中，使用多个元素进行嵌套时，必须按照打开元素的反向顺序进行关闭。也就是说，一层一层的嵌套必须严格对称。

以下示例代码片段是正确的写法：

```
    <div id="nav">
      <ul>
        <li><a href="#">首页</a></li>
        <li><a href="#">新闻</a></li>
      </ul>
    </div>
```

以下示例代码片段是错误的写法：

```
    <div id="nav">
      <ul>
        <li><a href="#">首页</li></a>
        <li><a href="#">新闻</li></a>
      </ul>
    </div>
```

此外，XHTML 中还有一些严格强制执行的嵌套限制，主要有以下几点：

Dw Ps Fl

- <a>元素中不能包含其他<a>元素；
- <pre>元素中不能包含<object>、<big>、<img>、<small>、<sub>或<sup>元素；
- <button>元素中不能包含<input>、<textarea>、<label>、<select>、<button>、<form>、<iframe>、<fieldset> 或<isindex>元素；
- <label>元素中不能包含其他的<label>元素；
- <form>元素中不能包含其他的<form>元素。

5．特殊字符需用编码表示

在 XHTML 文档中，所有的特殊字符都要用编码表示。比如 "&" 必须使用 "&" 表示；"<" 必须使用 "<" 表示；">" 必须使用 ">" 表示。

6．明确属性值，且不能简写

在 XHTML 文档中，所有属性都必须有一个值，即便是没有值的属性也必须使用自己的名称作为值。

以下示例代码片段是正确的写法：

```
<input name="adc" type="checkbox" id="adc" checked="checked" />
```

以下示例代码片段是错误的写法：

```
<input name="adc" type="checkbox" id="adc" checked>
```

7．用 id 属性代替 name 属性

在 XHTML 文档中，不鼓励使用 name 属性，应该使用 id 属性取而代之。为了使旧浏览器也能正常执行该内容，也可以在标签中间同时使用 id 和 name 属性。

以下示例代码片段是正确的写法：

```
<img src="picture.gif" id="dx" />
```

以下示例代码片段是同时使用 id 和 name 属性的正确写法：

```
<img src="picture.gif" id="dx" name="dx" />
```

以下示例代码片段是错误的写法：

```
<img src="picture.gif" name="dx" />
```

8．页面注释

在 XHTML 文档中使用 "<!--" 和 "-->" 作为页面注释，其示例代码如下：

```
<!--[if !IE]>菜单栏<![endif]-->
```

2.2 页面标签

HTML 标签（也称标记）规范了 Web 文档的逻辑结构，并控制着文档的显示格式。在进行一般的 Web 页面制作时，有些标签使用率较高，本节将分类对这些标签进行讲解。

2.2.1 排版标签

排版标签主要用来控制页面中各个元素的位置，常见的排版标签有 title 标签、标题标签、段落标签等，这些标签在网页中几乎必不可少。下面逐一对该类标签进行详细介绍。

1．title 标签

title 标签位于<head>与</head>中，用于标示文档标题，但文本内容不会出现在网页中，

而是出现在大多数浏览器的左上角。title 标签的作用主要有两点，一是告诉来访者该网站的主题是什么，二是给搜索引擎提供索引。

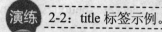 2-2：title 标签示例。

1）打开"记事本"程序，在其中输入如图 2-7 所示的代码，并另存为网页文档。

2）打开浏览器，预览刚才制作的网页文档，其效果如图 2-8 所示。

```
<!DOCTYPE HTML PUBLIC "-//W3C//DTD HTML 4.01
Transitional//EN" "http://www.w3.org/TR/html4/loose.dtd">
<html>
<head>
<meta http-equiv="Content-Type" content="text/html;
charset=utf-8">
<title>title标签示例</title>
</head>

<body>
title标签示例
</body>
</html>
```

图 2-7　title 标签页面代码

图 2-8　title 标签预览效果

2．标题标签

在网页中使用 h 系列标签标示标题，h 系列标签共有 6 个，即<h1>～<h6>，它们就像大纲的级别一样，<h1>代表最顶级的标题，字号最大，<h6>标题级别最小，字号也最小。

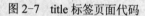 2-3：标题标签示例。

1）打开"记事本"程序，在其中输入如图 2-9 所示的代码，并另存为网页文档。

2）打开浏览器预览刚才制作的网页文档，其效果如图 2-10 所示。

```
<!DOCTYPE HTML PUBLIC "-//W3C//DTD HTML 4.01
Transitional//EN" "http://www.w3.org/TR/html4/loose.dtd">
<html>
<head>
<meta http-equiv="Content-Type" content="text/html;
charset=utf-8">
<title>标题标签</title>
</head>

<body>
<h1>这是一级标题</h1>
<h2>这是二级标题</h2>
<h3>这是三级标题</h3>
<h4>这是四级标题</h4>
<h5>这是五级标题</h5>
<h6>这是六级标题</h6>
</body>
</html>
```

图 2-9　标题标签页面代码

图 2-10　标题标签预览效果

3．段落标签

<p>标签（段落标签）是一个具有特定语义的标签，为了使文字段落排列得整齐清晰，段落之间通常使用<p>和</p>标签定义段落。虽然，<p>标签常出现在文章段落中，但并不是所有内容都要放在<p>标签中，<p>标签同样可以嵌套在其他元素中。

 2-4：段落标签示例。

1）打开"记事本"程序，在其中输入如图 2-11 所示的代码，并另存为网页文档。

2）打开浏览器预览刚才制作的网页文档，其效果如图 2-12 所示。

```
<!DOCTYPE HTML PUBLIC "-//W3C//DTD HTML 4.01
Transitional//EN" "http://www.w3.org/TR/html4/loose.dtd">
<html>
<head>
<meta http-equiv="Content-Type" content="text/html;
charset=utf-8">
<title>段落p标签</title>
</head>

<body>
<p>段落元素由 p 标签定义。</p>
<p align="right">这里是段落。</p>
<p align="center">这里是段落。</p>
<p align="left">这里是段落。</p>
<p align="justify">这里是段落。</p>
</body>
</html>
```

图 2-11　段落标签页面代码　　　　　　　　图 2-12　段落标签预览效果

本例中<p>标签拥有一个 align 属性，此属性用来指明字符显示的对齐方式，值为 center、left、right 和 justify，但是目前此种处理方式已经不推荐使用，要想控制文本的对齐方式需要通过 CSS 来完成。

4．换行标签

网页内容并不都是像段落那样，有些时候没有必要用多个<p>标签去分割内容，这时就可以使用
标签（换行标签）插入一个简单的换行符。

标签将打断 HTML 或 XHTML 文档中正常段落的行间距和换行。在 HTML 中没有结束标签，仅仅是指出文本流中要从哪里开始新的一行，但是在 XHTML 中则必须将此标签进行关闭。

演练 2-5：换行标签示例。

1）打开"记事本"程序，在其中输入如图 2-13 所示的代码，并另存为网页文档。

2）打开浏览器预览刚才制作的网页文档，其效果如图 2-14 所示。

```
<!DOCTYPE HTML PUBLIC "-//W3C//DTD HTML 4.01
Transitional//EN" "http://www.w3.org/TR/html4/loose.dtd">
<html>
<head>
<meta http-equiv="Content-Type" content="text/html;
charset=utf-8">
<title>换行标签示例</title>
</head>

<body>
<h3>鹿柴</h3>
<p>空山不见人，但闻人语响。<br />
    返景入深林，复照青苔上。<br />
</p>
<h3>八阵图</h3>
<p>功盖三分国，名成八阵图。</p>
<p>江流石不转，遗恨失吞吴。</p>
</body>
</html>
```

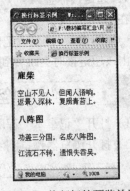

图 2-13　换行标签页面代码　　　　　　　　图 2-14　换行标签预览效果

本例中使用
标签和<p>标签进行对比演示。从预览效果图中可以发现使用
标签进行换行，行间距没有变化；使用<p>标签进行换行，行间距变大。需要特别注意的是，
标签的写法有些特别，不是"
"或者"
</br>"，而是"
"。

5．水平分割线标签

<hr>标签（水平分割线标签）用于告诉浏览器在何处插入一个横跨整个显示器窗口的水平分割线。在 HTML 中，该标签没有相应的结束标签，但在 XHTML 中则必须将标签关闭。

2-6：水平分割线标签示例。

1）打开"记事本"程序，在其中输入如图 2-15 所示的代码，并另存为网页文档。

2）打开浏览器预览刚才制作的网页文档，其效果如图 2-16 所示。

```
<!DOCTYPE HTML PUBLIC "-//W3C//DTD HTML 4.01 Transitional//EN"
"http://www.w3.org/TR/html4/loose.dtd">
<html>
<head>
<meta http-equiv="Content-Type" content="text/html; charset=utf-8">
<title>水平分割线标签示例</title>
</head>

<body>
<h3>以下水平线通过hr标签实现</h3>
<hr>
<h3>以下水平线通过CSS实现</h3>
<div style="border-top:1px #F00 solid; margin-bottom:10px;"></div>
<div style="border-top:5px #F90 double; margin-bottom:10px;"></div>
<div style="border-top:9px #93C dotted; margin-bottom:10px;"></div>
</body>
</html>
```

图 2-15 水平分割线标签页面代码　　　　图 2-16 水平分割线标签预览效果

本例将水平分割线标签与 CSS 制作的水平线进行对比。通过本例可以看出，<hr>标签与
标签一样，也是强制执行一个简单的换行，但与
不同的是，<hr>标签将导致段落的对齐重新回到默认值设置（左对齐）。

此外，<hr>标签还包含 align（对齐方式）、size（粗细）、width（长度）和 noshade（非阴影）4 个属性，但这些属性在目前均不推荐使用，要想控制外观，只有通过 CSS 去实现。对于本例中使用 CSS 的内容实现多样的水平线效果，这里不再详细讲解，读者可以参阅本书后续章节中的知识。

2.2.2 超链接标签与图像标签

1. 超链接标签

在 HTML 或 XHTML 中使用<a>标签创建超链接。超链接可以是长短不一的句子，也可以是一幅图像，当浏览者把鼠标指针移动到网页中的某个超链接上时，鼠标指针会变成"🖐"，当单击该超链接时会跳转到其他页面或打开指定的程序。

 2-7：超链接标签示例。

1）打开"记事本"程序，在其中输入如图 2-17 所示的代码，并另存为网页文档。

2）打开浏览器预览刚才制作的网页文档，其效果如图 2-18 所示。

```
<!DOCTYPE HTML PUBLIC "-//W3C//DTD HTML 4.01 Transitional//EN"
"http://www.w3.org/TR/html4/loose.dtd">
<html>
<head>
<meta http-equiv="Content-Type" content="text/html; charset=utf-8">
<title>超链接标签示例</title>
</head>

<body>
<h3>以下是常见的超链接类型</h3>
<p><a href="http://www.verycd.com">这里是指向外的部超链接文本</a></p>
<p><a href="#">这里是指向本页面的超链接文本</a></p>
<p><a href="mailto:wufeng1121@126.com">这里是邮件超链接文本</a></p>
</body>
</html>
```

图 2-17 超链接标签页面代码　　　　图 2-18 超链接标签预览效果

本例包含外部链接（单击后链接到其他网站）、本页面链接（单击后还是当前页面），以及邮件链接（单击后打开 Outlook 软件）3 种类型的链接，而且<a>标签内均包含 href 属性，该属性的作用是创建指向另一个文档的链接。需要特别注意的是，当创建的链接是本站点外的链接时，必须包含"http://"。

2．图像标签

在 HTML 和 XHTML 中，图像由<img>标签定义，该标签是空标签，即它只包含属性，没有闭合标签。

 2-8：图像超链接标签示例。

1）打开"记事本"程序，在其中输入如图 2-19 所示的代码，并另存为网页文档。

2）打开浏览器预览刚才制作的网页文档，其效果如图 2-20 所示。

```
<!DOCTYPE HTML PUBLIC "-//W3C//DTD HTML 4.01 Transitional//EN"
"http://www.w3.org/TR/html4/loose.dtd">
<html>
<head>
<meta http-equiv="Content-Type" content="text/html; charset=utf-8">
<title>图像接标签示例</title>
</head>

<body>
<h3>图像接标签示例</h3>
<p><img src="Burn.png" width="128" height="128"></p>
<p><a href="#"><img src="Audio.png" width="128" height="128" border="0"></a></p>
</body>
</html>
```

图 2-19　图像超链接标签页面代码　　　　图 2-20　图像超链接标签预览效果

本例中不仅使用<img>标签插入了一幅图像，而且还将另一幅图像置于<a>标签中，形成了图像超链接。从页面代码中可以看出，要在页面中显示图像，需要使用"src"（源属性），该属性的值就是图像的 URL 地址。下面对<img>标签中常见的属性加以解释。

（1）src 属性

src 属性是必须存在的，它的值就是图像文件的 URL，也就是引用该图像的文档的绝对地址或相对地址。为了方便文档的存储，一般将图像文件存放在一个单独的文件夹中，而且通常会将这个目录命名为"images"或"pic"之类的名称。此外，本例中由于图像与网页文档处在同一目录下，所以只用书写图像名称即可，例如图像位于 www.yyy.com 的 images 目录中，那么其 URL 为"http:// www.yyy.com/images/Burn.png"。

（2）alt 属性

alt 属性指定了替代文本，用于在图像无法显示的时候，代替图像显示在浏览器中的内容。此外，当用户将鼠标移动到该图像上方时，浏览器同样会在一个文本框中显示这个描述性文本。本例中由于 Firefox 浏览器不支持 alt 属性，这里使用 title 代替，具有同样的效果。

（3）width 属性和 height 属性

width 属性和 height 属性定义图像的宽度和高度。为图像指定 height 和 width 属性是一个好习惯。如果设置了这些属性，就可以在页面加载时为图像预留空间。如果没有这些属性，浏览器就无法了解图像的尺寸，也就无法为图像保留合适的空间，因此当图像加载时，页面的布局就会发生变化。

（4）align 属性

align 属性用来控制带有文本包围的图像的对齐方式，并具有 5 种对齐方式值：left、right、

top、middle 和 bottom。不过，在 HTML 4.0 和 XHTML 标准中不再赞成使用所有标签的 align 属性，而是推荐使用 CSS 来控制它们。

2.2.3　列表标签

随着 Web 标准的流行，列表也跟着流行起来。页面中如导航条、新闻列表等区域都是通过列表和 CSS 的组合实现的。HTML 提供了 3 种形式的列表，分别是无序列表、有序列表和定义列表。下面分别对这几种列表进行讲解。

1．无序列表——ul

无序列表是一个没有特定顺序或序列的相关条目的集合。在 Web 页面上，最为常见的无序列表就是链接到其他文档的超链接集合。

以<ul>标签开始，以</ul>标签结束所包含的内容是一个无序的条目列表。在此无序列表中的每一个条目都有前导的<li>标签进行定义。

 2-9：无序列表标签示例。

1）打开"记事本"程序，在其中输入如图 2-21 所示的代码，并另存为网页文档。

2）打开浏览器预览刚才制作的网页文档，其效果如图 2-22 所示。

```
<!DOCTYPE HTML PUBLIC "-//W3C//DTD HTML 4.01 Transitional//EN"
"http://www.w3.org/TR/html4/loose.dtd">
<html>
<head>
<meta http-equiv="Content-Type" content="text/html; charset=utf-8">
<title>无序列表标签示例</title>
</head>

<body>
<h3>无序列表标签示例</h3>
<ul>
  <li><a href="#">公司简介</a></li>
  <li><a href="#">公司荣誉</a></li>
  <li><a href="#">对外合作</a></li>
  <li><a href="#">产品介绍</a></li>
  <li><a href="#">人才科研</a></li>
</ul>
</body>
</html>
```

图 2-21　无序列表标签页面代码　　　　图 2-22　无序列表标签预览效果

从图中可知，浏览器会在每个条目前面添加一个项目符号，并让其独占一行，而且每行会针对文档的左边界缩进一定距离。在各种浏览器中，无序列表的实际显示效果都很相似。无序列表常被用于导航条的制作，虽然<li>标签中的内容是竖向排列，但仍然可以通过 CSS 让它改变成横向排列，并且去掉前面的项目符号，具体的实现方法将在后续章节中陆续讲解。

2．有序列表——ol

浏览器会将有序列表的内容格式设置为与无序列表相似的外观，唯一不同的是列表条目前面添加的是编号，而不是项目符号。编号是有顺序的，并且从第一个条目开始向后递增。

 2-10：有序列表标签示例。

1）打开"记事本"程序，在其中输入如图 2-23 所示的代码，并另存为网页文档。

2）打开浏览器预览刚才制作的网页文档，其效果如图 2-24 所示。

从图中可以看出，默认情况下浏览器会从"1"开始自动对有序条目进行编号。如果需要使用其他类型的编号或从指定的编号上累计编号，<ol>标签还包括"**type**"和"**start**"两个属性。type 属性值中，"A"代表使用大写字母编号，"a"代表使用小写字母编号，"I"代表使用大写罗马数字编号，"i"表示使用小写罗马数字编号。start属性值用于指定有序列表的开始编号。但从实际使用的角度来看，不赞成使用ol元素的type属性和start属性，一般处理的方式是使用CSS样式来进行美化。

```
<!DOCTYPE HTML PUBLIC "-//W3C//DTD HTML 4.01 Transitional//EN"
"http://www.w3.org/TR/html4/loose.dtd">
<html>
<head>
<meta http-equiv="Content-Type" content="text/html; charset=utf-8">
<title>有序列表标签示例</title>
</head>
<body>
<h3>有序列表标签示例</h3>
<ol>
    <li><a href="#">亮相底特律 克莱斯勒将推200 Super S</a></li>
    <li><a href="#">现款继续销售 国产新福克斯3月将上市</a></li>
    <li><a href="#">上市日期临近 高尔夫蓝驱版谍照再曝光</a></li>
    <li><a href="#">7.0升动力 Mopar改装道奇Charger将发布</a></li>
</ol>
</body>
</html>
```

图 2-23 有序列表标签页面代码　　　　　图 2-24 有序列表标签预览效果

3. 定义列表——dl

定义列表的条目可以带有文本、图片和其他多媒体元素，由<dl>和</dl>标签所包围。在标签中，定义列表的每个条目都由两部分组成：术语及其随后的解释或定义。

 2-11：定义列表标签示例。

1）打开"记事本"程序，在其中输入如图2-25所示的代码，并另存为网页文档。

2）打开浏览器预览刚才制作的网页文档，其效果如图2-26所示。

```
<!DOCTYPE HTML PUBLIC "-//W3C//DTD HTML 4.01 Transitional//EN"
"http://www.w3.org/TR/html4/loose.dtd">
<html>
<head>
<meta http-equiv="Content-Type" content="text/html; charset=utf-8">
<title>定义列表标签示例</title>
</head>
<body>
<h3>定义列表标签示例</h3>
<dl>
    <dt>HTML</dt>
    <dd>HTML（超文本标签语言）是一种用于文档布局和超文本链接规范的语言。</dd>
    <dt>XHTML</dt>
    <dd>从语法方面讲，可以说XHTML是更加严格更纯净的HTML版本。</dd>
</dl>
</body>
</html>
```

图 2-25 定义列表标签页面代码　　　　　图 2-26 定义列表标签预览效果

从代码中不难发现，<dl>列表中每一项的名称不再是<li>标签，而是用<dt>标签进行标记，后面跟着由<dd>标签标记的条目定义或解释。默认情况下，浏览器一般会在左边界显示条目或术语的名称，并在下一行缩进显示其定义或解释。要想改变其显示属性，需使用样式表规则进行重定义。

在<dl>、<dt>和<dd>3个标签组合中，<dt>是标题，<dd>是内容，<dl>可以看做是承载它们的容器，当出现很多组的时候尽量使用一个<dt>标签配合一个<dd>标签的方法。如果<dd>标签中内容很多，可以嵌套<p>标签使用。

2.2.4 表格标签

表格由一行或多行单元格组成，主要用于显示数字和其他项以便快速引用和分析。在HTML中表格由table元素以及一个或多个tr、th或td元素组成，可以将任何东西（如图像、表单，甚至另一个表格）放进表格内。由于涉及表格的元素较多，为了能清楚地讲解各种元

  19

素的含义，这里先给出一个示例。

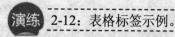 2-12：表格标签示例。

1）打开"记事本"程序，在其中输入如图 2-27 所示的代码，并另存为网页文档。

2）打开浏览器预览刚才制作的网页文档，其效果如图 2-28 所示。

```html
<!DOCTYPE HTML PUBLIC "-//W3C//DTD HTML 4.01 Transitional//EN"
"http://www.w3.org/TR/html4/loose.dtd">
<html>
<head>
<meta http-equiv="Content-Type" content="text/html;
charset=utf-8">
<title>表格标签示例</title>
</head>

<body>
<table width="100%" border="3" cellspacing="1" cellpadding="2" >
  <caption>
  显卡驱动程序下载
  </caption>
  <tr>
    <th scope="col">序号</th>
    <th scope="col">版本</th>
    <th scope="col">下载</th>
  </tr>
  <tr>
    <th scope="row">1</th>
    <td>AMD Radeon HD 2000-6000系列显卡驱动11.12版For WinXP-32</td>
    <td><a href="#"><img src="download.png" width="32" height=
"32" border="0"></a></td>
  </tr>
  <tr>
    <th scope="row">2</th>
    <td>AMD Radeon HD 2000-6000系列显卡驱动11.12版For WinXP-64</td>
    <td><a href="#"><img src="download.png" width="32" height=
"32" border="0"></a></td>
  </tr>
  <tr>
    <th scope="row">3</th>
    <td>AMD Radeon HD 2000-6000系列显卡驱动11.12版For
Vista-32/Win7-32</td>
    <td><a href="#"><img src="download.png" width="32" height=
"32" border="0"></a></td>
  </tr>
</table>
</body>
</html>
```

图 2-27 表格标签页面代码

图 2-28 表格标签预览效果

从页面代码中，可以看到<table>标签包含了多个属性。

（1）border 属性

border 属性为<table>标签的可选属性，其作用是告诉浏览器在表格、表格里的行和单元格的周围画线，默认情况下是没有边框的。本例中为 border 属性指定了一个值，这个整数值就是环绕在表格外 3D 镶边的像素宽度。

（2）cellspacing 属性

cellspacing 属性用于控制表格中相邻单元格的间距，以及单元格外边沿和表格边沿之间的间距。

（3）cellpadding 属性

cellpadding 属性用于控制单元格的边沿和它内容之间的距离，默认值为一个像素。

（4）scope 属性

scope 属性可以将数据单元格与表头单元格联系起来，属性值"row"会将表头行包括的所有表格都和表头单元格联系起来；属性值"col"会将当前列的所有单元格和表头单元格绑定起来。

1．<table>标签

<table>标签与</table>结束标签在文档中定义一个表格。

2．<tr>标签

<tr>标签用于定义表格中的行。<tr>标签中可以放置一个或多个单元格，单元格又包括<th>标签定义的表头以及由<td>标签定义的数据。表格中每一行单元格的数据，都与最长的单元格数据相同。

3．<th>与<td>标签

在<tr>标签内部，<th>与<td>标签会在一行中创建单元格及其内容。<th>标签定义表格内的表头单元格，在 th 元素内的文本通常会以粗体显示；<td>标签用于定义 HTML 表格中的标准单元格。

2.2.5　表单标签

表单让 HTML 和 XHTML 真正具有了交互性，使用表单可以创建用来获取和处理用户输入数据的文档，同时还可以生成个性化的回应。特别是在电子商务网站应用方面，表单更是具有无限的潜能。

表单（Form）是由一个或多个输入文本框、按钮、复选框、下拉菜单或图像映射组成的，这些元素都放置在<form>标签中。一个文档中可以包含多个表单，而且表单中可以放置包括文字和图像在内的主体内容。

下面制作一个简单的例子，对表单中的一些常见的标签进行讲解，看一看表单是如何整合在一起的。

演练 2-13：表单标签示例。

1）打开"记事本"程序，在其中输入如图 2-29 所示的代码，并另存为网页文档。

2）打开浏览器预览刚才制作的网页文档，其效果如图 2-30 所示。

```
<!DOCTYPE HTML PUBLIC "-//W3C//DTD HTML 4.01 Transitional//EN"
"http://www.w3.org/TR/html4/loose.dtd">
<html>
<head>
<meta http-equiv="Content-Type" content="text/html; charset=utf-8">
<title>表单标签示例</title>
</head>

<body>
<h3>表单标签示例</h3>
<form id="ww" name="ff" method="post" action="/example/form_action.asp">
  姓名:
  <label for="na"></label>
  <input type="text" name="name" id="na" size="20" maxlength="40"/>
  <p> 性别:
    <label>
      <input type="radio" name="sex" value="M" id="sex_0" />
      男</label>
    <label>
      <input type="radio" name="sex" value="F" id="sex_1" />
      女</label>

  <p>所属班级:
    <select name="degree" id="degree">
      <option value="1">计算机1301</option>
      <option value="2">计算机1302</option>
      <option value="3">计算机1303</option>
      <option value="4">计算机1304</option>
    </select>
  </p>
  <p>
    <input type="submit" name="button_1" id="button_1" value="提交" />
    <input type="reset" name="button" id="button" value="重置" />
  </p>
</form>
</body>
</html>
```

图 2-29　表单标签页面代码

图 2-30　表单标签预览效果

　21

在本例的源代码中，<form>标签说明了表单的开始，同时表明将采用 post 方法向表单处理服务器传送数据。随后是表单的用户输入控件，其中每个控件都是用<input>标签和 type 属性定义的。

在这个示例中共有四个控件，第一个控件是文本域，允许用户最多键入 40 个字符，但一次最多只能显示 20 个字符；第二个控件是一组单选按钮，用户只能从两个单选按钮中选择其中一个；第三个控件是一个下拉菜单，可以从四个选项中选择一个；第四个控件是简单的提交按钮，用户单击此按钮后，输入信息会发送到服务器上名为"form_action.asp"的页面。

1. <form>标签

<form>标签用于为用户输入创建 HTML 表单。在文档主体中，表单可以被放置于任何位置，只要将表单的元素都放在<form>标签与</form>结束标签中就可以，此外 form 元素是块级元素，其前后会产生换行。

（1）action 属性

<form>标签中必须包含 action（动作）属性，此属性说明了接收和处理表单数据的应用程序的 URL。通常 Web 管理员将表单处理应用程序放在 Web 服务器上名为"cgi-bin"的目录下。一个带有 action 属性的典型<form>标签代码片段如下所示：

```
<form action="http://www.yyy.com/cgi-bin/update">
    …
</form>
```

cgi-bin 目录中的文档实际上是一个应用程序，每次调用它时该程序都会动态地创建一个所需要的页面。

（2）method 属性

method 属性用于规定使用何种方法发送表单数据，共有 POST 方法和 GET 方法两种方法。

（3）id 属性和 name 属性

id 属性允许用户使用一个唯一的字符串来标记控件，这样程序或者超链接就可以直接引用它们。name 属性就是控件的名称，可以重复。

2. <input>标签

<input>标签用于定义表单控件，根据不同的 type 属性值，输入字段拥有很多种形式（文本字段、复选框、掩码后的文本控件、单选按钮和按钮等）。虽然<input>标签中有许多属性，但对每个元素来说，只有 type 和 name 属性是必需的。<input>标签中 type 属性用来选择控件类型，name 属性用来为字段命名。以下是 type 属性常见值的含义。

（1）type="text"单行文本输入框

文本框是一种让访问者自己输入内容的表单对象，通常用来填写用户名以及简单的回答，如图 2-31 所示。

（2）type="password"密码输入框

当用户在此类型的输入框中输入任何文字时，文字会被"●"代替，从而起到保密的作用，如图 2-32 所示。

（3）type="checkbox"复选框

复选框控件为用户提供了一种在表单中选择或取消选择某个条目的快捷方法。复选框可以集中在一起产生一组选择，用户可以选择或取消选择组中的每个选项，如图 2-33 所示。

（4）type="radio"单选按钮

单选按钮表单控件与复选框的行为非常相似，唯一不同的是浏览者在待选项中只能选择其中一个，如图 2-34 所示。

（5）type="file"文件域

文件域主要用于文件的上传，如图 2-35 所示。

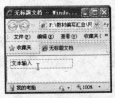    

图 2-31　文本输入框　图 2-32　密码输入框　图 2-33　复选框　图 2-34　单选按钮　图 2-35　文件域

（6）type="submit"提交按钮

表单中 input 元素的 type 属性可以定义为提交（Submit）按钮，并且允许一个表单中包含多个提交按钮，它的作用就是把表单数据发送到服务器。

对于最简单的提交按钮（按钮不包含 name 属性或 value 属性），浏览器将显示一个长方形按钮，上面有默认标记"submit（提交）"。其他情况下，浏览器会用在 value 属性中设置的文本来标记按钮。如果还包含 name 属性，当浏览器将表单信息发送给服务器时，会将提交按钮的 value 属性值添加到参数列表中。

3．<label>标签

<label>标签用于为 input 元素定义标记。虽然 label 元素不会向用户呈现任何特殊效果，但用户选择该标签时，浏览器就会自动将焦点转到和标签相关的表单控件上。此外，<label>标签的 for 属性应当与相关元素的 id 属性相同。

4．<select>标签

<select>标签用于创建下拉菜单或滚动列表。与其他标签一样，name 属性是必须存在的。当提交表单时，浏览器会提交选定的项目，或者收集用逗号分隔的多个选项，将它们合成一个单独的参数列表。此外，用户如果希望一次选择多个选项，可以在<select>标签中添加 multiple 属性。

5．<option>标签

<option>标签可以定义一个<select>表单控件中的每个条目。浏览器将<option>标签中的内容作为<select>标签的菜单或是滚动列表中的一个元素进行显示。

（1）value 属性

value 属性可以为每个选项设置一个值，当表单被提交时这个值将被发送到服务器端。如果没有指定 value 属性，选项的值将被设置为<option>标签中的内容。

（2）selected 属性

默认设置下，所有多选的<select>标签中的选项都是未选中状态。当<select>标签中包含 selected 属性后，就可以实现一个或多个选项在初始状态时就处于被选中状态。

2.3　课堂综合练习——使用"记事本"制作精美网页

本节使用"记事本"制作简单网页，通过本节，希望读者能够充分掌握常见标签的含义及其语法规则。

2.3.1 编写 HTML 文档

1）在计算机系统中，打开"记事本"程序。按照之前所讲的 HTML 规则，在"记事本"窗口中输入相关内容，如图 2-36 所示。

2）在记事本的菜单栏中，执行"文件"→"保存"命令，此时弹出"另存为"对话框。在该对话框的"保存在"下拉列表框中选择文件存放的路径；在"文件名"文本框中输入以.html 为扩展名的文件名，这里输入"index.html"；在"保存类型"下拉菜单中选择"文本文档"；最后单击"保存"按钮即可。

```
<body>
<h1 id="logo"><a href="#">快乐家园</a></h1>
<ul id="menu">
    <li><a href="#">首页</a></li>
    <li><a href="#">照片长廊</a></li>
    <li><a href="#">视频记录</a></li>
    <li><a href="#">我的日记</a></li>
    <li><a href="#">给我留言</a></li>
</ul>
<div id="text">
    <h2>Happiness Home</h2>
    <p>幸福家园是一个由丰富多彩的圈子汇成的交流平台，无论是想找志同道合的朋友，找拓展事业的人脉。我们都有合适的圈子供你交流、互动。幸福家园还将负责举办丰富多彩的线下活动(单身party、朋友聚会、商务沙龙、拼车、酒吧活动、户外活动......)，提供专业的活动策划、组织、服务，以诚信为基石，体验人与人之间的互助，融合到充满友爱的圈子，开始新的快乐生活。</p>
    <br />
    <br />
</div>
<div id="footer"> </div>
</body>
```

图 2-36　HTML 文档页面主体代码

2.3.2 预览并美化文档

Web 浏览器的作用是读取 HTML 文档，并以网页的形式显示它们，浏览器不会显示 HTML 标签，而是使用标签来解释页面的内容。具体操作如下。

1）启动 Internet Explorer。

2）执行浏览器菜单栏中的"文件"→"打开"命令，弹出"打开"对话框，单击"浏览"按钮，在打开的对话框中找到刚才保存的"index.html"文件。在"打开"对话框中，单击"确定"按钮，即可看到网页效果，如图 2-37 所示。

从预览的效果可以看出，当前网页十分简陋，不能满足实际需求，为了进一步美化页面，这里使用 CSS 对页面进行美化。

3）再次打开"记事本"程序，对当前文档进行修改，这里在 HTML 文档的 head 标签内部插入如图 2-38 所示的 CSS 规则。

4）再次通过浏览器进行预览，即可看到效果，如图 2-39 所示。

至此，使用"记事本"创建并保存一个简单的网页过程已经介绍完了。通过本

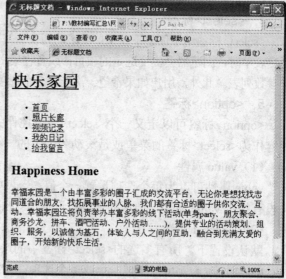

图 2-37　HTML 文档预览效果

例的练习，读者应该掌握有关 HTML 语言的基本语法以及标签的使用方法，更应该体会到 CSS 在美化页面方面的重要性。本例中所涉及的 CSS 内容将在后续章节陆续讲解，读者无需顾虑，也不必在此阶段过分追求能看懂 CSS 规则。

Dw Ps Fl

```
<style type="text/css">
* {margin:0;padding:0;}
body {
    font:14px/1.5 "微软雅黑";
    background:#E8F7FC url(images/bg.jpg)
repeat-x;
    color:#306172;
}
h1 {font-size:48px;}
h2 {
    float:left;
    font-size:30px;
    margin:0 0 20px;
    background:  url(images/h2bg.jpg)
repeat-x bottom;
}
p {
    clear:both;
    margin:5px 0 15px;
    line-height: 1.7em;
}
#logo {
    float:left;margin:40px 0 0;}
#menu {
    float:right;
    height:120px;
    padding:73px 0 0 98px;
    width:475px;
    background:url(images/white_bubbles.jpg)
 no-repeat top right;
}
#menu li {display:inline;}
#menu li a {
    float:left;
    padding:3px 10px;
    margin:0 20px 0 0;
}
#text {clear:both;}
#footer {
    padding:85px 0 5px 0;
    background: #FF99CB
url(images/bottom.jpg) repeat-x;
}
</style>
```

图 2-38　美化页面的 CSS 规则

图 2-39　美化页面后的预览效果

2.4 课堂综合实训——使用"记事本"制作简单网页

1. 实训要求

　　根据本章所学内容，使用"记事本"创建一个简单的网页。在制作过程中，要求加深对 HTML 语言的理解，熟练掌握常用标签的含义。

2. 过程指导

　　1）执行"开始"→"所有程序"→"附件"→"记事本"命令，打开记事本。

　　2）在"记事本"窗口中插入段落和表单元素，并且在表单内部插入单选按钮、复选框、单行文本框、多行文本框等标签。由于涉及标签较多，更为细致的页面结构读者可以参阅源文件。

　　3）丰富完善各种标签内部的文字内容，并保存文件。通过浏览器预览可以看到效果，如图 2-40 所示。

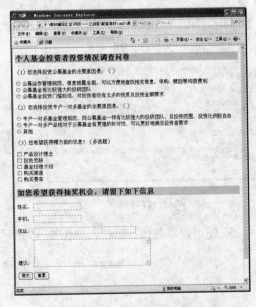

图 2-40　"记事本"制作简单网页预览效果

2.5 习题

1. 使用表格标签和图像标签制作如图 2-41 所示的网页。
2. 使用列表标签制作如图 2-42 所示的网页。

图 2-41 操作题 1

图 2-42 操作题 2

3. 制作如图 2-43 所示的网页，要求一级标题为 h2、居中、蓝色；二级标题为 h3、红色；正文为"微软雅黑"、黑色；页面背景为粉色。

4. 使用表格和图片制作如图 2-44 所示的页面。

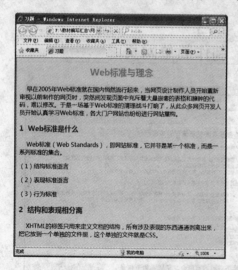

图 2-43 操作题 3

图 2-44 操作题 4

5. 使用表单制作搜索栏，如图 2-45 所示。

图 2-45 操作题 5

第 3 章

Dreamweaver CS5 的基本操作

Dreamweaver 是目前使用率较高，并且是专业部署网站和 Web 程序的应用软件。通过它提供的强大编码环境以及相关功能，设计师能够轻松实现华丽的网页布局。本章主要对 Dreamweaver CS5 的基本操作加以介绍，再结合当前流行的 "CSS+DIV" 模式阐述与 CSS 相关的基本概念，为读者后续更为深层次的学习打下基础。

知识重点

➤ Dreamweaver CS5 的基本操作;
➤ CSS 的基本概念;
➤ CSS 盒模型;
➤ CSS 选择符。

预期目标

➤ 能够掌握 Dreamweaver CS5 的基本操作方法;
➤ 能够正确理解 CSS 的语法和盒模型等概念;
➤ 能够熟练分辨各类选择符;
➤ 能够实现简单页面的制作，并用 CSS 美化。

3.1 Dreamweaver CS5 界面介绍

随着软件的不断发展，目前 Adobe Dreamweaver CS5 已经具有 CSS 检查、站点特定代码提示、集成 jQuery、集成 CMS、支持 CSS3/HTML5 等诸多功能，完全能够满足设计人员和开发人员构建基于 Web 标准网站的需求。下面对该软件的工作环境进行详细讲解。

3.1.1 工作环境

1. 软件的启动

安装正版 Dreamweaver CS5 后，双击桌面快捷图标即可启动软件。经过一系列初始化过程，首先出现的是"起始页"对话框，该对话框中包括"最近的项目"、"新建"和"主要功能" 3 个栏目，读者根据需要可以快速启动或创建文档。

2. 工作区

打开某个待编辑的 XHTML 文档，此时可以看到整个工作区的界面，如图 3-1 所示。

从图中可以看出，Dreamweaver CS5 的工作区由菜单、面板和工具栏等功能模块组成，部分功能模块的含义如下。

● 代码视图：用于显示当前网页文件的源代码。

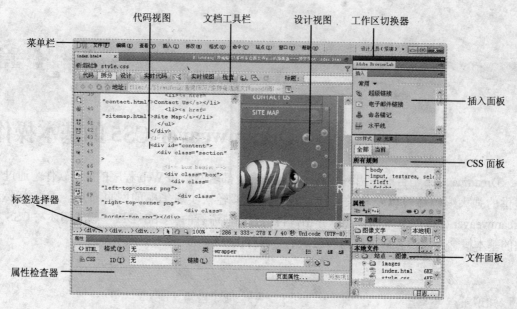

图 3-1　Dreamweaver CS5 工作区布局

● 设计视图：用于显示当前网页文件在浏览器中的效果。
● 文档工具栏：包括按钮和弹出式菜单，提供各种"文档"窗口视图、各种查看选项和一些常用操作。
● 工作区切换器：用于快速切换工作区布局，方便各类用户的需求。
● 插入面板：分类显示常用的命令。
● CSS 面板：用于显示、编辑 CSS 样式规则。
● 文件面板：用于帮助用户管理文件和文件夹，无论这些文件存放在本地还是远程服务器，文件面板都能够轻松管理，类似于 Windows 的资源管理器。
● 属性检查器：用于查看当前编辑对象的各种属性。
● 标签选择器：用于显示环绕当前选定内容的标签的层次结构。单击某个标签时，即可选择该标签及其内部的全部内容。

3.1.2　常用的工具栏与面板

Dreamweaver CS5 包含很多工具栏和功能面板，结合工作中的实际经验，这里仅对最为常用的工具栏和面板进行介绍。

1．"文档"工具栏

"文档"工具栏在实际工作中使用率最高，其主要功能就是帮助用户在设计视图、代码视图和拆分视图之间快速切换，并且兼具 CSS 检查、实时代码和实时视图等功能，如图 3-2所示。

图 3-2　"文档"工具栏

28　**Dw** **Ps** **Fl**

"文档"工具栏中，除切换视图的按钮外，其他各按钮的功能含义如下。

实时代码 ：显示浏览器用于执行该页面的实际代码。

：检查当前 CSS 规则是否对各种浏览器均兼容。

实时视图 ：用于显示基于浏览器的文档视图。

检查 ：在此模式下允许用户以可视化方式详细显示 CSS 框模型属性。

：用于在浏览器中预览当前编辑的网页。

：使用户利用各种可视化助理来设计界面。

：刷新设计视图。

标题:　　　：用于设置整个文档的标题，该标题将显示在浏览器的标题栏中。

：文件管理。

2．"编码"工具栏

"编码"工具栏位于整个软件界面的最左侧，如图 3-3 所示。该工具栏主要在编辑代码时使用。由于包含的功能按钮较多，这里仅对最为常用的加以解释。

：显示当前打开的文档。

：折叠所选代码。

：选择当前标签的父标签。

：在所选代码两侧添加注释标签。

：在所选代码两侧自动添加某个标签。

：将代码赋予标准格式。

图 3-3　"编码"工具栏

3．状态栏

网页文档在编辑的状态下时，状态栏始终位于文档窗口的底部。用户通过状态栏可以查看当前文档的多种状态，如图 3-4 所示。

图 3-4　状态栏

- 标签选择器：用于显示环绕当前选定内容的标签的层次结构。
- 选取工具：可使用鼠标直接选取页面中的元素。
- 手形工具：用于在"文档"窗口中拖动文档。
- 缩放工具与缩放比例设置：两者均可对文档进行缩放操作。
- 窗口大小弹出菜单：用于将"文档"窗口的大小调整到预定义的尺寸。
- 文档大小和估计下载时间：此区域用于显示当前网页的大小以及预估下载需要的时间。
- 编码指示器：显示当前文档的文本编码。

4．属性检查器

属性检查器主要用于帮助用户检查和编辑当前已选定页面元素的常用属性，打开或隐藏属性检查器的快捷键是〈Ctrl+F3〉。

由于页面元素的多样性，当选择不同的对象时，属性检查器中的各种参数也不同，图3-5和图3-6所示的分别为选择图像元素和文本元素时属性检查器的参数设置。

图3-5　选择图像元素时的属性检查器

图3-6　选择文本元素时的属性检查器

5. "文件"面板

"文件"面板类似于 Windows 资源管理器，用于帮助用户管理文件和文件夹，如图 3-7 所示，显示或隐藏该面板的快捷键是〈F8〉。

6. "CSS 样式"面板

"CSS 样式"面板的主要功能是跟踪影响当前页面元素的 CSS 规则和属性，该面板包括"全部"和"当前"两种模式，用户可以单击面板顶部的按钮进行自由切换，如图3-8所示。此外，打开或隐藏该面板的快捷键是〈Shift+F11〉。

在实际工作中，通过"CSS 样式"面板新增或编辑某一元素的 CSS 规则比较麻烦，而且效率不高，设计师通常直接对 CSS 文档进行编辑。编辑的方法将在后续练习中体现。

7. "插入"面板

"插入"面板将最为常用的菜单命令集成在一起，并按照类别进行组织分类，如图3-9所示，显示或隐藏"插入"面板的快捷键是〈Ctrl+F2〉。

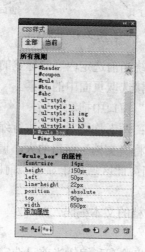

图 3-7　"文件"面板　　　图 3-8　"CSS 样式"面板　　　图 3-9　"插入"面板

在"插入"面板中单击左上角的下拉菜单，可以在"常用"、"布局"、"表单"、"数据"、"Spry"、"InContext Editing"、"文本"和"收藏夹"8 种类别之间相互切换。由于包含的功能按钮较多，这里仅对部分最为常用的功能按钮加以解释。

🔗：在网页中插入超级链接。

⚓：用于在页面内插入一个命名锚记，便于定位。

▦：插入表格。

▤：插入 Div 标签。该功能按钮在页面布局过程中最为实用。

▣：可插入图像、占位符、热点等对象。

▥：在页面中插入 Flash 文件。

▤：创建和编辑模板。

▢：可以在页面中插入表单域。

3.2 Dreamweaver CS5 的基本操作

在熟悉了 Dreamweaver CS5 的工作环境后，本节从使用的角度向读者讲授该软件的基本操作方法，这也是学习网页设计与制作的第一步。

3.2.1 新建站点

一个完整的网站通常包含许多页面、图像和脚本等文档，设计师在本地对这些文档进行编辑和制作后再上传到服务器中，而承装所有文档的文件夹可以理解为站点。

站点结构是否清晰，层次是否分明，将决定后期管理和维护的成本。按照惯例一般将存放图像的文件夹命名为"images"，将存放 CSS 文档的文件夹命名为"style"，将存放 javascript 脚本的文件夹命名为"js"。

1. 站点概述

站点可以理解为一种文档的组织形式，这些文档通过链接相互关联起来。站点可分为本地站点和远程站点。

"本地站点"指的是在用户本地计算机硬盘中构建，用来存放整个网站框架的本地文件夹。一般制作网页只需建立本地站点即可，用户在本地对各种文档编辑后，再一并上传至 Internet 服务器中。

"远程站点"通常位于运行 Web 服务器的计算机上，具有与本地文件夹相同的名称。也就是说，用户发布到远程文件夹的文件和子文件夹是本地创建的文件和子文件夹的副本。

2. 创建本地站点

Dreamweaver CS5 创建本地站点是制作网页的重要环节，只有创建了站点才能使用"文件"面板管理站点内的文件。为了更清晰地讲授创建过程，这里以示例的形式进行讲解。

演练 3-1：创建名为"我的第一个站点"的本地站点。

1）启动 Dreamweaver CS5，执行"站点"→"新建站点"，显示如图 3-10 所示的"站点设置对象"对话框。

2）在此对话框左侧列表中选择"站点"选项，并在右侧"站点名称"文本框中，输入"我的第一个站点"文字内容，然后单击""图标按钮，在弹出的对话框中为本地站点文件夹选择存储路径。

3）由于本例不需要连接到 Web 并发布页面，所以这里不需要进行服务器设置，在图 3-10 所示的对话框中单击"保存"按钮，即可完成本地站点的创建。此时"文件"面板中立刻显示新建本地站点的根目录，如图 3-11 所示。

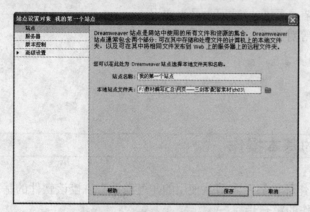

图 3-10　"站点设置对象"对话框

图 3-11　新建本地站点

3.2.2　新建空白网页文档

站点创建完成后，就可以在站点中创建空白网页文档了。Dreamweaver CS5 为创建 Web 文档提供了灵活的环境，可以创建多种页面类型的文档。下面以示例的形式说明创建文档的过程。

演练 3-2：在站点内创建第一个网页。

1）启动 Dreamweaver CS5，执行菜单栏的"文件"→"新建"，此时打开如图 3-12 所示的"新建文档"对话框。

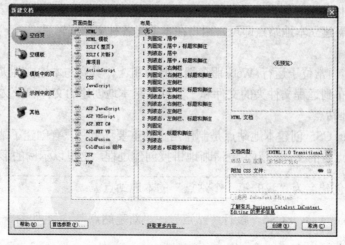

图 3-12　"新建文档"对话框

Dw Ps Fl

2）选择对话框左侧的"空白页"类别，从"页面类型"列选择要创建的页面类型，这里选择"HTML"类型。

3）如果用户希望新建的页面中包含 CSS 布局，则可以从"布局"列中选择一个预设计的 CSS 布局，这里选择"无"类型。

需要指出的是，在"布局"列中有"固定"和"液体"两种类型，这里"固定"指的是宽度是以像素指定的，不会根据浏览器的大小自适应改变；"液态"指的是宽度是以站点访问者的浏览器宽度的百分比形式指定的，会根据浏览器的大小自适应改变。

4）从"文档类型"弹出菜单中选择需要的文档类型，这里保持默认的"XHTML 1.0 Transitional"选项不变，最后单击"创建"按钮，即可创建一个最简单的空白文档。

5）在空白文档中输入文字内容，执行"文件"→"保存"，在弹出的对话框中将文件名修改为"第一个网页.html"，最后单击"保存"按钮，即可完成创建过程。

6）在"文档"工具栏中单击""图标，在其二级菜单中选择"预览在 IExplore"选项，如图 3-13 所示。此时，即可通过 IE 看到当前正在编辑的网页效果，如图 3-14 所示。

图 3-13　选择预览环境

图 3-14　预览网页文件

3.2.3　站点内的基本操作

站点内的文件或文件夹主要通过"文件"面板进行管理，该面板不仅有管理文件的功能，还能自动更新网页文件中链接的路径，使用起来十分方便。下面以示例的形式向读者介绍站点内文件及文件夹的常见操作。

1．新建文件夹

演练　3-3：在站点内创建名为"images"的文件夹。

1）启动 Dreamweaver CS5，创建名为"站点内的基本操作"的站点。

2）在软件菜单栏中，执行"窗口"→"文件"，打开"文件"面板。右键单击站点名称，在弹出的右键菜单中选择"新建文件夹"选项，如图 3-15 所示。

3）此时，在站点根目录下新增了一个文件夹，并且新建文件夹名称处于可编辑状态，这里将新建文件夹命名为"images"，用于存放站点图片，如图 3-16 所示。

4）若要在名为"images"文件夹内部创建子文件夹，只需右键选择"images"文件夹，在其二级菜单中选择"新建文件夹"选项即可，如图 3-17 所示。

图 3-15　站点右键菜单

图 3-16　为新建文件夹命名

图 3-17　创建子文件夹

2．复制、剪切和删除操作

演练　3-4：站点内的复制、剪切和删除操作。

1）启动 Dreamweaver CS5，创建名为"站点内的复制、剪切和删除操作"的站点。

2）在该站点内创建空白网页文档和多个文件夹。

3）右键选择待操作的文件或文件夹，在弹出的右键菜单中执行"编辑"→"删除"，即可将对象删除，如图 3-18 所示。与此相似的是剪切、复制和重命名等操作。

4）在"文件"面板中，选择"index.html"文档，将其拖放到其他文件夹内，如图 3-19 所示，同样可以实现剪切的操作。

需要特别指出的是，当文件或文件夹通过"文件"面板移动位置时，其中的链接信息也跟随发生变化，这时软件会弹出如图 3-20 所示的"更新文件"对话框，用来询问设计者是否要更新被复制或被移动文件中的链接信息，通常单击"更新"按钮。

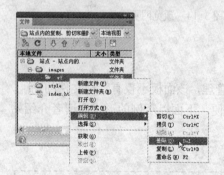
图 3-18　删除文件夹

图 3-19　拖放文件

图 3-20　"更新文件"对话框

3．管理站点

通过"文件"面板和站点菜单可以对多个站点进行管理，如打开站点、复制站点、编辑站点、删除站点等。

（1）打开已存在的站点

在"文件"面板的左上方的下拉菜单中选择要打开的站点，如图 3-21 所示。

（2）对已存在的站点进行二次编辑

1）在 Dreamweaver CS5 的菜单栏中执行"站点"→"管理站点"，或者在"文件"面板的左上方的下拉菜单中选择"管理站点"选项，即可打开如图 3-22 所示的对站点二次编辑对话框。

Dw Ps Fl

图 3-21 打开站点

图 3-22 对站点二次编辑对话框

2）选择某个待编辑的站点，单击"编辑"按钮，即可对该站点的相关设置进行编辑。

3）编辑完成后，单击"保存"按钮，可以返回"管理站点"对话框。最后单击"完成"按钮，即可完成对该站点的编辑操作。

（3）删除、复制、导出和导入站点

在图 3-22 所示的对话框中可以完成删除、复制、导出和导入站点的操作，由于操作简单，这里不再讲述操作过程。

"删除站点"：当不再需要 Dreamweaver CS5 对站点进行管理时，可以将站点删除，删除后其实际文件仍保留在本地电脑中。

"复制站点"：如果用户想创建多个结构相同或类似的站点，可以利用该功能。

"导入导出站点"：如果用户需要在各计算机和不同版本的软件间移动站点，或者与他人共享设置时，可以使用该功能。

3.3 网页制作离不开 CSS

层叠样式表（Cascading Style Sheet，CSS）是由 W3C（万维网联盟）的 CSS 工作组创建和维护的。它是一种不需要编译，可直接由浏览器执行的标记性语言，用于控制 Web 页面的外观。通过使用 CSS 样式控制页面各元素属性的变化，可将页面的内容与表现形式进行分离。

3.3.1 CSS 用来做什么

CSS 文件是一种文本文件，可以使用任何一种文本编辑器对其进行编辑，通过 Dreamweaver 可以将其与(X)HTML 文档相互连接起来，真正做到网页表现与内容分离。即便是一个普通的 (X)HTML 文档，通过对其添加不同的 CSS 规则，也可以得到风格迥异的页面。

读者可以访问一个名为"CSS 禅意花园"的网站（http://www.csszengarden.com/），在该网站中可以充分体验到 CSS 的强大功能，如图 3-23 所示。

通过体验可以发现，该网站所有文字内容完全一样，不同的是网站的布局和风格，其原因在于使用了不同的 CSS 文件。

目前 CSS 有多种版本，CSS 1 是 1996 年 W3C 的一个正式规范，其中包含最基本的属性（如字体、颜色和空白边）。CSS 2 是在 CSS 1 的基础上增添了某些高级概念（如浮动和定位）以及高级的选择器（如子选择器、相邻同胞选择器和通用选择器），并于 1998 年作为正式规范发布的。CSS 3 至今还未正式发布，不过 CSS 3 的新功能（如圆角、渐变色、文字阴影等）还是让设计者备受期待。

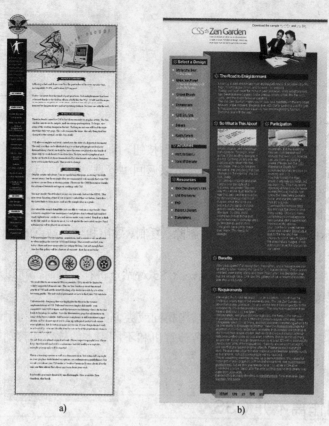

a)　　　　　　　　　　　　b)

图 3-23　引用不同 CSS 文件的同一网站

3.3.2　如何创建 CSS 文档

使用 Dreamweaver CS5 可以创建、编辑 CSS 文档，CSS 文档的扩展名为 ".css"。CSS 文档只有和网页文件相互连接起来才能作用于页面，具体的连接方法将在后续章节以示例的形式讲解，这里仅对 CSS 文档的创建过程进行描述，具体操作方法介绍如下。

1）启动 Dreamweaver CS5，执行 "站点" → "新建站点"，此时显示 "站点设置对象" 对话框。

2）选择对话框左侧的 "空白页" 类别，从 "页面类型" 列中选择 "CSS" 类型，然后单击 "创建" 按钮，即可创建一个 CSS 空白文档。

3）一般将 CSS 文档保存在站点的 "style" 文件夹里面，并根据需要为 CSS 文档创建名称，这里保存为 "div.css"。

4）创建完成后就可以在 CSS 文档中编写对应的元素规则了，图 3-24 所示的是某网站的 CSS 文档。

图 3-24　某网站的 CSS 文档

Dw Ps Fl

3.3.3 CSS 的基本语法

CSS 文档的基础就是一系列规则，每一条规则都是单独的语句。CSS 规则由两部分组成：选择符（Selector）和声明（Declaration），而声明又由属性及其对应的值组成，其示意图如图 3-25 所示。

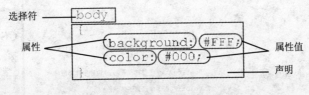

图 3-25 CSS 规则示意图

1）选择符（Selector）：所谓选择符就是规则中用于选择文档里要应用样式的那些元素。该元素可以是(X)HTML 的某个标签(如本例中<h2>标签被选中)，也可以是页面中指定的 class（类）或者 id 属性限定的标记。

2）声明（Declaration）：声明包含在一对大括号"{}"内，用于告诉浏览器如何渲染页面中与选择符相匹配的对象。声明内部由属性及其属性值组成，并用冒号隔开，以分号结束，声明的形式可以是一个或者多个属性的组合。

● 属性（Property）：属性是由官方 CSS 规范约定的，而不是自定义的，个别浏览器的私有属性除外。

● 属性值（Value）：属性值放置在属性名和冒号后面，具体内容跟随属性的类别而呈现不同形式，一般包括数值、单位以及关键字。

 3-5：CSS 基本语法。

1）启动 Dreamweaver CS5，创建名为"CSS 基本语法"的站点。

2）在该站点中创建空白 XHTML 文档，并保存为"index.html"。

3）执行"站点"→"新建站点"命令，创建空白 CSS 文档，并保存为"div.css"。

4）切换到"index.html"页面，打开"CSS 样式"面板，单击面板底部的" "图标，此时弹出"链接外部样式表"对话框。

5）在上述对话框中，单击"浏览"按钮，将刚刚新建的外部样式文件"div.css"链接到"index.html"页面中，如图 3-26 所示。

6）此时，软件界面显示两个文件已经链接，如图 3-27 所示。用户单击某个文件，可以在这两个文档之间相互切换。

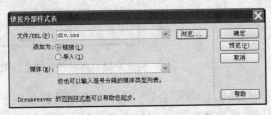

图 3-26 "链接外部样式表"对话框

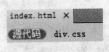

图 3-27 建立链接

  37

7）切换到"index.html"页面中，输入标题和段落文本，其当前页面结构如图 3-28 所示。

8）切换到"div.css"页面中，输入相关 CSS 规则，如图 3-29 所示。

9）保存当前文档，通过浏览器预览后的效果如图 3-30 所示。

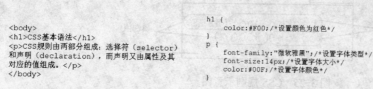

```
<body>
<h1>CSS基本语法</h1>
<p>CSS规则由两部分组成：选择符（selector）
和声明（declaration），而声明又由属性及其
对应的值组成。</p>
</body>
```

```
h1 {
    color:#F00;/*设置颜色为红色*/
}
p {
    font-family:"微软雅黑";/*设置字体类型*/
    font-size:14px;/*设置字体大小*/
    color:#00F;/*设置字体颜色*/
}
```

图 3-28　当前页面结构　　　　图 3-29　相关 CSS 规则　　　　图 3-30　预览效果

通过本示例可以看出，CSS 文档的不同规则可以对页面中多种元素进行精确选取和定义，这种处理方法体现了"内容与表现相分离"的重要思想。

3.3.4　常见的 CSS 样式类型

根据实际需要，可以把 CSS 插入到网页的不同位置。依据插入位置的不同，常见的 CSS 样式类型有内联样式（Inline Style）、内部样式（Internal Style Sheet）和外部样式（External Style Sheet）。

1. 内联样式

内联样式指的是将 CSS 样式与(X)HTML 标签混合使用，这种方法可以很简单地对某个元素单独定义样式。内联样式的使用是直接在(X)HTML 标签里添加 style 参数，而 style 参数的内容就是 CSS 的属性和值。

3-6：内联样式。

1）启动 Dreamweaver CS5，创建空白 XHTML 文档，在该文档中输入段落文字。

2）将鼠标定位在"代码"视图，直接在 p 元素内部创建内联样式，如图 3-31 所示。通过浏览器预览可以看到效果，如图 3-32 所示。

```
<body>
<p style="color:#F00  font-size:12px ">内联
样式指的是将CSS样式与（X）HTML标签混合使用，
这种方法可以很简单的对某个元素单独定义样式。</p>
<p>此处的段落没有使用内联样式！</p>
</body>
```

图 3-31　内联样式　　　　　　　图 3-32　内联样式预览效果

通过本示例可以看出，内联样式与(X)HTML 标签混合在一起，其作用范围仅限于当前元素，这种编写方式不符合"内容与表现相分离"的思想，建议读者尽量少用这种方式对网页

内的元素进行编辑。

2. 内部样式

内部样式位于页面标签的\<head\>与\</head\>之间，且使用\<style\>标签进行包裹。

 3-7：内部样式。

1）启动 Dreamweaver CS5，创建空白 XHTML 文档，在该文档中输入段落文字。

2）将鼠标定位在"代码"视图，在页面顶部的 head 区域编写对应的 CSS 规则，如图 3-33 所示。

3）保存当前文档，通过浏览器预览后的效果如图 3-34 所示。

图 3-33　内部样式　　　　　　　　　　　　图 3-34　内部样式预览效果

通过本示例可以看出，内部样式书写的位置在当前页面的 head 区域，且只对当前页面有效，不能跨页面执行。在实际工作中，由于采用这种 CSS 样式达不到管理整个网站布局的目的，因此使用频率相对较低。

3. 外部样式

外部样式是目前在实际工作中使用最为广泛的一种形式。它将 CSS 样式代码保存为一个样式文件，然后在页面中使用\<link\>标签链接到这个样式文件，以便实现多个页面调用同一个外部样式文件的目的。创建外部样式的方法请参考演练 3-5 示例，这里不再赘述。

对于使用外部样式的 CSS 文档，并非一个网站只能链接一个 CSS 文档，而是可以根据需要链接多个，如图 3-35 所示。

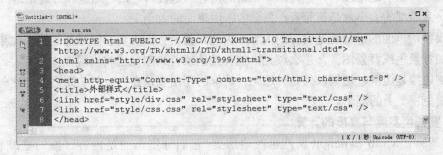

图 3-35　外部样式

从图中可知，当前文档使用<link>标签链接了两个外部样式文件"css.css"和"div.css"。浏览器从这两个文件中以文档格式读出定义的样式表，href="style/css.css"是指外部样式文件的路径位置，rel="stylesheet"是指在页面中使用外部的样式表，type="text/css"是指文件的类型是样式表文件。

由于外部样式表文件可以应用于多个页面，所以当样式文件被修改后，站点所有页面也将随之改变。这样不仅减轻了工作量，而且有利于后期修改和维护，同时浏览时也减少了重复代码的下载量。

对于简单的 Web 站点，可以只使用一个 CSS 文件。对于复杂点的站点，对样式表进行分割以便简化维护是非常好的做法，正如本例中链接了两个外部样式文件一样。一般用一个 CSS 文件处理基本布局，用另一个文件处理版式和设计修饰。如此一来，待布局确定后，就很少需要修改布局样式，这样可以防止布局样式表被意外破坏或改动。

3.3.5　CSS 的盒模型

CSS 的盒模型是关系到网页布局排版定位的关键，任何一个选择符都遵循盒模型的规范。网页中的每个元素都可以认为是一个长方形的盒子，而每个这样的盒子都具有 margin（外边距）、padding（内边距）和 border（边框）等基本属性，CSS 的盒模型就是一些 CSS 基本属性的应用。

1. 盒模型详解

CSS 盒模型（Box Model）是 CSS 控制页面时的重要概念，它指定了元素如何显示和交互。只有很好地掌握盒模型的知识，才能真正控制页面中每个元素的位置。

盒模型将页面中的每个元素看做一个矩形框，这个框由元素的内容、内边距、边框和外边距组成，其示意如图 3-36 所示。

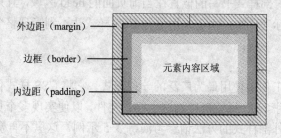

图 3-36　CSS 盒模型

从图中可以清楚地理解，任何一个元素的内容都是被内边距、边框和外边距这 3 个属性所包含，盒模型的大小就是该元素在页面中占用空间的大小。

盒模型最里面的部分就是实际的内容，内边距紧紧包围在内容区域的周围，如果给某个元素添加背景色或背景图像，那么该元素的背景色或背景图像也将出现在内边距中。在内边距的外侧边缘是边框，边框以外是外边距。边框的作用就是在内、外边距之间创建一个隔离带，以避免视觉上的混淆。

2. 盒模型宽度与高度的计算

在 CSS 中 width 和 height 属性也经常用到，它们分别指的是内容区域的宽度和高度。增加内边距、边框和外边距不会影响内容区域的尺寸，但是会增加元素框的总尺寸。在

Dw Ps Fl

CSS 中，盒模型的宽度与高度是元素内容、内边距、边框和外边距这 4 部分的属性值的总和。

 演练 3-8：盒模型的宽度。

1）启动 Dreamweaver CS5，创建空白 XHTML 文档，将鼠标定位在"代码"视图中，插入名为"box_1"的 div 容器，如图 3-37 所示。

2）在页面顶部 head 区域，使用内部样式插入相关 CSS 规则，赋予名为"box_1"的 div 容器有关盒模型的属性，如图 3-38 所示。

```
<style type="text/css">
#box_1 {
    width:100px; /*定义元素宽度为100px*/
    height:100px;/*定义元素高度为100px*/
    padding:20px 10px;/*定义元素上下内边距为20px，左右内边距为10px*/
    border:10px #F00 solid;/*定义元素四周边框为10px宽，红色，实线型*/
    margin:10px 20px; /*定义上下外边距为10px，左右外边距为20px*/
}
</style>
```

```
<body>
<div id="box_1"></div>
</body>
```

图 3-37　插入"box_1"的页面结构　　　　　图 3-38　"box_1"的 CSS 规则

3）在"设计"视图中选择该元素，可以看到外边距、边框和内边距等属性，如图 3-39 所示。当前元素的宽度=20px+10px+10px+100px+10px+10px+20px=180px。

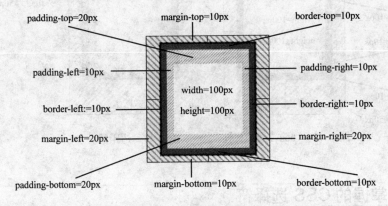

图 3-39　当前元素的盒模型

 演练 3-9：盒模型的高度。

1）在演练 3-8 的基础上继续完成后续内容。将鼠标定位在"代码"视图中，在名为"box_1"的 div 容器后面插入名为"box_2"的 div 容器，如图 3-40 所示。

2）在页面顶部 head 区域，继续为"box_2"的 div 容器创建 CSS 规则，如图 3-41 所示。

```
#box_2 {
    width:100px; /*定义元素宽度为100px*/
    height:100px;/*定义元素高度为100px*/
    padding:10px;/*定义内边距为10px*/
    margin:50px 20px;/*定义上下外边距为50px，左右外边距为20px*/
    border:10px #06F solid;/*定义元素四周边框为10px宽，蓝色，实线型*/
}
```

```
<body>
<div id="box_1"></div>
<div id="box_2"></div>
</body>
```

图 3-40　插入"box_2"的页面结构　　　　　图 3-41　"box_2"的 CSS 规则

3）在"设计"视图中选择该元素，可以看到外边距、边框和内边距等属性，如图 3-42 所示。当前元素的高度=50px+10px+10px+100px+10px+10px+50px=240px。

细心的读者可以发现，box_1 容器与 box_2 容器纵向排列，且 box_1 容器的下外边距为 10px，box_2 容器的上外边距为 50px，如图 3-43 所示。按照常规理解，box_1 容器与 box_2 容器之间的距离应该为 60px，但实际情况却是 50px。

这种情况在页面布局时经常遇到，如果不理解其内涵则容易造成许多麻烦。简单地说，当两个元素的垂直外边距相遇时，这两个元素之间的外边距就会进行叠加，形成一个外边距。这个外边距的高度等于这两个元素外边距高度的较大者。

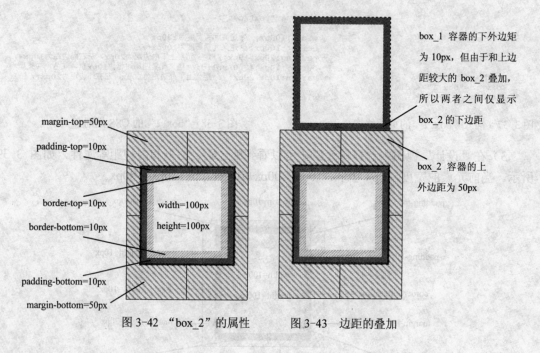

图 3-42　"box_2"的属性　　　图 3-43　边距的叠加

3.4　必须掌握的 CSS 选择符

CSS 选择符就是 CSS 样式的名字，当需要对 XHTML 文档中某一标签使用 CSS 样式时，就要使用 CSS 选择符来精确指定。CSS 选择符形式多样，这里仅对最为常用的几种选择符进行讲解，其余内容请读者在实践中学习体会。

3.4.1　通配符与类型选择符

1．通配符选择符

通配符选择符用"*"号进行表示，其作用是定义页面所有元素的样式，某些情况下，还可以对特定元素的所有后代元素应用样式。

2．类型选择符

使用网页中已有的标签类型作为名称的选择符称为类型选择符，如 body、p、h1、ul、a 和 span 等。

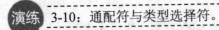 **演练** 3-10：通配符与类型选择符。

1）启动 Dreamweaver CS5，创建空白 XHTML 文档，将鼠标定位在"代码"视图中，插入相关文字内容，如图 3-44 所示。

2）在页面顶部 head 区域，使用内部样式插入相关 CSS 规则，如图 3-45 所示。

```
<body>
<h1>通配符选择符</h1>
<p>通配符选择符用<span>"*"</span>号进行表示，其作用是定义
页面所有<em>元素</em>的样式。</p>
<h2>类型选择符</h2>
<p>使用网页中已有的标签类型作为名称的选择符称为类型选择符。</p>
</body>
```

图 3-44 通配符与类型选择符的结构代码

```
<style type="text/css">
/*--通配符选择符--*/
* {
    margin:0;
    padding:0;
    color: #F00;/*对所有元素应用样式，设置字体为红色*/
}
/*--通配符选择符的其他形式--*/
p * {
    font-size:50px;/*对p元素的所有后代元素应用样式*/
}
/*--类型选择符--*/
h2 {
    color:#06F;/*设置字体颜色为蓝色*/
    font-size:20px;/*设置字体大小*/
}
</style>
```

图 3-45 通配符与类型选择符的 CSS 规则

3）保存当前文档，通过浏览器预览可以看到效果，如图 3-46 所示。

通过分析 CSS 规则和预览效果可知，由于通配符中定义字体颜色为红色，所以影响了页面所有元素。

段落 p 元素中包含子元素 span 和 em，但 CSS 规则中"p *"选择符作用的范围是 p 元素的所有子代元素，所以被 span 和 em 分别包裹的内容字体呈现出放大效果。

在 CSS 规则中，又单独对 h2 元素进行了定义，虽然通配符已经将字体设置为红色，但其优先级较低，被类型选择符所取代，所以 h2 元素中的内容呈现出字体颜色变化和放大效果。

图 3-46 通配符与类型选择符的预览效果

3.4.2 类选择符与 ID 选择符

1．类选择符

如果有多个不同的标签需要共享同一个样式，或者希望同一个标签在不同位置显示不同的样式，可以通过类选择符实现。

类选择符通过直接引用元素中类属性的值而产生效果，这个应用前面总是有一个句点"."，这个句点用来标识一个类选择符。类可以随意命名，但最好根据元素的用途来定义一个有意义的名称。

2．ID 选择符

ID 选择符与类选择符极其相似，类选择符是以"."开头，而 ID 选择符是以"#"开头。对于一个 XHTML 文档来说，其中的每一个标签都可以使用 id="" 的形式进行一个名称指派。但需要注意，在一个 XHTML 文档中 id 具有唯一性，是不可以重复的。

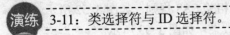 **演练** 3-11：类选择符与 ID 选择符。

1）启动 Dreamweaver CS5，创建空白 XHTML 文档，将鼠标定位在"代码"视图中，插

入相关文字内容，如图 3-47 所示。

2）在页面顶部 head 区域，使用内部样式插入相关 CSS 规则，如图 3-48 所示。

```
<body>
<div id="box_1" class="red">
  <h1 class="red">类选择符</h1>
  <p>如果有多个不同的标签需要共享同一个样式，或者希望同一
个标签在不同位置显示不同的样式，就可以通过类选择符实现。</p>
</div>
<div id="box_2">
  <h1>ID选择符</h1>
  <p>ID选择符与类选择符极其相似，类选择符是以"."开头，而
ID选择符是以"#"开头。</p>
</div>
</body>
```

图 3-47　类选择符与 ID 选择符的结构代码

```
<style type="text/css">
/*--类选择符--*/
.red {
    color:#F00;/*设置字体颜色*/
}
/*--ID选择符--*/
#box_2 {
    font-family:"微软雅黑";/*设置字体类型*/
}
</style>
```

图 3-48　类选择符与 ID 选择符的 CSS 规则

3）保存当前文档，通过浏览器预览可以看到效果，如图 3-49 所示。

通过分析 CSS 规则和预览效果可知，本例中".red"类不仅应用在名为"box_1"的 div 容器上，还应用在 h1 元素上，使得标题和内容均呈现红色。

由于 ID 选择符"#box_2"和网页结构中"<div id="box_2">"相对应，故该规则仅作用于名为"box_2"的 div 容器上。

图 3-49　类选择符与 ID 选择符的预览效果

3.4.3　包含选择符与群组选择符

1. 包含选择符

包含选择符又称为后代选择符，因为该选择符是作用于某个元素中的子元素的，且不仅限于两层标签元素。

2. 群组选择符

群组选择符使用逗号对选择符进行分隔，可以对一组不同的标签进行相同样式的指派。在实际工作中，群组选择符常见于 CSS 文档的初始化，图 3-50 所示的是"凤凰网"CSS 文档初始化的相关代码。

```
body, div, dl, dt, dd, ul, ol, li, h1, h2, h3, h4, h5,
h6, pre, form, fieldset, input, p, blockquote, th, td {
    margin:0;
    padding:0;
}
```

图 3-50　CSS 文档初始化的相关代码

演练 3-12：包含选择符与群组选择符。

1）启动 Dreamweaver CS5，创建空白 XHTML 文档，将鼠标定位在"代码"视图中，插入相关文字内容，如图 3-51 所示。

2）在页面顶部 head 区域，使用内部样式插入相关 CSS 规则，如图 3-52 所示。

3）保存当前文档，通过浏览器预览可以看到效果，如图 3-53 所示。

通过分析 CSS 规则和预览效果可知，本例中"ul li a"规则为包含选择符，通过三层标签

的包含，最终作用于 a 元素，而"h2,a"规则为群组选择符，其含义是将 h2 元素和 a 元素统一进行规则定义。

```
<body>
<h2>纵向导航</h2>
<ul>
  <li><a href="#">首页</a></li>
  <li><a href="#">新闻</a></li>
  <li><a href="#">娱乐</a></li>
  <li><a href="#">体育</a></li>
  <li><a href="#">电影</a></li>
</ul>
</body>
```

```
<style type="text/css">
/*--包含选择符--*/
ul li a {
    font-family:"微软雅黑";/*设置字体类型*/
}
/*--群组选择符--*/
h2, a {
    color:#06F;/*设置颜色为蓝色*/
}
</style>
```

图 3-51　包含选择符与群组　　　　图 3-52　包含选择符与群组　　　　图 3-53　包含选择符与群组
　　　　选择符的结构代码　　　　　　　　选择符的 CSS 规则　　　　　　　　选择符的预览效果

3.5　课堂综合练习——使用 CSS 制作简单网页

本节使用"CSS+DIV"的模式制作一个漂亮的网页，通过本节的练习，希望读者认真体会从创建站点到实现页面布局的整个过程，着重学习有关 CSS 的书写方法和各种属性。需要说明的是，案例中肯定包含比较难以理解的 CSS 规则，读者不必急于认知每个属性的含义，只需体会其过程，随着后续章节的学习会自然而然地明白其中的道理。

3.5.1　布局分析

本练习的任务是设计并制作摄影题材的个性网页，页面的最终效果如图 3-54 所示。该网页具有卡通风格，选用绿色作为主体色彩。

从页面整个布局来看，主体内容位于整个页面的中部，底部区域采用无序列表规划出 3 部分导航。通过对页面的仔细观察以及思考，这里将页面的布局示意草图展示出来，如图 3-55 所示。

图 3-54　最终效果

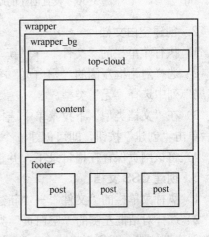

图 3-55　布局示意草图

　45

示意草图中各区域的布局是根据工作经验规划得出的，读者通过系统的学习同样可以达到这种水平。示意图中"wrapper"是整个页面的容器，用于放置其他的元素；"wrapper_bg"用于放置背景图像；"top-cloud"用于放置顶部云朵素材；"content"用于放置主体内容；"footer"用于放置底部的 3 部分导航；"post"类应用在 3 个布局相同内容不同的导航中。

3.5.2　制作过程

1. 创建站点

1）启动 Dreamweaver CS5，执行"站点"→"新建站点"，显示"站点设置对象"对话框，如图 3-56 所示。

2）在此对话框左侧列表中选择"站点"选项，并在右侧"站点名称"文本框中输入"使用 CSS 制作简单网页"，然后单击"📁"图标按钮，为本地站点文件夹选择存储路径。最后，单击"保存"按钮，完成本地站点的创建。

3）在"文件"面板中的站点根目录下分别创建用于放置图片的"images"文件夹和放置 CSS 文档的"style"文件夹。

4）将所需图片素材复制到站点的"images"文件夹内，如图 3-57 所示。

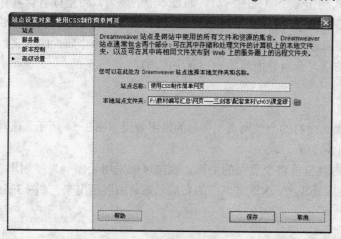

图 3-56　设置创建的站点

图 3-57　创建站点

2. 创建空白文档

1）执行菜单栏的"文件"→"新建"，显示"新建文档"对话框。

2）选择对话框左侧的"空白页"类别，从"页面类型"中选择"HTML"类型，然后在"布局"列中选择"无"类型。

3）在"文档类型"下拉菜单中选择"XHTML 1.0 Transitional"选项，如图 3-58 所示。最后单击"创建"按钮，即可创建一个空白文档。

4）将该网页保存在根目录下，并重命名为"index.html"，如图 3-59 所示。

3. 创建 CSS 文档

1）执行菜单栏的"文件"→"新建"，显示"新建文档"对话框。

2）选择对话框左侧的"空白页"类别，从"页面类型"列中选择"CSS"类型，然后单击"创建"按钮，即可创建一个 CSS 空白文档。

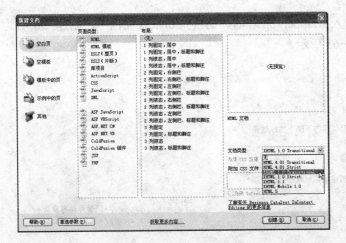

图 3-58　设置文档类型　　　　　　　　　　　　图 3-59　创建空白文档

3）将此外部 CSS 文档保存在 style 文件夹下，并重命名为"div.css"，如图 3-60 所示。

4．将 CSS 文档链接至页面

1）打开 index.html 文档，在 Dreamweaver CS5 中执行"窗口"→"CSS 样式"，打开"CSS 样式"面板，单击面板底部的"图标"图标，此时弹出"链接外部样式表"对话框。

2）在此对话框中，单击"浏览"按钮，将外部样式文档"div.css"链接到"index.html"页面中，如图 3-61 所示。

3）此时，软件界面显示两个文档已经链接，如图 3-62 所示。用户单击某个文档，可以在这两个文档之间相互切换。

图 3-60　创建 CSS 文档

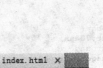

图 3-61　将 CSS 文档链接至页面　　　　　　图 3-62　两个文档已经链接

5．基础部分的制作

1）切换到 div.css 文档中，首先为整个页面进行初始化定义，如图 3-63 所示。

2）将鼠标定位在"设计"视图中，在"插入"面板的"常用"选项卡中单击"插入 Div 标签"按钮，弹出"插入 Div 标签"对话框，在"插入"下拉菜单中选择"在插入点"选项，在"ID"下拉列表框中输入"wrapper"，最后单击"确定"按钮，即可在页面中插入 wrapper 容器。切换到 div.css 文档中，创建一个名为#wrapper 的 CSS 规则，如图 3-64 所示。

3）在"设计"视图中，将 wrapper 容器内多余的文字删除。

4）在"插入"面板的"常用"选项卡中单击"插入 Div 标签"按钮，弹出"插入 Div 标签"对话框，在"插入"下拉菜单中选择"在开始标签之后"选项，并在后方下拉菜单中选择"<div id="wrapper">"选项，在"ID"下拉列表框中输入"wrapper_bg"，最后单击"确定"

按钮，即可在 wrapper 容器内部插入 wrapper_bg 容器。切换到 div.css 文档中，创建一个名为 #wrapper_bg 的 CSS 规则，如图 3-65 所示。

```
* {
    margin:0;
    padding:0;
    border:0;
}
a {
    text-decoration:none;/*去除超链接默认状态下的下划线效果*/
    color:#930;/*设置超链接字体颜色*/
    font-family:"黑体";/*设置字体类型*/
}
a:hover {
    text-decoration:underline;/*设置超链接鼠标悬停时的外观*/
}
body {
    background:#b7d5d5;/*设置背景色*/
    font:14px/1.5 "宋体";/*设置页面字体大小和行间距*/
}
```

图 3-63　页面初始化定义

```
#wrapper {
    width:1095px;/*设置外包裹宽度*/
    margin:0 auto;/*设置外包裹居中显示*/
}
```

图 3-64　名为#wrapper 的 CSS 规则

5）保存当前文档，通过浏览器预览可以看到当前预览效果，如图 3-66 所示。

```
#wrapper_bg {
    height:700px;
    background:
url(../images/wrapper_bg.jpg)
no-repeat center bottom;/*设置背
景图像水平方向居中，垂直方向为底对齐*/
}
```

图 3-65　名为#wrapper_bg 的 CSS 规则

图 3-66　当前预览效果

6）将鼠标定位在"设计"视图，在"插入"面板的"常用"选项卡中单击"插入 Div 标签"按钮，弹出"插入 Div 标签"对话框，按照图 3-67 所示的设置内容，在 wrapper_bg 容器内部插入 top-cloud 容器。此时的页面结构如图 3-68 所示。

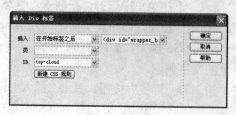

图 3-67　插入 top-cloud 容器

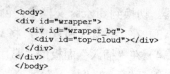

图 3-68　插入 top-doud 容器的页面结构

48

7）切换到 div.css 文档中，创建相关 CSS 规则，如图 3-69 所示。

```
#top-cloud {
    background:url(../images/cloud.gif) no-repeat;
    height:175px;
}
```

图 3-69　插入 top-cloud 容器的 CSS 规则

6. 主体内容的制作

1）将鼠标定位在"设计"视图，在"插入"面板的"常用"选项卡中单击"插入 Div 标签"按钮，在"插入"下拉菜单中选择"在标签之后"选项，并在后方下拉菜单中选择"<div id="top-cloud">"选项，在"ID"下拉列表框中输入"content"，如图 3-70 所示。最后单击"确定"按钮，即可在 top-cloud 容器后面插入 content 容器。

2）切换到 div.css 文档中，创建相关 CSS 规则，如图 3-71 所示。

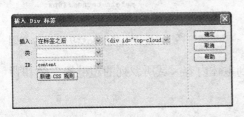

```
#content {
    background:url(../images/content_bg2.gif)
no-repeat left top;
    height:400px;
    width:255px;
    margin-top:-50px;
    margin-left:200px;
    font-size:1.1em;/*设置字体大小为1.1倍父级字体大小*/
    padding:100px 20px 20px 35px;/*设置上、右、下、
左内边距*/
}
```

图 3-70　插入 content 容器　　　　　　　　图 3-71　插入 content 容器的 CSS 规则

3）保存当前页面文档，通过浏览器预览可以看到当前预览效果，如图 3-72 所示。

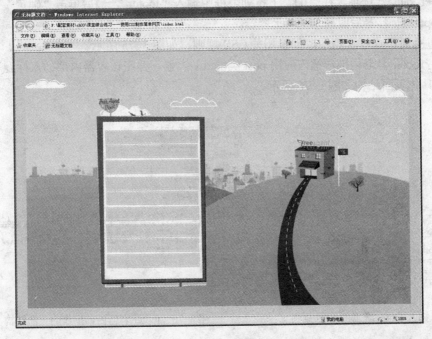

图 3-72　插入 content 容器后的预览效果

4）将鼠标定位在"代码"视图，在 content 容器内部依次创建 box_1～box_9 共计 9 个 div

容器，并在其中输入必要的文字，当前页面结构如图 3-73 所示。

5）切换到 div.css 文档中，创建相关 CSS 规则，如图 3-74 所示。

```html
<body>
<div id="wrapper">
  <div id="wrapper_bg">
    <div id="top-cloud"></div>
    <div id="content">
      <div id="box_1"><a href="#">1.在瑞士的中国摄影展</a></div>
      <div id="box_2"><a href="#">2.学术展"返回原点"重塑摄影价值</a></div>
      <div id="box_3"><a href="#">3.国际摄影大展推出"无忌新锐之夜"</a></div>
      <div id="box_4"><a href="#">4.欧洲影像人类学新作亮相平遥</a></div>
      <div id="box_5"><a href="#">5.平遥摄影节上的重头戏</a></div>
      <div id="box_6"><a href="#">6.院校展助力年轻摄影人</a></div>
      <div id="box_7"><a href="#">7.当代摄影大师莅临平遥大展</a></div>
      <div id="box_8"><a href="#">8.写照灵魂是最大收获</a></div>
      <div id="box_9"><a href="#">9."半个世纪的爱"平遥首展</a></div>
    </div>
  </div>
</div>
</body>
```

```css
#box_1 {
    margin-bottom:15px;
}
#box_2 {
    margin-bottom:20px;
}
#box_3 {
    margin-bottom:25px;
}
#box_4 {
    margin-bottom:15px;
}
#box_5 {
    margin-bottom:20px;
}
#box_6 {
    margin-bottom:20px;
}
#box_7 {
    margin-bottom:20px;
}
#box_8 {
    margin-bottom:20px;
}
```

图 3-73　创建 box_1～box_9 后的页面结构　　　　图 3-74　box_1～box_9 的 CSS 规则

6）保存当前页面文档，通过浏览器预览可以看到主体内容区域所罗列的超链接已经和背景图像吻合相接。

7．footer 区域的制作

1）将鼠标定位在"设计"视图，在"插入"面板的"常用"选项卡中单击"插入 Div 标签"按钮，在"插入"下拉菜单中选择"在标签之后"选项，并在后方下拉菜单中选择"<div id="wrapper_bg">"选项，在"ID"下拉列表框中输入"footer"，最后单击"确定"按钮，即可在 wrapper_bg 容器后面插入 footer 容器。

2）切换到 div.css 文档中，创建相关 CSS 规则，如图 3-75 所示。

3）在 footer 容器内部，插入应用 post 类的 div 容器，并在该容器内部插入标题和一组无序列表，具体页面结构如图 3-76 所示。

```css
#footer {
    background:
url(../images/footer_bg.jpg) repeat-x;
    height:310px;
    padding:110px 30px 0;
}
```

```html
<body>
<div id="wrapper">
  <div id="wrapper_bg">
    <div id="top-cloud"></div>
    <div id="content">
      <div i...>
    </div>
  </div>
  <div id="footer">
    <div class="post">
      <h2>大众影赛</h2>
      <ul>
        <li><a href="#">谷歌举办摄影比赛寻找"明日之星" </a></li>
        <li><a href="#">"新传播环境下摄影"国际大师工作坊全国招生 </a></li>
        <li><a href="#">第十届全国摄影理论研讨会论文征稿 </a></li>
        <li><a href="#">云和、雁荡山摄影创作采风团火热招募</a></li>
        <li><a href="#">大众摄影网广东韶关影友联谊会 </a></li>
      </ul>
    </div>
  </div>
</div>
</body>
```

图 3-75　插入 footer 容器的 CSS 规则　　　　图 3-76　footer 容器内部操作的页面结构

4）切换到 div.css 文档中，创建相关 CSS 规则，如图 3-77 所示。保存当前页面文档，通过浏览器预览可以看到效果，如图 3-78 所示。

Dw **Ps** **Fl**

5）相同的操作方法，在 footer 容器内部再次创建两个应用 post 类的容器，并输入相关文字内容，页面结构如图 3-79 所示。保存当前页面文档，通过浏览器预览可以发现本页面的所有布局已经全部实现。

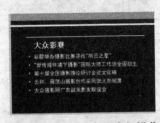

图 3-77　foot 容器内部操作的　　图 3-78　footer 容器内部操作　　图 3-79　foot 容器内部再次
　　　　　CSS 规则　　　　　　　　后的预览效果　　　　　　　操作的页面结构

3.6　课堂综合实训——使用 CSS 制作精美网页

1. 实训要求

参照本章所讲的内容，使用"CSS+DIV"的模式制作网站的首页，在制作过程中注意体会网页布局的整个过程，记忆简单的 CSS 规则。

2. 过程指导

1）启动 Dreamweaver CS5，并创建站点。在站点内创建"images"文件夹和"style"文件夹。

2）分别创建空白网页文档和外部 CSS 文档，然后将两者链接起来。

3）根据需要设计规划页面的布局示意图（如图 3-80 所示）将鼠标定位在"设计"视图中，在空白网页内部创建 wrapper 容器，切换到 CSS 文档，输入相应的规则。

4）在 wrapper 容器内部依次创建 header 容器和 nav 容器，并在 nav 容器内部使用无序列表创建导航。

5）在 nav 容器后面创建 introduction 容器，用于放置网页导语相关文字内容。

6）在 introduction 容器后面创建 content_1 容器，并在其中插入 sider 容器和 main 容器，分别放置图像和解释文字。

7）以此类推，根据示意图中各容器之间的关系，参照上述步骤，将页面中其他 div 容器制作出来。

8）保存所有文件，在浏览器中预览并修改，最终效果可参照图 3-81。

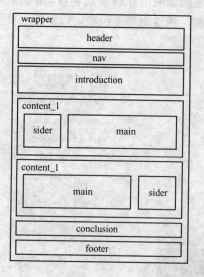

图 3-80　布局示意图　　　　　图 3-81　使用 CSS 制作精美网页的最终效果

3.7　习题

1. 在本地计算机中创建名称为"MyWeb"的站点，并在该站点内创建名为"images"和"style"的文件夹；在站点内部创建"index.html"和"div.css"文件，并将这两个文件链接起来；向站点"image"文件夹内复制多张图像，练习移动、删除、粘贴等操作。

2. 观察图 3-82 所示的网页，分析其中的布局，运用本章知识将该网页制作出来。

图 3-82　操作题 2

3. 使用本章所学知识，创建站点，并在站点中创建如图 3-83 所示的简单页面。

4. 观察图 3-84 所示的网页，分析其中的布局，运用本章知识将该网页制作出来。

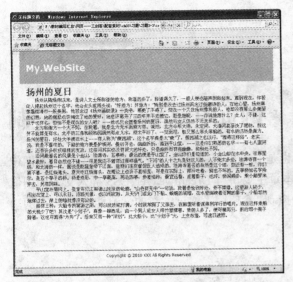

图 3-83　操作题 3

图 3-84　操作题 4

第 *4* 章

网页中文本与图像的控制

文本与图像既是网站中最基本的元素，也是必不可少的元素，只有灵活地对文本和图像加以控制，才能实现各种复杂的页面布局。本章主要讲解 Dreamweaver CS5 插入文本和图像的操作方法以及如何使用 CSS 对其进行灵活控制，希望读者通过本章的学习能够对 CSS 的功能有全新认识。

知识重点

➤ 超链接、邮件链接和锚链接；

➤ 首行缩进、超链接文本；

➤ 图像热点区域和鼠标经过图像；

➤ 背景色、背景图和图文混排。

预期目标

➤ 能够使用 CSS 控制页面文本；

➤ 能够使用 CSS 控制页面图像；

➤ 能够熟练 CSS 实现文本超链接和图像链接；

➤ 能够熟练实现图文混排效果。

4.1 文本控制

通过使用 Dreamweaver CS5 能够方便地对网页中的文本进行编辑，再配合 CSS 对文本的美化，能够使文本呈现出各种效果。本节将详细介绍在网页制作过程中，文本的添加、插入特殊符号以及段落排版等内容。

4.1.1 插入文本与特殊字符

1. 插入与编辑文本

对于要添加到页面中的少量文本，可以先将鼠标定位在需要插入文本的地方，再通过键盘直接输入即可。

需要特别注意的是，在输入文本的过程中，如果直接按下〈Enter〉键进行换行，则行间距会比较大。要显示正常的行距，在网页中换行时需要按下组合键〈Shift+Enter〉来解决行间距过大的问题。

2. 插入特殊字符

Dreamweaver CS5 提供了各种特殊字符的插入功能，可以插入如货币符号、版权和商标等不能从键盘上直接输入的字符。

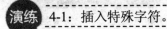

1）在文档的"设计"视图中，将鼠标定位在要插入特殊字符的位置。

2）在软件菜单栏中执行"插入"→"HTML"→"特殊字符"，在其子菜单中选择一个特殊字符的名称；或者通过单击"插入"面板的"文本"类别中的"字符"按钮，在其下拉菜单中选择一个特殊字符的名称，均可插入特殊字符。图 4-1 所示的是在页面中插入一个版权字符"©"。

3）如果想要插入更多的特殊字符，可以执行"插入"→"HTML"→"特殊字符"→"其他字符"，这时打开"插入其他字符"对话框，如图 4-2 所示。

4）在此对话框中，单击某个特殊字符，立刻在"插入"文本框内显示出该字符的实体参考名称，然后单击"确定"按钮，即可将所选特殊字符插入到指定位置。

"实体参考"是 HTML 中对特殊字符表达方式的一种，它采用有意义的名称来表示特殊字符，由前缀"&"加上字符对应名称，再加上后缀"；"组成。例如"©"对应特殊字符"©"。

图 4-1　"插入特殊字符"对话框

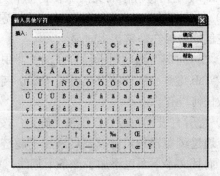

图 4-2　"插入其他字符"对话框

4.1.2　创建超链接

超链接是指从一个网页指向另一个目标的连接关系，这个目标可以是一个网页，也可以是相同网页上的不同位置，还可以是一个图片、一个电子邮件地址，甚至是一个应用程序。

Dreamweaver 中根据链接目标的不同，可以分为本地网页文档的链接、外部网页链接和空链接等几种类型。本节主要介绍超链接的基本知识以及创建超链接的方法。

1．创建超链接

创建超链接有多种途径，这里以示例的形式向读者讲解创建超链接的过程。

演练 4-2：创建超链接。

1）启动 Dreamweaver CS5，创建空白 XHTML 文档，在页面中输入需要添加链接的文字，如图 4-3 所示。

2）在"设计"视图中，选择"通过菜单创建超链接"文字。在软件菜单栏中执行"插入"→"超级链接"，或者在"插入"面板的"常用"类别中，单击"超级链接"按钮，打开如图 4-4 所示的对话框。

```
<body>
<h3>创建超链接</h3>
<ol>
    <li>通过菜单创建超链接</li>
    <li>通过属性检查器创建超链接</li>
</ol>
</body>
```

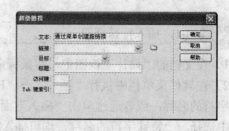

图 4-3　创建超链接页面结构　　　　　　　图 4-4　"超级链接"对话框

3）在该对话框的"文本"选项中，输入或修改链接的文本，然后在"链接"文本框内输入要链接到的文档的名称。

4）在"目标"下拉菜单中选择一种用于显示链接文档的方式。

"_blank"是指将链接的文档加载到一个未命名的新浏览器窗口中。

"_parent"是指将链接的文档加载到含有该链接的父窗口中。

"_self"是指将链接的文档加载到该链接所在的同一窗口中。

"_top"是指将链接的文档加载到整个浏览器窗口中。

5）在"标题"文本框中输入链接的标题文字，此处的文字内容将在鼠标悬停在超链接上时显示。

6）"访问键"选项用于设置在浏览器中选择该链接的等效键盘键，"Tab 键索引"选项用于设置〈Tab〉键顺序的编号，这里可以不做任何设置。

7）待所有设置完成后，单击"确定"按钮即可为文本添加超链接。通过浏览器预览可以发现添加了超链接的文本颜色发生了变化，而且文本下面也添加了一条下划线，如图 4-5 所示。

图 4-5　创建超链接预览效果

8）除了用上述操作方法创建超链接以外，还可以通过属性检查器创建超链接。在"设计"视图中，选择"通过属性检查器创建超链接"文字。

9）单击"属性"面板中"链接"右侧的文件夹图标，在弹出对话框中选择一个文档，或者在"链接"文本框内输入文档路径和文档名，再或者单击"⊕"图标不放，拖拽出一个箭头，将其指向目标文档即可建立超链接，如图 4-6 所示。

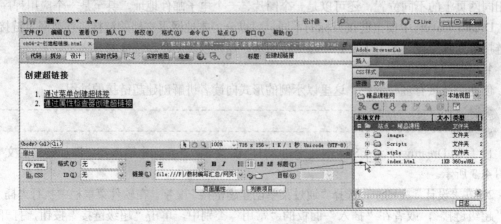

图 4-6　通过属性检查器创建超链接

Dw **Ps** **Fl**

需要指出的是，如果要链接站点外的文档，则必须输入包含协议（如 http://）的绝对路径；如果暂时希望建立一个未指定目标的空链接，则需要在"链接"文本框内输入井号"#"。

2．创建邮件链接

邮件链接是一种特殊的链接，在网页中单击这种链接后，不是跳转到其他页面，而是自动打开 Outlook 或其他 E-mail 软件，并且在新邮件窗口中自动添加电子邮件链接中的邮箱地址。

 4-3：创建邮件链接。

1）启动 Dreamweaver CS5，创建空白 XHTML 文档，在页面中输入需要添加邮件链接的文字，如图 4-7 所示。

2）在"设计"视图中，选择"通过插入面板创建"文字内容，在"插入"面板的"常规"类别中单击"电子邮件链接"按钮，此时弹出"电子邮件链接"对话框。

3）在该对话框中，"文本"输入框中的内容即是要添加电子邮件链接的文本。在"电子邮件"文本框中输入 E-mail 地址，最后单击"确定"按钮即可，如图 4-8 所示。

图 4-7　创建邮件链接页面结构　　　　　　　图 4-8　"电子邮件链接"对话框

4）在"设计"视图中，选择"通过属性面板创建"文字内容，单击"属性"面板左侧的"HTML"图标按钮，切换到 HTML 属性检查器，在其中的"链接"文本框内输入要链接到的地址"mailto:wufeng1121@126.com"，如图 4-9 所示。

5）保存当前网页文档，通过浏览器预览可以发现，单击页面中任何一个链接，系统便自动打开默认的 Outlook 软件，并在"收件人"文本框内填写预先设置的邮件地址，如图 4-10 所示。

图 4-9　通过"属性"面板创建邮件链接　　　　图 4-10　单击邮件链接后自动打开 Outlook

3．创建锚链接

锚链接就是创建命名锚记（简称锚点），它所起到的作用就是在文档中进行定位，单击这些创建了命名锚记的链接后，就可以快速访问指定位置。

 4-4：创建锚链接。

1）启动 Dreamweaver CS5，创建空白 XHTML 文档，在页面中创建简单文字内容，如

图 4-11 所示。为了能体现锚链接的效果，在"box"容器内部插入了大量的文字内容，由于篇幅所限，这里将文字内容进行了折叠处理。

2）将鼠标定位在"代码"视图，在本页面 head 区域创建相关 CSS 规则，如图 4-12 所示，用于美化"box"容器。

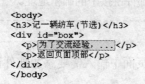

```
<body>
<h3>记一辆纺车(节选)</h3>
<div id="box">
    <p>为了交流经验，...</p>
    <p>返回页面顶部</p>
</div>
</body>
```

```
<style type="text/css">
#box {
    width:200px;
    height:700px;/*设置高度，使得浏览器能够出现纵向滚动条*/
    border:1px #F90 solid;
    font:14px/1.5;
    padding:5px;
}
</style>
```

图 4-11　创建锚链接页面结构　　　　　　图 4-12　box 容器的 CSS 规则

3）将鼠标定位在"设计"视图内的"记一辆纺车(节选)"文字前面，如图 4-13 所示。在"插入"面板的"常规"类别中，单击"命名锚记"图标按钮，或者执行"插入"→"命名锚记"，再或者按下组合键〈Ctrl+Alt+A〉，打开"命名锚记"对话框。

4）在该对话框内的"锚记名称"文本框中输入"top"，如图 4-14 所示。单击"确定"按钮，即可在文中"记一辆纺车(节选)"前面插入一个锚记图标，如图 4-15 所示。

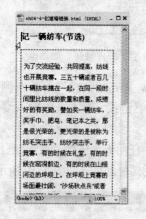
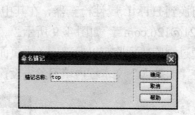

图 4-13　定位鼠标　　　　　图 4-14　"命名锚记"对话框　　　　　图 4-15　插入锚记

5）在页面底部区域，选中"返回页面顶部"文字内容。在"属性"面板中的"链接"文本框内输入锚记名称"#top"即可完成一个锚链接的创建，如图 4-16 所示。

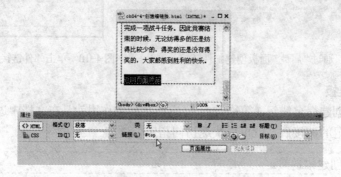

图 4-16　创建锚链接

Dw **Ps** **Fl**

6）保存当前页面，通过浏览器预览可以发现，单击页面底部"返回页面顶部"文字链接时，即可快速定位到指定位置。此外，还可以使用 CSS 样式对链接进一步修饰，以增加访问满意度。

4.1.3　CSS 控制文本的常见属性及其应用

文本的处理同布局版式、色彩风格等其他设计元素的处理一样是非常关键的。字体本身是一种艺术形式，它在传递信息和情感方面对人们有着很大影响。

CSS 几乎可以控制文本的所有属性，利用它可以帮助设计人员实现文本美化的多种效果，CSS 样式中有关文本控制的常见属性详见表 4-1。

表 4-1　有关文本控制的常见属性

属　　性	说　　明
font-family	设置网页使用字体的类别
font-size	设置文本的字体大小
font-weight	设置字体的粗细
font-style	设置文本的字体样式
color	设置文本的颜色
text-indent	设置文本块首行的缩进
line-height	设置行高
text-decoration	设置添加到文本的装饰效果
text-align	设置文本的水平对齐方式

1．字体的类型

漂亮的字体能够提升版面的整体效果，带来耳目一新的感觉，但并不是所有网站的访问者都是网页设计人员，作为普通浏览者，他们不会在计算机中安装那么多的字体，任何时候网页设计人员都要考虑访问者的利益，准确选择合适的字体。

在访问者的计算机中，即便没有安装花样繁多的字体，系统默认字体中的"宋体"、"仿宋体"、"黑体"、"楷体"、"隶书"、"Arial"、"Verdana"和"Times New Roman"等常见字体还是有的，所以网页设计师要首选这些系统自带的字体。

在 CSS 中使用"font-family"属性控制文本的字体类型，常见的书写方式如图 4-17 所示。从图中可以发现，CSS 样式中可以是单个字体的定义，也可以是多个字体同时定义，但是无论采用哪种定义方法，浏览器在解析 CSS 样式时都是按照顺序依次进行解析的。

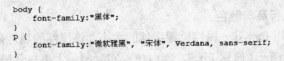

```
body {
    font-family:"黑体";
}
p {
    font-family:"微软雅黑", "宋体", Verdana, sans-serif;
}
```

图 4-17　"font-family"属性的书写方式

就本例而言，<p>标签定义的第一个字体为"微软雅黑"，第二个字体为"宋体"，当访问者打开该页面时，浏览器首先会在访问者电脑的系统内寻找"微软雅黑"字体，如果没有找到，则依次寻找"宋体"字体来渲染页面。如此类推，如果在访问者电脑的系统内无法找到定义的所有字体，浏览器将会使用默认值来显示页面中的文字。

需要注意的是，font-family 属性所定义的字体样式的数量并没有限制，多个字体之间需用逗号分隔，对于字体名称中间有空格出现的情况，需要用双引号将其包裹起来。

演练 4-5：字体的类型。

1）启动 Dreamweaver CS5，创建空白 XHTML 文档，在页面中创建简单文字内容，如图 4-18 所示。

2）将鼠标定位在"代码"视图，在本页面 head 区域创建相关 CSS 规则，如图 4-19 所示。

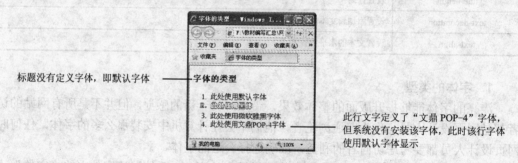

```
<body>
<h3>字体的类型</h3>
<ol>
  <li>此处使用默认字体</li>
  <li class="caiyun">此处使用黑体</li>
  <li class="yahei">此处使用微软雅黑</li>
  <li class="wending">此处使用文鼎POP-4字体</li>
</ol>
</body>
```

```
<style type="text/css">
.caiyun {
    font-family:"方正彩云简体";
}
.yahei {
    font-family:"微软雅黑";
}
.wending {
    font-family:"文鼎POP-4";
}
</style>
```

图 4-18　字体类型设置的页面结构　　　　　图 4-19　字体类型设置的 CSS 规则

3）保存当前网页文档，通过浏览器即可看到预览效果，如图 4-20 所示。

标题没有定义字体，即默认字体

此行文字定义了"文鼎 POP-4"字体，但系统没有安装该字体，此时该行字体使用默认字体显示

图 4-20　字体类型设置的预览效果

需要说明的是，无论选择什么字体，都要依据网页的总体规划和访问者的感受进行，在选择字体的时候有必要注意以下几方面的内容：
- 页面中，字体的种类控制在 2～3 种时视觉效果较好，既显得层次分明又不觉得凌乱；
- 中文页面尽量首先使用"宋体"，英文页面可以使用"Arial"和"Verdana"等字体；
- 一定要使用特殊字体时，一律用图片代替。

2. 字体的大小、行高与颜色

在 CSS 样式中使用 font-size 属性设置字体的大小，该属性的属性值可以用多种方式进行表示，但最为常用的有 px（像素 Pixel，绝对值，实际显示大小与分辨率有关）和 em（相对值，相对于当前对象内文本的字体尺寸）。

段落中两行文字之间垂直的距离称为行高。在 CSS 样式中，使用 line-height 属性控制行与行之间的垂直间距，该属性的取值可使用百分比、固定的像素值和数值，且允许使用负值，

默认值为 normal。

在 CSS 样式中，对文字增加颜色修饰十分简单，只需添加 color 属性即可。color 属性的语法格式为"color:颜色值;"。

 4-6：字体的大小、行高与颜色。

1）启动 Dreamweaver CS5，创建空白 XHTML 文档，在页面中创建简单文字内容，如图 4-21 所示。

```
<body>
<h3>字体的大小、行高与颜色</h3>
<p class="class_1">在css样式中使用font-size属性设置字体的大小。</p>
<p class="class_2">段落中两行文字之间垂直的距离称为行高。在css样式中，使用
line-height属性控制行与行之间的垂直间距。</p>
<p class="class_3">在css样式中，对文字增加颜色修饰十分简单，只需添加color属性即可。</p>
</body>
```

图 4-21　字体各属性设置的页面结构

2）将鼠标定位在"代码"视图，在本页面 head 区域创建相关 CSS 规则，如图 4-22 所示。

3）保存当前网页文档，通过浏览器即可看到预览效果，如图 4-23 所示。

```
<style type="text/css">
h3 {
    font-size:20px;/*使用固定像素值设置字体大小*/
}
.class_1 {
    font-size:1.2em;/*使用相对值设置字体大小*/
    line-height:10px;/*使用像素值设置行高*/
    color:#00F;/*使用十六进制值设置颜色*/
}
.class_2 {
    line-height:1.5;/*使用数值设置行高*/
    color:rgb(100,100,100);/*使用rgb代码设置颜色*/
}
.class_3 {
    line-height:80%;/*使用百分比值设置行高*/
    color:red;/*使用特殊颜色名称设置颜色*/
}
</style>
```

图 4-22　字体各属性设置的 CSS 规则　　　　图 4-23　字体各属性设置的预览效果

仔细观察 CSS 规则可以发现，无论是字体的大小、行高还是颜色都有多种书写方式。需要特别指出的是，对于那些使用相对大小的单位（如 em 和%），都是相对于父级元素而言的，如果父级元素没有明确定义大小，则相对于浏览器默认值进行设置。

3．首行缩进

在 Web 页面中，将段落的第一行进行缩进，是一种最常用的文本格式化效果。CSS 样式中 text-indent 属性可以方便地实现文本缩进。该属性值可以为百分比数字或者由浮点数字和单位标识符组成的长度值，允许为负值。

 4-7：首行缩进。

1）启动 Dreamweaver CS5，创建空白 XHTML 文档，在页面中创建简单文字内容，如图 4-24 所示。

2）将鼠标定位在"代码"视图，在本页面 head 区域创建相关 CSS 规则，如图 4-25 所示。

```html
<body>
<div id="box_1" class="box">
    <h3>此容器使用具体像素值进行缩进</h3>
    <p>使用具体像素值进行缩进，很可能出现缩进不准确的情况。</p>
</div>
<div id="box_2" class="box">
    <h3>此容器使用相对值进行缩进</h3>
    <p>使用相对值进行缩进，能够保证精确缩进指定距离。</p>
</div>
</body>
```

图 4-24　首行缩进的页面结构

```css
<style type="text/css">
body {
        font-size:12px;/*定义全局字体大小为12像素*/
}
.box {
        border:1px solid #F00;
        padding:5px;
        margin:10px;
}
#box_1 p {
        text-indent:24px;/*设置缩进24像素*/
}
#box_2 p {
        text-indent:2em;/*设置相对于父级元素缩进2个单位*/
}
</style>
```

图 4-25　首行缩进的 CSS 规则

3）保存当前网页文档，通过浏览器即可看到预览效果，如图 4-26 所示。

4）为了体现两种设置缩进方法的不同，这里需要修改 CSS 的部分规则。将"body {font-size:12px;}"修改为"body {font-size:20px;}"，再次预览可以看到效果，如图 4-27 所示。

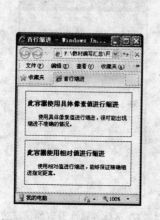

图 4-26　首行缩进的预览效果

由于使用了绝对值进行缩进，不能自动适应字体大小的变化

由于使用了相对值进行缩进，无论父级元素字体如何变化，这里总能精确缩进两个汉字的距离

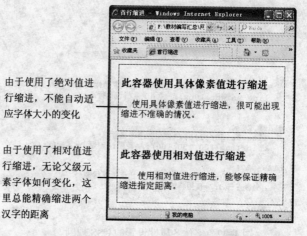

图 4-27　首行缩进的最终预览效果

通过修改 CSS 规则可以清晰地发现，当父级元素字体大小改变时，使用绝对值（px）的缩进不能自动改变大小，使用相对值（em）的缩进能够自动改变大小，所以后者经常在实际应用中出现。

4．超链接文本

超链接文本是网页中必不可少的元素之一，一个包含漂亮文字链接的网页能够给访问者带来新鲜的感觉，而要实现文字链接的多样化效果离不开 CSS 样式的帮忙。

在 CSS 中对超链接文本的外观控制，是通过伪类的:link（访问前样式）、:visited（访问后样式）、:hover（鼠标悬停时样式）和:active（鼠标单击时样式）来控制的。

这里需要注意的是，这 4 个伪类必须遵守一定的顺序才能完全表现出来，否则可能会导致伪类样式不能实现，但是这 4 个伪类并不是每次都要用到，一般情况下只需要定义链接标签的样式以及:hover 伪类样式即可。

4-8：超链接文本。

1）启动 Dreamweaver CS5，创建空白 XHTML 文档，在页面中创建简单文字内容，如图 4-28 所示。

2）将鼠标定位在"代码"视图，在本页面 head 区域创建相关 CSS 规则，如图 4-29 所示。

```
<style type="text/css">
li {
    margin-bottom:5px;
}
a {
    color:#FFF;/*设置字体颜色为白色*/
    font-weight:bold;/*设置字体为粗体*/
    background-color:#39F;/*设置背景颜色为蓝色*/
}
a:hover {
    font-weight:bold;/*设置字体为粗体*/
    padding-bottom:4px;/*设置字体下边距为4px*/
    text-decoration:underline;/*设置字体有下划线效果*/
    border:2px dashed #36F;/*设置字体边框粗细为2px，样式
为虚线，颜色为深蓝色*/
    color:#000;/*设置字体颜色为黑色*/
    background-color:#FF3;/*设置背景颜色为黄色*/
}
</style>
```

```
<body>
<h3>超链接文本</h3>
<ul>
    <li><a href="#">网页三剑客</a></li>
    <li><a href="#">网页三剑客</a></li>
    <li><a href="#">网页三剑客</a></li>
    <li><a href="#">网页三剑客</a></li>
</ul>
</body>
```

图 4-28　超链接文本的页面结构　　　　图 4-29　超链接文本的 CSS 规则

3）保存当前网页文档，通过浏览器即可看到预览效果，如图 4-30 所示，而当鼠标悬停在文字链接上时效果如图 4-31 所示。

图 4-30　鼠标未悬停时的效果　　　　　图 4-31　鼠标悬停时的效果

4.2　图像控制

网页中的图像除了具有传达信息的作用以外，绝大部分作为一种美化手段出现在页面中。由于图像本身是有大小的，所以网页设计者在使用图像时要从网站的整体考虑，做到既满足页面效果的需求，又不增加访问者浏览时等待下载的时间。

4.2.1　插入图像

使用 Dreamweaver 插入图像时，在页面的源代码中会自动生成对该图像的引用，为了确保此引用的正确性，该图像文件必须位于当前站点中。如果图像文件不在当前站点中，

Dreamweaver 会提醒用户是否要将此文件复制到当前站点中。

在插入图像之前，首先了解一下在网页制作中常见的图像格式。

- GIF 格式：该文件格式最多使用 256 种颜色，最适合显示色调不连续或具有大面积单一颜色的图像，例如导航条、按钮、图标、徽标或其他具有统一色彩和色调的图像。

- JPEG 格式：该文件格式用于摄影或连续色调图像的较好格式，这是因为 JPEG 文件可以包含数百万种颜色。

- PNG 格式：该文件格式是一种替代 GIF 格式的无专利权限制的格式，它包括对索引色、灰度、真彩色图像以及 alpha 通道透明度的支持。在实际应用中某些浏览器（如 IE6）对透明背景的 PNG 格式支持程度不够理想。

插入图像的方法极为简单，但插入过程中有相关参数需要学习，这里以示例的形式讲解在网页中插入图像的方法。

 4-9：插入图像。

1）启动 Dreamweaver CS5，创建空白 XHTML 文档，将鼠标定位在需要插入图像的位置，在"插入"面板的"常用"类别中，单击"图像：图像"图标，或者执行"插入"→"图像"。

2）弹出"选择图像源文件"对话框如图 4-32 所示。在该对话框中，选择需要的图像，右侧预览窗口即刻显示预览效果，单击"确定"按钮即可插入一张图像。

3）在将图片插入到页面后，设计者如果在"首选参数"的"辅助功能"选项卡中选择了"图像"复选框，将会弹出如图 4-33 所示的对话框。

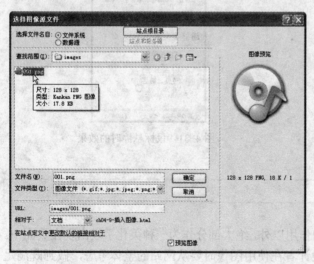

图 4-32 "选择图像源文件"对话框　　　　图 4-33 "图像标签辅助功能属性"对话框

在此对话框中，"替换文本"指的是用户需要为图像输入一个名称或一段简短描述（50 个字符左右）；"详细说明"用于设置当用户单击图像时所显示的文档的位置。这里可以不做任何设置，单击"取消"按钮后，图像即刻显示在文档中。

最后，需要特别说明的是，如果插图的图像不在当前站点，系统则会弹出询问对话框，

如图 4-34 所示。在该对话框中，单击"是"按钮，将弹出"复制文件为"对话框，选择正确的路径后，单击"保存"按钮，即可将站点以外的图像复制到当前站点中。

4.2.2　设置图像属性

当图像插入到页面后，该图像的位置、大小通常需要进一步调整

图 4-34　询问对话框

才能匹配网页中的其他元素。对于那些不满意的图像，可以通过"属性"面板更改其中的设置，但从实际工作经验来讲，通过"属性"面板对图像进行设置这种操作方式，没有 CSS 规则控制得灵活，这里仅对相关参数进行介绍，更多控制图像的内容在后续章节中讲解。

在 Dreamweaver CS5 中选择某一图像，按下组合键〈Ctrl+F3〉，打开如图 4-35 所示的"属性"面板。

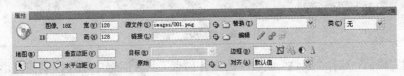

图 4-35　"属性"面板

在此面板中主要参数的含义介绍如下。
- ID：用于设置图像的名称，以便在用脚本撰写语句时引用该图像。
- 宽和高：图像的宽度和高度，以像素表示。
- 源文件：指定图像的源文件。
- 链接：用于设置单击图像时的超链接。
- 替换：为图像输入一个简短的描述性语句，当鼠标悬停在图像上时，就显示该输入的信息。
- 编辑：使用指定的外部编辑器打开选定的图像并编辑。
- 地图：用于创建客户端图像地图。
- 垂直边距和水平边距：沿图像的边添加边距，以像素表示。
- 对齐：对齐同一行上的图像和文本。

4.2.3　绘制热点区域

通过在图像中绘制一个或多个特定的区域（矩形、圆形或其他形状）而创建的链接。访问者单击这些热点区域后，就会跳转到热点所链接的不同页面上。图像上如果创建了热点，热点就成为图像的一部分，当改变图像的大小时，图像中所有热点也会发生相应的变化。

演练 4-10：绘制热点区域。

1）启动 Dreamweaver CS5，创建空白 XHTML 文档，在页面中插入一幅图像。

2）选中该图像，执行"窗口"→"属性"，打开"属性"面板。在该面板上，单击圆形热点工具"〇"，然后在图像上绘制热点区域，如图 4-36 所示。

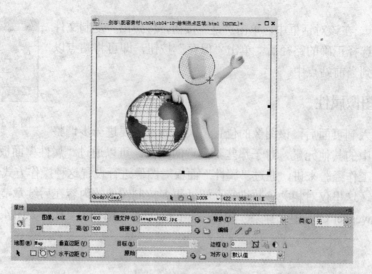

图 4-36 绘制热点区域

3）绘制完成后，选择"属性"面板中的指针热点工具 ，选中刚才绘制的圆形热点区域，此时"属性"面板显示为热点的属性，如图 4-37 所示。在此面板中，为"链接"和"目标"参数进行相应的设置，然后按下组合键〈Ctrl+S〉保存当前页面。

4）最后，在浏览器中预览，当鼠标悬停在热点区域时鼠标变为手形，如图 4-38 所示，单击后立刻跳转到指定的页面。

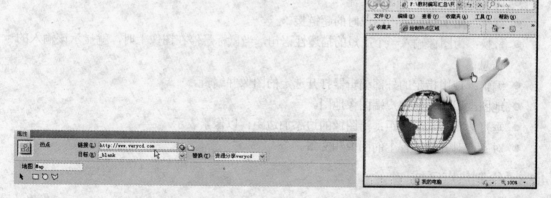

图 4-37 设置热点属性   图 4-38 鼠标悬停在热点区域时的效果

4.2.4 插入鼠标经过图像

当鼠标悬停在图像上时，会显示预先设置好的另一幅图像，而当鼠标移开时，又恢复为第一幅图像。这种图像交替变化的效果经常在图片导航、图标按钮和某些广告位中出现。

从实际工作经验来讲，插入鼠标经过图像并不是十分完美的选择，要实现图像交替变换的效果，完全可以使用伪类完成。这里仅对插入鼠标经过图像的过程进行讲解，对于如何使用伪类实现类似效果，后续章节将会详细讲解。

Dw **Ps** **Fl**

演练 4-11：插入鼠标经过图像。

1）启动 Dreamweaver CS5，创建空白 XHTML 文档，将鼠标定位于要插入鼠标经过图像的地方。

2）在"插入"面板的"常用"类别中，单击"图像：鼠标经过图像"按钮，或者执行"插入"→"图像对象"→"鼠标经过图像"，这时弹出"插入鼠标经过图像"对话框。

3）在该对话框中，"图像名称"用于设置鼠标经过图像的名称；"原始图像"用于设置页面加载时要显示的图像；"鼠标经过图像"用于设置鼠标指针滑过原始图像时要显示的图像；"按下时，前往的 URL"用于设置当单击图像时要打开的文档路径，如图 4-39 所示。

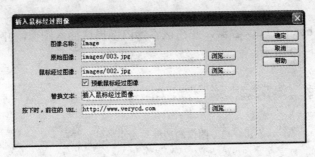

图 4-39　"插入鼠标经过图像"对话框

4）设置完成后，单击"确定"按钮，即可插入鼠标经过图像。通过浏览器预览，可以看到效果，如图 4-40、图 4-41 所示。

图 4-40　鼠标未经过时的图像显示

图 4-41　鼠标经过时的图像显示

4.2.5　CSS 控制图像的常见属性及其应用

图像在网页中主要起到美化修饰的作用，图像的颜色基调能够影响访问者的视觉感受。本节主要从 CSS 控制图像的角度出发，详细讲解常用的图像控制规则，至于图像本身的设计制作，请读者阅读其他章节。

1．图像的边框与大小

前面已经讲解过如何通过"属性"面板设置图像的各种属性，但从实际工作经验来讲，设计师更喜欢使用 CSS 精确控制图像。

在默认状态下，图像是没有边框属性值的，但某些时候（如图像作为超链接出现时）图像则会出现边框，这时就需要重新将边框属性设置为"none"，才能避免边框的出现。

在整个网页制作过程中，建议读者使用 Photoshop 等工具预先将图像处理成所需的大小，尽量避免在 Dreamweaver 中大范围调整图像。在 CSS 中，使用"width"和"height"属性设置图像的大小，除了使用具体的像素值以外，还可以使用百分比数值设置相对大小。

 4-12：图像的边框与大小。

1）启动 Dreamweaver CS5，创建空白 XHTML 文档，在网页内部插入一幅原始大小为 250*250 的图像。

2）创建名为"box"的 div 容器，并在该容器内部再次插入图像，并设置为图像超链接，此时页面结构如图 4-42 所示。

```
<body>
<img src="images/004.jpg" width="250" height="250" />
<div id="box"><a href="#"><img src="images/004.jpg" width="250" height="250" /></a></div>
</body>
```

图 4-42　图像的边框与大小的结构代码

3）将鼠标定位在"代码"视图，在本页面 head 区域创建相关 CSS 规则，如图 4-43 所示。

4）保存当前页面，通过浏览器预览可以看到效果，如图 4-44 所示。

```
<style type="text/css">
#box {
    width:200px;
    height:200px;
    border:1px #F00 solid;
}/*设置图像父级元素的宽高，使其具有可参照性*/
#box img {
    width:50%;
    height:50%;
}/*设置box容器内部图像宽高属性为父级元素的50%*/
</style>
```

图 4-43　图像的边框与大小的 CSS 规则

默认状态下，载入图像的外观。

图像宽高为父级容器的 50%，且出现边框，影响美观。

图 4-44　图像的边框与大小的预览效果

5）从图中可以看出，位于 box 容器内部的图像出现了边框，十分影响美观。为了解决这个问题，一般在 CSS 规则初始化时就应该对图像边框进行设置。这里在 CSS 规则内部插入"img{border:none;}"规则，再次预览时便可发现，图像边框已经消失。

2．背景图像

图像作为背景经常在网站中出现，精美大气的背景图像也给整个页面带来丰富的视觉效果。这里主要向读者讲解 CSS 背景的基本用法以及相关的属性。在 CSS 样式中有 6 个标准背景属性和多个可选参数，详见表 4-2。

表 4-2　背景属性

属　　性	说　　明
background	简写属性，作用是将背景属性设置在一个声明中
background-color	设置元素的背景颜色
background-image	把图像设置为背景
background-position	设置背景图像的起始位置
background-repeat	设置背景图像是否重复以及如何重复
background-attachment	设置背景图像是否固定或者随着页面的其余部分滚动

（1）背景色与背景图

背景色（background-color）和背景图（background-image）是最基本的两个属性，大多数背景色和背景图都应用到 body 元素上。

background-color 属性指的是用纯色来填充背景，同之前讲解的 color 属性相同，该属性值可以使用多种书写方式。

background-image 属性的默认值是 none，表示背景上没有放置任何图像。在网页中，如果某元素同时具有 background-image 属性和 background-color 属性，那么 background-image 属性将优先于 background-color 属性，也就是说背景图片永远覆盖于背景色之上。

演练 4-13：背景色与背景图。

1）启动 Dreamweaver CS5，并创建站点。在站点内创建"images"文件夹，并把制作好的图像放置其中。

2）创建空白 XHTML 文档，无需输入任何文字内容。

3）将鼠标定位在"代码"视图，在本页面 head 区域创建相关 CSS 规则，如图 4-45 所示。

```
<style type="text/css">
body {
    background-color:#f8f8f8;/*背景色*/
    background-image:url(images/bg.jpg);/*背景图*/
    background-repeat:no-repeat;/*背景无重复*/
    background-position:center top;/*背景水平居中，垂直居顶对齐*/
}
</style>
```

图 4-45　背景色与背景图的 CSS 规则

4）保存当前页面，通过浏览器预览可以看到效果，如图 4-46 所示。

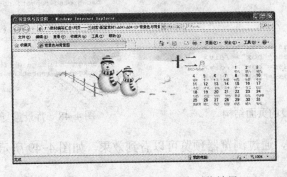

图 4-46　背景色与背景图的预览效果

通过该示例可以发现，由于背景色所设置的颜色与图像基色相同，所以预览后的效果给人以"融合一体"的感觉，这种处理方式，经常用于有背景图和渐变色的网页中。

（2）背景重复

背景重复（background-repeat）属性的主要作用是设置背景图片以何种方式在网页中显示。通过背景重复，设计人员使用很小的图片就可以填充整个页面，有效地减少了图片字节的大小。background-repeat 属性有 5 种平铺方式供用户选择，详见表 4-3。

表 4-3　背景重复

重 复 模 式	说　　明
background-repeat: repeat;	默认值，在水平和垂直方向平铺
background-repeat: no-repeat;	不进行平铺，图像只展示一次
background-repeat: repeat-x;	水平方向平铺（沿 x 轴）
background-repeat: repeat-y;	垂直方向平铺（沿 y 轴）
background-repeat: inherit;	继承父元素的 background-repeat 属性

 4-14：背景重复。

1）启动 Dreamweaver CS5，并创建站点。在站点内创建"images"文件夹，并把制作好的图像放置其中。

2）创建空白 XHTML 文档，在其中连续插入 4 个 div 容器，并将其中的文字内容删除，页面结构如图 4-47 所示。

3）将鼠标定位在"代码"视图，在本页面 head 区域创建相关 CSS 规则，如图 4-48 所示。仔细观察 CSS 代码可知，这里定义了 box 类分别应用在 4 个 div 容器上，而且每个容器由于不同的图像重复形式而分别定义。

```
<style type="text/css">
.box {
    width:240px;
    height:240px;
    float:left;/*设置浮动效果，使容器横向排列*/
    border:1px #F90 solid;
    margin-right:5px;
}
#box_1 {
    background-image:url(images/005.png);
    background-repeat:repeat;/*水平、垂直均重复*/
}
#box_2 {
    background-image:url(images/005.png);
    background-repeat: no-repeat;/*不重复*/
}
#box_3 {
    background-image:url(images/005.png);
    background-repeat:repeat-x;/*沿水平方向重复*/
}
#box_4 {
    background-image:url(images/005.png);
    background-repeat:repeat-y;/*沿垂直方向重复*/
}
</style>
```

```
<body>
<div id="box_1" class="box"></div>
<div id="box_2" class="box"></div>
<div id="box_3" class="box"></div>
<div id="box_4" class="box"></div>
</body>
```

图 4-47　背景重复的页面结构　　　　　　　图 4-48　背景重复的 CSS 规则

4）保存当前页面，通过浏览器预览可以看到效果，如图 4-49 所示。

3. 图像超链接

图像超链接指的是将图像设置为超链接的形式，当鼠标移开和悬停在该超链接上时，分

Dw Ps Fl

别呈现不同的效果。

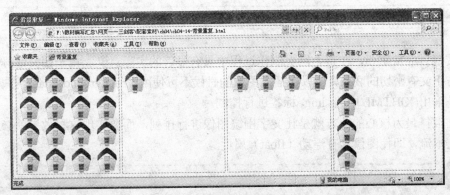

图 4-49　背景重复的预览效果

之前已经介绍了通过插入鼠标经过图像的方法实现这种效果，这里采用 CSS 中伪类来解决这个问题。为了更加清晰地说明具体应用过程，这里以示例的形式进行讲解。

 4-15：图像超链接。

1）启动 Dreamweaver CS5，并创建站点。在站点内创建"images"文件夹，并把制作好的图像放置其中。

2）创建空白 XHTML 文档，在页面中创建一组无序列表，作为盛放图像超链接的容器，并输入相关文字，具体页面结构如图 4-50 所示。

```
<body>
<ul>
  <li><a href="#">公司概况</a></li>
  <li><a href="#">高层领导</a></li>
  <li><a href="#">发展前景</a></li>
  <li><a href="#">公司荣誉</a></li>
  <li><a href="#">国际交流</a></li>
</ul>
</body>
```

3）将鼠标定位在"代码"视图，在本页面 head 区域创建相关 CSS 规则，如图 4-51 所示。

图 4-50　图像超链接的页面结构

仔细观察 CSS 规则的内容，这里主要为 a 元素增加了背景图像，并且该图像的重复类型为"无重复"，对于 a 元素的伪类"a:hover"则应用了另外一幅大小相同内容不同的图像，使得鼠标悬停在超链接上时，会自动变化背景图像，从而达到图像交替的目的。

4）保存当前页面，通过浏览器预览可以看到效果，如图 4-52 所示。

```
<style type="text/css">
ul {
    list-style:none;/*清除无序列表默认风格*/
}
ul li {
    margin-bottom:5px;/*设置列表纵向之间的空隙*/
}
ul li a {
    display:block;/*块状化a元素，使其具有宽高属性*/
    width:218px;
    height:52px;
    background:url(images/a.jpg) no-repeat;
    text-decoration:none;/*清除默认超链接下划线效果*/
    text-align:center;/*文字居中*/
    line-height:52px;/*设置行高，使之垂直居中*/
    color:#FFF;
    font-family:"微软雅黑";
    font-size:18px;
}
ul li a:hover {
    background:url(images/a_hover.jpg) no-repeat;
}/*设置伪类改变a元素的背景，使其具有动感效果*/
</style>
```

图 4-51　图像超链接的 CSS 规则

图 4-52　图像超链接的预览效果

4.3　图文混排

图文混排非常重要，在整个网页制作过程中具有显著的实际意义。由于图文混排所使用的图像与正文有密切的联系，所以在插入图像的时候不再使用"background-image"属性来实现，而是采用(X)HTML中的<img>标签进行控制。

图文混排最为核心的地方就是让文字围绕图像进行排列，而要实现这种效果就必须让图像脱离文本流，即使图像具有浮动（float）属性。

 演练 4-16：图文混排。

1）启动Dreamweaver CS5，并创建站点。在站点内创建"images"文件夹，并把制作好的图像放置其中。

2）创建空白XHTML文档，在页面中创建合理的页面结构用于放置图像和文字，如图4-53所示。

之所以使用多层嵌套关系的div容器盛放各种元素，是根据实际需要而确定的，这种规划页面的能力是由实践经验而来，读者需要逐步学习才能达到这种水平。

3）将鼠标定位在"代码"视图，在本页面head区域创建页面初始化规则与具体的CSS规则，如图4-54、图4-55所示。

```
<body>
<div id="box">
  <h2>埃菲尔铁塔</h2>
  <div id="paper"><span><img src="images/006.jpg"
width="115" height="150" /></span>
    <p>埃菲尔铁建于1889年，由建筑师埃菲尔所设计。建造
埃菲尔铁的初衷，是为了纪念法国大革命100周年和迎接在巴
黎举办的国际博览会，建成后竟产生了世界性的轰动效应，
一举成为巴黎乃至整个帝国的最具代表性和象征性的建筑。 </p>
    <p>在1931年纽约帝国大厦落成前，埃菲尔铁保持了45年
世界最高建筑物的地位。全塔高320米，塔楼分三层，一、二
楼有餐厅、咖啡座等，三楼是眺望台，在天晴的日子，可从
此远眺70公里以外的巴黎近郊地区。 </p>
  </div>
</div>
</body>
```

图 4-53　图文混排的页面结构

```
* {
    padding:0px;
    margin:0px;
}
p {
    text-indent:2em;/*首行缩进2个汉字的距离*/
    line-height:1.5;/*1.5倍行高*/
}
img {
    border:0px;
}
body {
    font-size:12px;
    color:#333;
}
```

图 4-54　图文混排的初始化 CSS 规则

4）保存当前页面，通过浏览器预览可以看到效果，如图4-56所示。

```
#box {
    width:350px;
    margin:20px auto;/*设置上下外边距20像素，左右外边距自动*/
}
#box h2 {
    font-size:14px;
    background: url(images/007.jpg) no-repeat left center;
    padding-left:35px;/*设置标题与左边距的距离，避免文字与底纹重叠*/
    line-height:30px;
    border-bottom:2px #F60 solid;
}
#paper {
    padding:5px;/*设置内边距，避免内容紧贴外轮廓*/
}
#paper span {
    float:left;/*设置图像浮动，使得正文得以环绕图像*/
    padding-right:8px;/*设置图像与正文间的距离*/
}
```

图 4-55　图文混排的具体 CSS 规则

图 4-56　图文混排的预览效果

Dw **Ps** **Fl**

本例中需要着重学习的是，在<h2>标签内部使用背景（background）属性载入背景图像，并将其放在水平居左、垂直居中的位置上；为了避免标题内容与背景图像重叠，采用"padding-left"规则使标题向右移动 35 像素的距离；为了便于控制图像，为"埃菲尔铁塔"图像增加 span 标签，并将其设置为左浮动，使得正文内容得以环绕图像。

4.4　课堂综合练习——"健康养生网"首页的制作

本节需要完成的任务是"餐饮项目推广"网页的制作，在本案例中涉及背景图像的载入、插入普通图像、图文混排等多个知识点，读者通过本节的练习，能够充分加强 CSS 对文本和图像的控制能力。

4.4.1　布局分析

通过对实际任务的理解以及前期与客户的沟通，平面设计师给出了"健康养生网"最终的页面效果，如图 4-57 所示。从页面整个布局来看，主要包括头部、主体和底部 3 大部分，而每部分又可以细致地划分为更小的区域。深思熟虑之后，页面布局示意如图 4-58 所示。

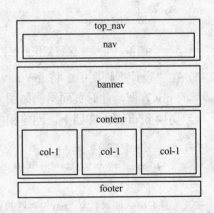

图 4-57　"健康养生网"页面最终效果　　　　图 4-58　"健康养生网"页面布局示意图

4.4.2　制作过程

1. 前期准备工作

1）启动 Dreamweaver CS5，在软件菜单栏中执行"站点"→"新建站点"，在弹出的对话框中设置站点名称及路径。

2）在站点中创建"images"和"style"两个文件夹，分别存放页面修饰图片和 CSS 样式文档。

3）在 Dreamweaver CS5 的菜单栏中执行"文件"→"新建"。在弹出的对话框中，选择"空白页"标签，页面类型选择"HTML"，布局选择"无"，文档类型选择"XHTML 1.0 Transitional"，最后单击"创建"按钮，创建一个空白文档，并命名为"index.html"。

4）创建一个外部 CSS 样式表文档，将这个 CSS 文档保存在站点的"style"文件夹下，并命名为"div.css"。

5）在 Dreamweaver CS5 的 "CSS 样式" 面板中，单击 "附加样式表" 按钮 ，弹出 "链接外部样式表" 对话框，将之前创建的 "style.css" 外部样式文档链接到 "index.html" 页面中。

2．头部区域的制作

1）切换到 div.css 文档中，首先为整个页面进行初始化定义，如图 4-59 所示。

2）将鼠标定位在 "设计" 视图中，在 "插入" 面板的 "常用" 选项卡中单击 "插入 Div 标签" 按钮，弹出 "插入 Div 标签" 对话框，在 "插入" 下拉菜单中选择 "在插入点" 选项，在 "ID" 下拉列表框中输入 "top_nav"，最后单击 "确定" 按钮，即可在页面中插入 top_nav 容器。切换到 div.css 文档中，创建一个名为 "# top_nav" 的 CSS 规则，如图 4-60 所示。

```
* {
    margin:0;
    padding:0;
}
body {
    background: #eeefe5
url(../images2/main-bg.gif) 0 0;
    font-family: Arial, Helvetica, sans-serif;
    font-size:100%;
    line-height:1.3em;
    color:#000;
}
img {
    border:0;
    vertical-align:top;
    text-align:left;
}
ul, ol {
    list-style:none;
}
```

图 4-59　头部区域制作页面初始化定义

```
#top_nav {
    width:100%;
    height:60px;
    background: #000;
    color:#FFF;
}
```

图 4-60　名为 "#top_nav" 的 CSS 规则

3）在 "设计" 视图中，将 top_nav 容器内多余的文字删除。在 top_nav 容器内插入名为 "nav" 的 div 容器，此时页面结构如图 4-61 所示。

4）切换到 div.css 文档中，创建相关 CSS 规则，如图 4-62 所示。

```
<body>
<div id="top_nav">
  <div id="nav"></div>
</div>
</body>
```

图 4-61　插入名为 "nav" 容器的页面结构

```
#nav {
    width:1000px;
    margin:0 auto;
    padding:0 0 0 30px;
}
```

图 4-62　"nav" 的 CSS 规则

5）将鼠标定位在 "代码" 视图中，在名为 "nav" 的 div 容器内部插入一组无序列表，此时的页面结构如图 4-63 所示。

```
<body>
<div id="top_nav">
  <div id="nav">
    <ul>
    <li><a href="#" class="current">养生首页</a></li>
    <li><a href="#">养生食疗</a></li>
    <li><a href="#">心理健康</a></li>
    <li><a href="#">养生之道</a></li>
    <li><a href="#">健康知识</a></li>
    <li><a href="#">五谷养生</a></li>
    <li><a href="#">养性怡情</a></li>
    <li><a href="#">针灸保健</a></li>
    <li><a href="#">运动强身</a></li>
    </ul>
  </div>
</div>
</body>
```

图 4-63　"nav" 内插入无序列表的页面结构

Dw **Ps** **Fl**

6）切换到 div.css 文档中，创建与无序列表相关的 CSS 规则，如图 4-64 所示。

```
#nav li {
    float:left;
    margin-right:5px;
}
#nav li a {
    display:block;
    height:60px;
    font-size:14px;
    color:#929292;
    text-decoration:none;
    padding:0 22px 0 22px;
    line-height:60px;
    text-align:center;
}
#nav li a:hover, #nav li a.current {
    background: url(../images2/nav-bg.gif)
no-repeat 50% 100%;
    color:#fff;
}
```

图 4-64　与无序列表相关的 CSS 规则

7）保存当前页面文档，通过浏览器预览可以看到效果，如图 4-65 所示。

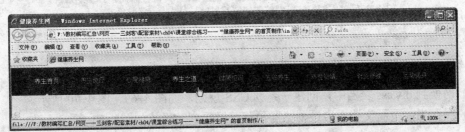

图 4-65　"nav" 内插入无序列表的预览效果

3. banner 区域的制作

1）将鼠标定位在"设计"视图中，在"插入"面板的"常用"选项卡中单击"插入 Div 标签"按钮，弹出"插入 Div 标签"对话框，在"插入"下拉菜单中选择"在标签之后"选项，并在其后的下拉菜单中选择"<div id="top_nav">"，在"ID"下拉列表框中输入"banner"，最后单击"确定"按钮，即可在 top_nav 容器后面插入 banner 容器。切换到 div.css 文档中，创建一个名为"# banner"的 CSS 规则，如图 4-66 所示。

2）保存当前页面文档，通过浏览器预览可以看到效果，如图 4-67 所示。

```
#banner {
    width:1000px;
    margin:0 auto;
    background:url(../images2/banner.jpg)
no-repeat right top;
    height:460px;
    border-bottom:5px #333 solid;
}
```

图 4-66　banner 区域制作的 CSS 规则

图 4-67　banner 区域制作的预览效果

　75

4．主体区域的制作

1）将鼠标定位在"设计"视图中，在"插入"面板的"常用"选项卡中单击"插入 Div 标签"按钮，弹出"插入 Div 标签"对话框，在"插入"下拉菜单中选择"在标签之后"选项，并在其后的下拉菜单中选择"<div id="banner">"，在"ID"下拉列表框中输入"content"，最后单击"确定"按钮，即可在 banner 容器后面插入 content 容器。

2）同样的操作方法，在 content 容器内部插入应用"col-1"类的 div 容器，并在该容器内部创建用于放置图像和文字的容器，具体结构代码如图 4-68 所示。

```
<body>
<div id="top_nav">
  <div id="nav">
    <ul> <...
  </div>
</div>
<div id="banner"></div>
<div id="content">
  <div class="col-1">
    <h3><img src="images/icon1.jpg" alt="" />循经通络</h3>
    <p class="p1">循经通络技术最大的功用体现在对于整条经络的疏通上，同时还能向
体内快速输注气血能量。对于大面积的经络不通、气血能量水平低下的人群效果极其显著。</p>
    <div id="btu"><a href="#" class="link1">详细内容</a></div>
  </div>
</div>
</body>
```

图 4-68 主体区域制作的页面结构

3）切换到 div.css 文档中，创建一系列 CSS 规则，如图 4-69、图 4-70 所示。

4）保存当前页面文档，通过浏览器预览可以看到效果，如图 4-71 所示。

```
#content {
    width:950px;
    margin:0 auto;
    background:url(../images2/box-bg.gif)
repeat-x left top;
    padding:30px 0 10px 50px;
    height:230px;
    border-bottom:5px #FBF5E6 solid;
}
.col-1 {
    width:250px;
    margin-right:60px;
    float:left;
}
h3 {
    font-size:24px;
    line-height:2.3em;
    font-family:"黑体";
    font-weight:normal;
    width:100%;
    overflow:hidden;
}
```

```
h3 img {
    float:left;
    margin-right:18px;
}
.p1 {
    margin-bottom:10px;
    text-indent:2em;
}
#btu {
    width:100%;
}
.link1 {
    display:block;
    float: right;
    height:20px;
    padding:5px 10px;
    background:#000;
    color:#fff;
    text-decoration:none;
    font-size:16px;
    font-family:"黑体";
}
.link1:hover {
    text-decoration:underline;
```

图 4-69 主体区域制作 CSS 规则一　图 4-70 主体区域制作 CSS 规则二　图 4-71 主体区域制作预览效果

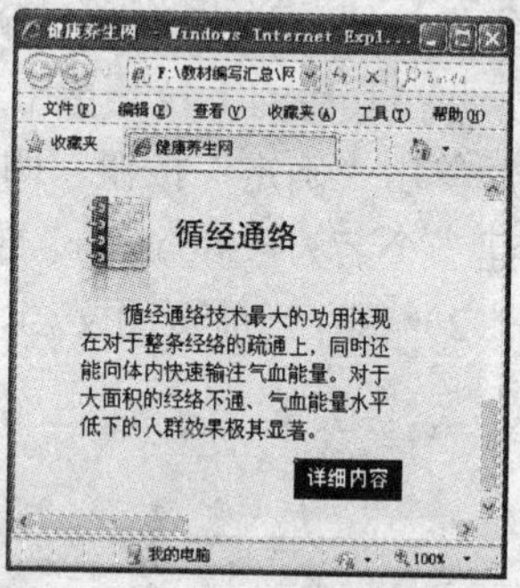

5）根据前期对页面的规划，这里继续创建结构相同的多个图文混排，具体结构如图 4-72 所示。

6）保存当前页面文档，通过浏览器预览可以看到效果，如图 4-73 所示。

7）最后，在 content 容器后面插入 footer 容器，并输入网站的版权内容。返回 div.css 文档，创建相关 CSS 规则，如图 4-74 所示。

8）保存当前页面文档，通过浏览器预览，最终完成本页面的制作。

```
<div id="content">
    <div class="col-1">
        <h3><im...
    </div>
    <div class="col-1">
        <h3><im...
    </div>
    <div class="col-1">
        <h3><i...
    </div>
</div>
```

图 4-72　多个图文混排
　　　　页面结构

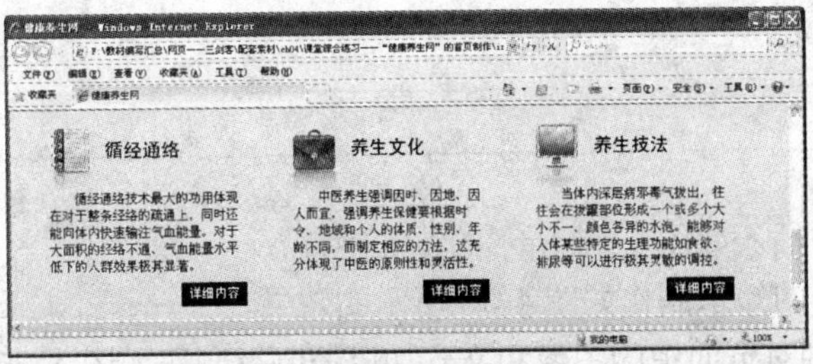

图 4-73　多个图文混排预览效果

```
#footer {
    width:1000px;
    height:50px;
    margin:0 auto;
    font-size:12px;
    color: #666;
    padding-top:15px;
    text-align:center;
}
```

图 4-74　footer 容器的
　　　　CSS 规则

4.5　课堂综合实训——"餐饮项目网"的制作

1. 实训要求

参照本章所讲的内容，制作"餐饮项目网"的主页，在制作过程中注意体会文本和图像的控制。

2. 过程指导

1）启动 Dreamweaver CS5，并创建站点。在站点内创建"images"文件夹和"style"文件夹。

2）分别创建空白网页文档和外部 CSS 文档，然后将两者链接起来。

3）根据需要设计规划页面整个布局，示意如图 4-75 所示。将鼠标定位在设计视图中，在空白网页内部创建 wrapper 容器，切换到 CSS 文档，输入相应的规则。

4）在 wrapper 容器内部创建 top_banner 容器。

5）在 top_banner 容器后面创建 banner_content 容器。并在该容器内部依次创建 left_box 和 right_box 容器。

6）在 banner_content 容器后面创建 bottom_box 容器。

7）以此类推，根据示意图中各容器之间的关系，参照上述步骤，将页面中其他 div 容器制作出来。

8）保存所有文档，在浏览器中预览并修改，最终效果可参照图 4-76。

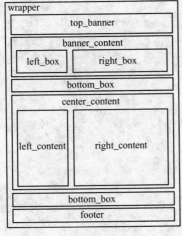

图 4-75　"餐饮项目网"布局示意图

图 4-76　"餐饮项目网"最终效果

1. 如何在页面中插入如图 4-77 所示的特殊字符？
2. 利用图文混排的知识制作如图 4-78 所示的效果。
3. 使用 CSS 规则对页面中的图像和文本加以控制，制作如图 4-79 所示的页面。

图 4-77　操作题 1

图 4-78　操作题 2

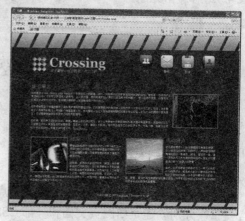

图 4-79　操作题 3

第 5 章

列表元素、CSS 浮动和定位

在网页制作中离不开列表元素，常见的导航、新闻列表、图文信息列表等，都是采用列表元素作为骨架而创建的。CSS 浮动和定位具有重要的作用和意义，在实现某些页面布局时能给设计者带来方便。本章结合实际工作中的经验，在 Dreamweaver CS5 工作环境中着重讲解有关列表、浮动和定位三方面的知识。

知识重点

➢ 无序列表；

➢ CSS 浮动相关知识；

➢ CSS 相对定位；

➢ CSS 绝对定位。

预期目标

➢ 能够熟练运用列表元素，实现多种效果；

➢ 能够正确理解浮动概念，并合理运用浮动；

➢ 能够正确理解定位概念，使用相对定位和绝对定位实现网页效果。

5.1 列表元素

列表包括无序列表、有序列表和自定义列表，但无论何种类型的列表，其骨架结构都十分相似，在网页制作中具有重要的实际意义。

在表格布局的时代，类似于新闻列表这样的效果，一般采用表格来实现，使用这种方式进行布局，无论从结构还是代码量的多少方面都存在缺陷。

而采用 CSS 样式对整个页面布局时，列表标签的作用被充分挖掘出来。除了描述性的文本，任何内容都可以认为是列表，如图 5-1 所示。由于列表如此多样，也使得列表相当重要，不仅结构清晰，而且代码数量明显减少。

```
<div class="news_list">
  <h3>新闻</h3>
  <ul>
    <li><a href="#">教育部在31个省份调研高考日期调整</a> <span>2010-7-12</span></li>
    <li><a href="#">教育部在31个省份调研高考日期调整</a> <span>2010-7-12</span></li>
    <li><a href="#">教育部在31个省份调研高考日期调整</a> <span>2010-7-12</span></li>
    <li><a href="#">教育部在31个省份调研高考日期调整</a> <span>2010-7-12</span></li>
    <li><a href="#">教育部在31个省份调研高考日期调整</a> <span>2010-7-12</span></li>
    <li><a href="#">教育部在31个省份调研高考日期调整</a> <span>2010-7-12</span></li>
    <li><a href="#">教育部在31个省份调研高考日期调整</a> <span>2010-7-12</span></li>
  </ul>
</div>
```

图5-1　使用CSS样式制作新闻列表的结构代码

下面将从 CSS 的角度充分讲解列表元素及其实际应用。在 CSS 样式中，主要是通过 list-style-image 属性、list-style-position 属性和 list-style-type 属性这 3 个属性改变列表修饰符的类型，有关列表的属性及其含义详见表 5-1。

表 5-1　CSS 列表属性

属　　性	说　　明
list-style	复合属性，用来把所有用于列表的属性设置在一个声明中
list-style-image	将图像设置为列表项标志
list-style-position	设置列表项标志如何根据文本排列
list-style-type	设置列表项标志的类型
marker-offset	设置标志容器和主容器之间水平补白

5.1.1　列表修饰符的类型

list-style-type 属性主要用于修改列表项的标志类型。例如，在一个无序列表中，列表项的标志是出现在各列表项旁边的圆点，而在有序列表中，标志可能是字母、数字或另外某种符号。当 list-style-image 属性为 none 或指定图像为不可用时，list-style-type 属性将发生作用。list-style-type 属性常用的属性值详见表 5-2。

表 5-2　常用的 list-style-type 属性值

属 性 值	说　　明
none	无标志，不使用项目符号
disc	默认值，标志是实心圆
circle	标志是空心圆
square	标志是实心方块
decimal	标志是数字
lower-roman	小写罗马数字，如 i、ii、iii、iv、v 等
upper-roman	大写罗马数字，如 I、II、III、IV、V 等
lower-alpha	小写英文字母，如 a、b、c、d、e 等
upper-alpha	大写英文字母，如 A、B、C、D、E 等

在页面中使用列表，要根据实际的需求选用不同的修饰符，或者不选用任何一种修饰符而使用图片背景作为列表的装饰。需要指出的是，选用背景图片作为列表装饰时，list-style-type 属性的属性值要设置为 none，且 list-style-image 属性的属性值也需要设置为 none。

 5-1：列表修饰符类型。

1）启动 Dreamweaver CS5，创建空白 XHTML 文档，在页面中输入多组无序列表，如图 5-2 所示。

2）将鼠标定位在"代码"视图，在本页面 head 区域创建相关 CSS 规则，如图 5-3 所示。

Dw Ps Fl

3）保存当前网页文档，通过浏览器即可看到预览效果，如图 5-4 所示。

```
<body>
<h3>正常模式</h3>
<ul>
    <li>列表类型示例</li>
    <li>列表类型示例</li>
</ul>
<h3>正常模式</h3>
<ul id="circle">
    <li>圆圈模式</li>
    <li>列表类型示例</li>
    <li>列表类型示例</li>
</ul>
<h3>正方形模式</h3>
<ul id="square">
    <li>列表类型示例</li>
    <li>列表类型示例</li>
</ul>
<h3>数字模式</h3>
<ul id="decimal">
    <li>列表类型示例</li>
    <li>列表类型示例</li>
</ul>
<h3>小写罗马文字模式</h3>
<ul id="lower-roman">
    <li>列表类型示例</li>
    <li>列表类型示例</li>
</ul>
<h3>大写罗马文字模式</h3>
<ul id="upper-roman">
    <li>列表类型示例</li>
    <li>列表类型示例</li>
</ul>
<h3>无模式</h3>
<ul id="none">
    <li>列表类型示例</li>
    <li>列表类型示例</li>
</ul>
</body>
```

图 5-2　列表修饰符
类型的结构代码

```
<style type="text/css">
h3 {
    font-family:"微软雅黑";
    color:#F30;
}
ul {
    list-style-type:disc;
    border:1px #F60 solid;
    width:150px;
}/*正常模式*/
ul#circle {
    list-style-type:circle;
}/*圆圈模式*/
ul#square {
    list-style-type:square;
}/*正方形模式*/
ul#decimal {
    list-style-type:decimal;
}/*数字模式*/
ul#lower-roman {
    list-style-type:lower-roman;
}/*小写罗马文字模式*/
ul#upper-roman {
    list-style-type:upper-roman;
}/*大写罗马文字模式*/
ul#none {
    list-style-type:none;
}/*无模式*/
</style>
```

图 5-3　列表修饰符
类型的 CSS 规则

图 5-4　列表修饰符
类型的预览效果

本例中所涉及的样式类型有限，这是因为目前有些浏览器并不支持诸如 decimal-leading-zero
（0 开头的数字标记）、lower-greek（小写希腊字母）、lower-latin（小写拉丁字母）和 upper-latin
（大写拉丁字母）等属性值。

另外，在不同浏览器中部分类型的修饰符，列表所呈现的效果也不相同，所以建议读者
在使用此类修饰符时尽量使用大众化的类型，避免出现效果不同的现象。

5.1.2　列表项图像

列表项图像常用于综合性网站的某一板块，如图 5-5 所示。这种效果最基本的实现方法
是通过 CSS 中 list-style-image 属性使图像替换列表项的标
志而完成的。但当 list-style-image 属性的属性值为 none 或
者设置的图片路径出错时，list-style-type 属性会替代
list-style-image 属性对列表产生作用。

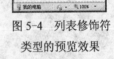

图 5-5　列表项图像

list-style-image 属性的属性值包括 URL（图像的路径）、
none（默认值，无图像被显示）和 inherit（从父元素继承属性，部分浏览器对此属性不支持）。

虽然 list-style-image 属性能够实现列表图像的效果，但是在实际应用中由于
list-style-image 对位置的控制并不如 background 灵活，因此使用 background 属性处理列表图
片的方式多于使用 list-style-image 的方式。

下面以示例的形式向读者详细讲解 list-style-image 属性以及如何使用 background 属性代

替 list-style-image 属性实现列表项图像的效果。

 演练 5-2：列表项图像。

1）启动 Dreamweaver CS5，创建空白 XHTML 文档，在页面中输入多组无序列表，如图 5-6 所示。

```
<body>
<div id="box_1">
  <h3>list-style-image属性实现列表相图像</h3>
  <ul>
    <li class="a"><a href="#">这里能够正常显示列表图片</a></li>
    <li class="b"><a href="#">这里由于应用了错误的图片URL，导致图片不能正确显示</a></li>
    <li class="c"><a href="#">这里将列表图片属性设置为none，所以没有图片显示</a></li>
  </ul>
</div>
<div id="box_2">
  <h3>background属性实现列表相图像</h3>
  <ul>
    <li><a href="#">background属性实现列表相图像</a></li>
    <li><a href="#">background属性实现列表相图像</a></li>
    <li><a href="#">background属性实现列表相图像</a></li>
  </ul>
</div>
</body>
```

图 5-6 列表项图像的结构代码

2）将鼠标定位在"代码"视图，在本页面 head 区域创建相关 CSS 规则，如图 5-7 所示。

3）保存当前网页文档，通过浏览器即可看到预览效果，如图 5-8 所示。

```
<style type="text/css">
body {
    font:14px/1.5;
}
#box_1 {
    width:450px;
    height:150px;
    border:1px #F30 solid;
    margin:10px;
    padding:5px;
}
#box_2 {
    width:450px;
    height:150px;
    border:1px #F30 solid;
    margin:10px;
    padding:5px;
}
.a {
    list-style-image:url(images/001.gif);
}/*载入列表项图像*/
.b {
    list-style-image:url(images/error.gif);
}/*设置错误图片地址，模拟图像无法显示的情况*/
.c {
    list-style-image:none;
}/*设置图片为none，模拟没有图像加载时的情况*/
#box_2 ul {
    list-style:none;
}
#box_2 ul li {
    background:url(images/001.gif) no-repeat
left center;/*设置图像水平居左，垂直居中对齐*/
}
#box_2 ul li a {
    padding-left:24px;
}/*设置内容文字左缩进24像素的距离，该距离应大于或
等于列表项图像的宽度*/
</style>
```

图 5-7 列表项图像的 CSS 规则

图 5-8 列表项图像的预览效果

通过本例的演练，读者应该体会到使用 list-style-image 属性不能够精确控制图像的位置，给实际工作带来很多麻烦，而使用 background 属性既方便，又容易控制各种元素，希望读者

能够熟练掌握。

5.1.3 纵向列表导航

纵向列表导航是应用得比较广泛的一种导航，如图 5-9 所示，由于列表本身的骨架是纵向的，所以实现起来非常简单。又因为纵向列表导航的内容并没有逻辑上的先后顺序，因此可以使用无序列表制作纵向导航。

图 5-9　各种样式的纵向列表导航

 5-3：纵向列表导航。

1）启动 Dreamweaver CS5，创建空白 XHTML 文档，将鼠标置于页面视图中，在"插入"面板的"常用"选项卡中单击"插入 Div 标签"按钮，弹出"插入 Div 标签"对话框，在"插入"下拉菜单中选择"在插入点"选项，在"ID"下拉列表框中输入"nav"，最后单击"确定"按钮，即可在页面中插入一个名为"nav"的 div 容器。

2）在 nav 容器中，插入一个无序列表，并添加相应的列表内容，如图 5-10 所示。此时，通过浏览器解析后的效果如图 5-11 所示。

```
<body>
<div id="nav">
  <ul>
    <li><a href="#"><span>profile</span>公司概况</a></li>
    <li><a href="#"><span>news</span>新闻快报</a></li>
    <li><a href="#"><span>setting</span>机构设置</a></li>
    <li><a href="#"><span>Ranks</span>研发队伍</a></li>
    <li><a href="#"><span>Talent</span>人才培养</a></li>
  </ul>
</div>
</body>
```

图 5-10　在 nav 容器中插入无序列表的页面结构　　图 5-11　在 nav 容器中插入无序列表的预览效果

3）接下来利用 CSS 样式对该导航进行美化，具体的样式代码如图 5-12 所示。附加样式后，通过浏览器解析可以得到纵向列表导航效果，如图 5-13 所示。

在本例中，由于导航不需要列表修饰符，所以将列表的样式设置为"none"；<a>标签属于内联元素，不具备高和宽的属性，只有将其转化为块元素后才具有高和宽的属性，因此这里使用"display:block;"规则将其转化为块元素；通过 a 元素的伪类实现鼠标悬停时的效果，增加了用户体验。

```
<style type="text/css">
* {
    margin:0;
    padding:0;
}
#nav {
    width:250px;/*设置导航容器宽度为250px*/
    font-family: "微软雅黑";
    font-size:15px;
}
#nav ul {
    list-style-type: none;/*清除列表默认风格*/
}
#nav ul li {
    margin-bottom:5px;
}
#nav li a {
    display:block;/*设置内联元素为块级元素,使其具备宽高*/
    height:40px;
    padding-top:15px;/*使用内边距控制文字垂直居中*/
    padding-right:60px;
    color:#FFF;
    text-decoration:none;
    text-align: right;
    background: url(images/003.gif) no-repeat;
}
#nav li a:hover {
    background:url(images/002.gif) no-repeat;
}
#nav li a span {
    font-variant:small-caps;/*小型大写字母*/
    margin-right:10px;
}
</style>
```

图 5-12　美化导航的 CSS 规则　　　　　图 5-13　纵向列表导航预览效果

总的来说，这种纵向列表模式的导航处理起来相对简单，也很容易理解，毕竟列表本身就是纵向排列的，只需对列表最基本的外在表现进行处理就可以满足需要。

5.2　CSS 浮动

CSS 中的浮动（Float）属性能够使应用该属性的元素脱离当前文本流，向左或向右移动，直到它的外边缘碰到包含框或另一个浮动框的边框为止。

5.2.1　浮动的基本概念

浮动的元素不论它本身是何种元素都会生成一个块级框。fload 属性有 4 个可用的值："left" 和 "right" 属性值分别浮动元素到各自的方向，"none（默认的）" 属性值使元素不具有浮动效果，"inherit" 属性值将会从父级元素获取 float 值。

1. 向左（右）浮动

当某个元素具有向左（右）浮动的属性时，该元素便脱离当前文档流，向左（右）移动，直到碰到左（右）边缘。

 5-4：向左（右）浮动。

1）启动 Dreamweaver CS5，创建空白 XHTML 文档，将鼠标置于"代码"视图中，创建一组嵌套的 div 容器，具体结构代码如图 5-14 所示。

2）将鼠标定位在"代码"视图，在本页面 head 区域创建相关 CSS 规则，如图 5-15 所示。

3）保存当前网页文档，通过浏览器即可看到预览效果，如图 5-16 所示。

```
<style type="text/css">
body {
    font-size:22px;
}
#box {
    width:400px;
    border:2px #F60 dotted;
    float:left;
}
#box_1 {
    width:100px;
    height:100px;
    border:2px #36F dotted;
    margin:10px;
    float: left;
}
#box_2 {
    width:100px;
    height:100px;
    border:2px #36F dotted;
    margin:10px;
    float:left;
}
#box_3 {
    width:100px;
    height:100px;
    border:2px #36F dotted;
    margin:10px;
    float: left;
}
</style>
```

```
<body>
<div id="box">
  <div id="box_1">box_1</div>
  <div id="box_2">box_2</div>
  <div id="box_3">box_3</div>
</div>
</body>
```

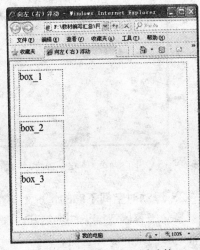

图 5-14 向左（右）浮动的
页面结构

图 5-15 向左（右）浮动的
CSS 规则

图 5-16 向左（右）浮动的
预览效果

4）为名为"box_1"的 div 容器增加"float:right;"属性，这时"box_1"便脱离文档流，向右移动，直到它的右边缘碰到"box"容器的右边框为止，如图 5-17 所示。

5）为名为"box_2"的 div 容器增加"float:left;"属性，这时"box_2"便脱离文档流，向左移动，直到它的左边缘碰到"box"容器的左边框为止，如图 5-18 所示。需要特别注意的是，由于"box_2"不再处于文档流中，所以它不占据空间，实际上覆盖了"box_3"，致使"box_3"从视图中消失。

图 5-17 box_1 向右浮动

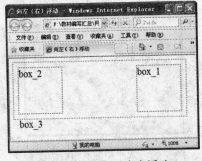

图 5-18 box_2 向左浮动

6）删除之前为"box_1"和"box_2"增加的浮动属性。统一为"box_1"、"box_2"和"box_3"增加"float:left;"属性。

这时"box_1"向左浮动直到碰到左边框时静止，另外两个元素也向左浮动，直到碰到前一个浮动框也静止，如图 5-19 所示，最终将纵向排列的 div 容器变成了横向排列。

细心的读者可以发现，由于"box_1"、"box_2"和"box_3"均拥有向左浮动的属性，集体脱离了文档流，致使包含这 3 个容器的父级容器"box"内部没有任何内容，所以"box"被简化为一条线位于页面顶部。解决这种情况的方法是将"box"容器同样赋予"float:left;"属性，预览效果如图 5-20 所示。

图 5-19 所有元素向左浮动

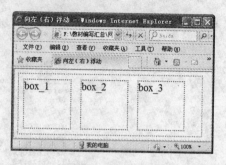
图 5-20 预览效果

2. 浮动时空间不够的情况

当父级容器宽度无法容纳其内部浮动元素并列放置时，部分浮动元素将会向下移动，直到有足够的空间放置它们。

 5-5：浮动时空间不够。

1）修改演练 5-4 的 CSS 代码，将"box"的宽度设置为"width:300px;"，这时无法并列放置所有元素，通过浏览器预览可以看到效果，如图 5-21 所示。

2）将"box_1"容器的高度设置为"height:150px;"，这时"box_1"高度增加，挡住了"box_3"容器的位置，致使"box_3"停留在"box_2"容器的下方，如图 5-22 所示。

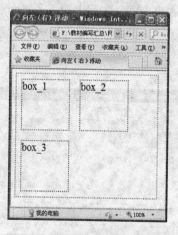
图 5-21 水平空间有限时的状态

图 5-22 水平空间有限且高度不同的浮动元素

3. 清除浮动

虽然浮动属性的确能帮助设计者实现良好的布局效果，但如果使用不当就会导致页面出现错位的现象。这时就要将某些元素的浮动属性清除，以解决页面错位的现象。

清除浮动主要利用的是 clear 属性中的 both（左右两侧均不允许浮动元素）、left（左侧不允许浮动元素）和 right（右侧不允许浮动元素）3 个属性值清除由浮动产生的效果。下面以具体示例说明清除浮动的效果。

演练 5-6：清除浮动。

1）使用演练 5-4 的页面内容继续制作，在"box_3"的后面再增加一个块级元素"box_4"，此时页面结构如图 5-23 所示。

2）在页面的 head 区域，增加"box_4"的 CSS 规则，如图 5-24 所示。

```
<body>
<div id="box">
  <div id="box_1">box_1</div>
  <div id="box_2">box_2</div>
  <div id="box_3">box_3</div>
  <div id="box_4">box_4</div>
</div>
</body>
```

```
#box_4 {
    width:370px;
    height:50px;
    margin:10px;
    background:#F90;
}
```

图 5-23　增加"box_4"的页面结构　　　　图 5-24　"box_4"的 CSS 规则

3）保存当前网页文档，通过浏览器即可看到预览效果，如图 5-25 所示。这里由于"box-4"并没有设置浮动，虽然独占一行，但整体却跑到了页面顶部，并且被之前的元素所覆盖，出现了非常严重的页面错位现象。

4）要解决上述问题，就必须清除左右浮动才能让新增的块级元素处于正确的位置。因此必须在"box_4"的 CSS 样式规则中添加"clear:both;"规则。应用该规则后，"box_4"容器之前的浮动全部被清除，通过预览即可看到效果，如图 5-26 所示。

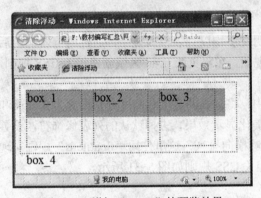

图 5-25　增加"box_4"的预览效果

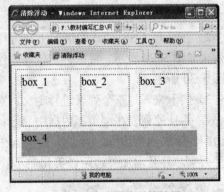

图 5-26　清除浮动后的效果

5.2.2　浮动的实际应用

浮动属性作为 CSS 规则中的普通一员，它的应用范围非常广泛，仅仅一条浮动规则就能使页面有很大改变。

目前，网上购物非常盛行，其罗列产品的页面布局读者一定不会陌生，如图 5-27 所示。此类页面的布局，就是使用无序列表配合浮动属性制作而成的。下面以实现类似的产品信息列表为例，向读者详细介绍浮动的具体使用方法。

演练 5-7：产品信息列表。

1）启动 Dreamweaver CS5，创建空白 XHTML 文档，在页面中插入一组无序列表，并在列表中使用<strong>、<span>和<em>标签对必要的文字进行包裹，如图 5-28 所示。

资生堂 水之密语凝润水护　　　Genius-枫舞紫色时尚大方水晶项链

¥109.0 ~~¥430.0~~　　　　　　¥138.0 ~~¥399.0~~

[圣诞扫货]冬款男士休闲鞋保暖全国包邮 货到付款　　刘易阳同款时尚高档澳毛绒大衣休闲包邮 货到付款

¥168.0 ~~¥488.0~~　　　　　　¥168.0 ~~¥598.0~~

图 5-27　产品信息列表

```
<body>
<ul>
  <li><a href="#"><img src="images/004.jpg" width="80" height="80" /><strong>豪华型蒸汽挂烫机</strong> <span>¥<em>329.0</em></span></a></li>
  <li><a href="#"><img src="images/005.jpg" width="80" height="80" /><strong>天然红玛瑙风之精灵手链</strong> <span>¥<em>175.0</em></span></a></li>
  <li><a href="#"><img src="images/006.jpg" width="80" height="80" /><strong>比菲--奢华女士项链</strong> <span>¥<em>88.0</em></span></a></li>
  <li><a href="#"><img src="images/007.jpg" width="80" height="80" /><strong>双向动感单车动感飞轮车</strong> <span>¥<em>1000.0</em></span></a></li>
  <li><a href="#"><img src="images/008.jpg" width="80" height="80" /><strong>时尚澳毛绒高档大衣</strong> <span>¥<em>230.0</em></span></a></li>
  <li><a href="#"><img src="images/009.jpg" width="80" height="80" /><strong>冬款男士休闲保暖鞋</strong> <span>¥<em>168.0</em></span></a></li>
  <li><a href="#"><img src="images/010.jpg" width="80" height="80" /><strong>全牛皮雪地靴99元抢购</strong> <span>¥<em>99.0</em></span></a></li>
  <li><a href="#"><img src="images/011.jpg" width="80" height="80" /><strong>韩版西装领高档风衣</strong> <span>¥<em>296.0</em></span></a></li>
</ul>
</body>
```

图 5-28　产品信息列表的页面结构

2）在没有 CSS 样式的情况下，图片和说明文字均以列表模式显示，通过浏览器解析后的效果如图 5-29 所示。将鼠标定位在"代码"视图，在本页面 head 区域创建相关 CSS 规则，如图 5-30 所示。

3）接下来，对整个列表进行定义。本示例中，将列表的宽度和高度分别设置为 376px 和 284px，并且使列表在浏览器内居中显示；为了美化显示效果，去掉默认的列表修饰符，设置内边距，增加浅色边框；为了让多个<li>标签能够横向排列，这里使用"float:left;"规则实现这种效果，并且增加外边距以美化显示效果，相关 CSS 规则如图 5-31 所示。

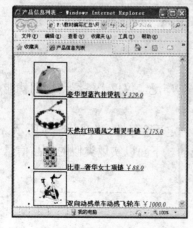

图 5-29　通过浏览器解析
后的预览效果

```
body {
    margin:0;
    padding:0;
    font-size:12px;
}
```

图 5-30　head 区域内
创建的 CSS 规则

```
ul {
    width:376px;
    height:284px;
    margin:10px auto;
    padding:12px 0 0 12px;
    border:1px solid #ccc;
    border-top-style:dotted;
    list-style:none;
}
ul li {
    float:left;
    margin:0 12px 12px 0;
    display:inline;
}
```

图 5-31　整个列表的
CSS 规则

4）将内联元素 a 标签转化为块元素，使其具备宽和高的属性，并为转换后的 a 标签设置宽度和高度，设置文本居中显示，定义超出 a 标签定义的宽度时隐藏文字，相关 CSS 规则如图 5-32 所示。通过浏览器解析后的效果如图 5-33 所示。

```
ul li a {
    display:block;
    width:82px;
    height:130px;
    text-decoration:none;
    text-align:center;
    overflow:hidden;
}
```

图 5-32　转换后的 a 标签的 CSS 规则　　　　图 5-33　解析的预览效果

5）由于此时显示效果并不理想，还需对图文列表显示细节进行美化。这里依次对列表中的<img>标签、<strong>标签、<span>标签和<em>标签定义样式规则，相关 CSS 规则如图 5-34 所示。通过浏览器解析后的效果如图 5-35 所示。

6）为了更好地体现视觉效果，需要使用伪类为鼠标经过的图像和文字增加外观变化，相关 CSS 规则如图 5-36 所示。最后通过浏览器预览即可看到最终效果。

```
ul li a img {
    width:80px;
    height:80px;
    border:1px solid #ccc;
}
ul li a strong {
    display:block;
    width:82px;
    height:30px;
    line-height:15px;
    font-weight:100;
    color:#333;
    overflow:hidden;
}
ul li a span {
    display:block;
    width:82px;
    height:20px;
    line-height:20px;
    color:#666;
}
ul li a span em {
    font-style:normal;
    font-weight:800;
    color:#F60;
}
```

```
ul li a:hover img {
    border-color:#F33;
}
ul li a:hover strong {
    color:#03c;
}
ul li a:hover span em {
    color:#f00;
}
```

图 5-34　多标签定义　　　　图 5-35　定义各标签样式　　　　图 5-36　外观变化的
样式 CSS 规则　　　　　　　后的预览效果　　　　　　　　CSS 规则

5.3　CSS 定位

定位（position）属性能够帮助设计者对页面中的各种元素定义应该出现的位置，在 CSS 布局过程中实用性很强。通过使用 position 属性，可以选择 4 种不同类型的定位模式，详见表 5-3。

表 5-3　position 属性

属 性 值	含 义
static	position 属性的默认值，无特殊定位
relative	相对，元素虽然偏移某个距离，但仍然占据原来的空间
absolute	绝对，元素在文档中的位置会被删除，定位后元素生成一个块级元素
fixed	固定，元素框的表现类似于将 position 设置为 absolute，元素被固定在屏幕的某个位置，不随滚动条滚动

在实际工作中，position 属性中的"static（静态定位）"属性值和"fixed（固定定位）"属性值比较简单，这里不再单独举例讲解。

5.3.1　相对定位

相对定位指的是通过设置水平或垂直位置的值，让这个元素"相对于"它原始的起点进行移动。需要特别注意的是，即便是将某元素进行相对定位，并赋予新的位置值，元素仍然占据原来的空间位置，移动后会覆盖其他元素。

 5-8：相对定位。

1）启动 Dreamweaver CS5，创建空白 XHTML 文档，在页面中创建多个相互嵌套的 div 容器，并输入对应的文字，具体结构如图 5-37 所示。

2）将鼠标定位在"代码"视图，在本页面 head 区域创建相关 CSS 规则，如图 5-38 所示。保存当前文档，通过浏览器可以预览效果，如图 5-39 所示。

```
<body>
<div id="top">top</div>
<div id="box">box
  <div id="box-1" class="abc">box-1</div>
  <div id="box-2" class="abc">box-2</div>
  <div id="box-3" class="abc">box-3</div>
</div>
<div id="footer">footer</div>
</body>
```

```
<style type="text/css">
body {
    width:400px;
    font-size:30px;
}
#top {
    width:400px;
    line-height:30px;
    background:#6CF;
    padding-left:5px;
}
#box {
    width:400px;
    background:#F90;
    padding-left:5px;
    border:1px #000 dashed;
}
.abc {
    width:350px;
    background:#FFF;
    border:1px #000 dashed;
    margin-left:20px;
    padding-left:5px;
    margin-bottom:10px;
}
#footer {
    width:400px;
    line-height:30px;
    background:#6CF;
    padding-left:5px;
}
</style>
```

图 5-37　相对定位的页面结构　图 5-38　相对定位初始的 CSS 规则　图 5-39　相对定位初始的预览效果

3）这里将"box"容器设置为相对定位，则该容器相对于原始的起点进行定位，即相对于图 5-39 中"box"容器初始位置进行定位。修改#box 规则，如图 5-40 所示，通过浏览器解析后的效果如图 5-41 所示。

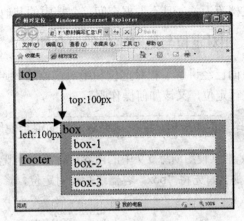

图 5-41　box 容器相对浮动时的效果

```
#box {
    width:400px;
    background:#F90;
    padding-left:5px;
    border:1px #000 dashed;
    position:relative;/*设置相对定位*/
    top:100px;/*距离顶部100像素*/
    left:100px;/*距离左侧100像素*/
}
```

图 5-40　修改后的 CSS 规则

从图中可以看出，"box"容器向下和向右"相对于"初始位置各移动了 100 像素的距离，原来的位置不但没有让"footer"容器占据，反而还将其遮盖了一部分。

5.3.2　绝对定位

用"position:absolute;"表示绝对定位，使用绝对定位的对象可以被放置在文档中任何位置，绝对定位的对象可以层叠，层叠的顺序由 z-index 控制，z-index 值越高其位置就越高。

绝对定位与相对定位有明显不同，相对定位的参照物是该元素原始位置，而绝对定位的参照物是最近的已定位祖先元素，如果文档中没有已定位的祖先元素，那么它的位置将相对于浏览器的左上角定位。

　5-9：绝对定位。

1）继续使用演练 5-8 中的内容进行演示。删除"box"容器有关相对定位的 CSS 规则。

2）这里将"box-1"容器设置为绝对定位，则该容器相对于浏览器左上角进行定位，修改和新增的相关 CSS 规则如图 5-42 所示。

3）通过浏览器解析后的效果，如图 5-43 所示。

```
#box {
    width:400px;
    background:#F90;
    padding-left:5px;
    border:1px #000 dashed;
}
#box-1 {
    position:absolute;/*设置绝对定位*/
    top:100px;/*距离顶部100像素*/
    left:150px;/*距离左侧150像素*/
}
```

图 5-42　修改和新增的 CSS 规则

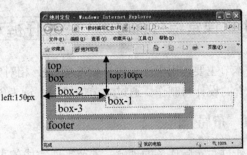

图 5-43　绝对定位的预览效果

　91

从图中可以看出，当"box-1"容器被移走后，页面中其他元素的位置也相应变化，"box-2"、"box-3"和"footer"这些容器都因此而上移。由此，可以清楚地理解使用绝对定位元素的位置与文档流无关，且不占据空间。文档中的其他元素布局就像绝对定位的元素不存在一样。

5.3.3 相对定位与绝对定位的混合使用

前面已经讲解了相对定位和绝对定位的参照物，如果要将"box-1"容器相对于"box"容器进行定位，又该如何操作呢？

 5-10：相对定位与绝对定位的混合使用。

1）继续使用演练 5-9 中的内容进行演示。既然要将"box-1"容器相对于"box"容器进行定位，那么首先将"box"容器进行相对定位，修改"box"容器的 CSS 规则，如图 5-44 所示。

```
#box {
    width:400px;
    background:#F90;
    padding-left:5px;
    border:1px #000 dashed;
    position:relative;/*设置父级元素相对定位*/
}
```

图 5-44 "box"容器的 CSS 规则

2）其次，将"box-1"设置为绝对定位，因为"box-1"容器是"box"容器的子容器，所以"box-1"容器的参照物是"box"容器，修改"box-1"容器的 CSS 规则，如图 5-45 所示。

3）通过浏览器解析后的效果如图 5-46 所示。

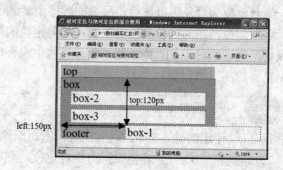

```
#box-1 {
    position:absolute;/*设置绝对定位*/
    top:120px;/*距离顶部120像素*/
    left:150px;/*距离左侧150像素*/
}
```

图 5-45 "box-1"容器的 CSS 规则　　图 5-46 相对定位与绝对定位的混合使用的预览效果

5.4 课堂综合练习——"牛仔裤专题网"的设计与制作

本节主要运用无序列表、CSS 浮动、相对定位和绝对定位的基本知识，完成"牛仔裤专题网"的设计与制作。通过本节的练习，读者能够充分掌握 CSS 定位在实际工作中的应用。

5.4.1 布局分析

通过对实际任务的理解，本节需要完成的页面最终效果如图 5-47 所示，从页面整个布局来看，主体内容拟采用无序列表盛放产品信息，而无序列表本身拟采用相对定位和绝对定位混合使用的方式实现页面布局。深思熟虑之后，页面布局示意如图 5-48 所示。

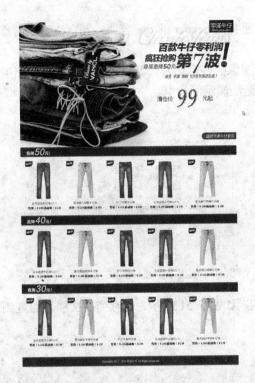

图 5-47　最终效果图

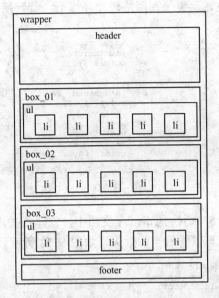

图 5-48　页面布局示意图

5.4.2　制作过程

1. 前期准备工作

1）启动 Dreamweaver CS5，在软件菜单栏中执行"站点"→"新建站点"，在弹出的对话框中设置站点名称及路径。

2）在站点中创建"images"和"style"两个文件夹，分别存放页面修饰图片和 CSS 样式文件。

3）在 Dreamweaver CS5 的菜单栏中执行"文件"→"新建"。在弹出的对话框中，选择"空白页"标签，页面类型选择"HTML"，布局选择"无"，文档类型选择"XHTML 1.0 Transitional"，最后单击"创建"按钮，创建一个空白文档，并命名为"index.html"。

4）创建一个外部 CSS 样式表文档，将这个 CSS 文档保存在站点的"style"文件夹下，并命名为"div.css"。

5）在 Dreamweaver CS5 的"CSS 样式"面板中，单击"附加样式表"按钮 ，弹出"链接外部样式表"对话框，将之前创建的"div.css"外部样式文档链接到"index.html"页面中。

2. 头部区域的制作

1）将鼠标定位在"设计"视图的页面中。在"插入"面板的"常用"类别中，单击"插入 Div 标签"按钮。

2）此时弹出对话框，在"插入"下拉菜单中选择"在插入点"选项，在"ID"下拉菜单中输入"wrapper"，单击"确定"按钮，即可创建 wrapper 容器。

3）切换到 div.css 文档中，创建系列初始化规则，如图 5-49 所示。

4）在名为 wrapper 的 div 容器内部，创建名为 header 的 div 容器，并在该容器内部创建 4 个子容器，页面结构如图 5-50 所示。

这里使用多个容器分别盛放 header 背景图像的多个切片，其目的在于加快浏览器的显示速度，避免了在网络较差环境下，背景图像无法显示的情况。

```
* {
    margin:0;
    padding:0;
    border:0;
}
body {
    background: #FFF;
    color: #000;
}
#wrapper {
    width:980px;
    margin:0 auto;
    color: #000;
}
```

```
<body>
<div id="wrapper">
  <div id="header">
    <div id="header_01"></div>
    <div id="header_02"></div>
    <div id="header_03"></div>
    <div id="header_04"></div>
  </div>
</div>
</body>
```

图 5-49　系列初始化 CSS 规则　　　图 5-50　创建多个 div 容器的页面结构

5）切换到 div.css 文档中，创建相关规则，如图 5-51 所示。保存当前文档，通过浏览器预览可以看到当前效果，如图 5-52 所示。

```
#header {
    margin:0 auto;
    width:980px;
}
#header_01 {
    background: url(../images/header_001.jpg) no-repeat
    height:140px;
}
#header_02 {
    background: url(../images/header_02.jpg) no-repeat;
    height:140px;
}
#header_03 {
    background: url(../images/header_03.jpg) no-repeat;
    height:140px;
}
#header_04 {
    background: url(../images/header_04.jpg) no-repeat;
    height:130px;
}
```

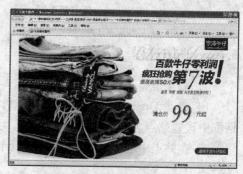

图 5-51　head 和其内部子容器的 CSS 规则　　　图 5-52　背景图片显示的预览效果

3. 主体区域的制作

1）将鼠标定位在"设计"视图中，在"插入"面板的"常用"选项卡中单击"插入 Div 标签"按钮，弹出"插入 Div 标签"对话框，在"插入"下拉菜单中选择"在标签之后"选项，并在其后的下拉菜单中选择"<div id="header">"，在 "ID"下拉列表框中输入 box_01，最后单击"确定"按钮，即可在 header 容器后面插入 box_01 容器。切换到 div.css 文档中，创建一个名为# box_01 的 CSS 规则，如图 5-53 所示。

```
#box_01 {
    background:url(../images/box_bg_01.jpg)
no-repeat left top;
    height:300px;
    position:relative;
}
```

图 5-53　名为# box_01 的 CSS 规则

2）在"box_01"容器内部创建一组无序列表，并在每个列表项内部创建标题和段落，具体结构如图 5-54 所示。

需要特别指出的是，页面结构中"<div class="newview"></div>"容器拟盛放产品左上角的新品标志，该标志使用 gif 格式的图像，悬浮于列表项中，起到美化作用。

```
<body>
<div id="wrapper">
  <div id="header">
    <div i...>
  </div>
  <div id="box_01">
    <ul id="pro" class="ul-style">
      <li><img src="images/pro_01.jpg" width="170" height="170" />
        <h3><a href="#">合体直筒牛仔裤M173</a></h3>
        <P>售价: &yen; <em>199 </em><span>活动价: &yen; 149</span></P>
        <div class="newview"></div>
      </li>
      <li><img src="images/pro_02.jpg" width="170" height="170" />
        <h3><a href="#">重洗磨白窄脚牛仔裤</a></h3>
        <P>售价: &yen; <em>200 </em><span>活动价: &yen; 150</span></P>
        <div class="newview"></div>
      </li>
      <li><img src="images/pro_03.jpg" width="170" height="170" />
        <h3><a href="#">补丁窄脚牛仔裤</a></h3>
        <P>售价: &yen; <em>240 </em><span>活动价: &yen; 190</span></P>
        <div class="newview"></div>
      </li>
      <li><img src="images/pro_01.jpg" width="170" height="170" />
        <h3><a href="#">合体直筒牛仔裤M173</a></h3>
        <P>售价: &yen; <em>199 </em><span>活动价: &yen; 149</span></P>
        <div class="newview"></div>
      </li>
      <li><img src="images/pro_02.jpg" width="170" height="170" />
        <h3><a href="#">重洗磨白窄脚牛仔裤</a></h3>
        <P>售价: &yen; <em>200 </em><span>活动价: &yen; 150</span></P>
        <div class="newview"></div>
      </li>
    </ul>
  </div>
</div>
</body>
```

图 5-54 "box_01" 容器内部的页面结构

3）切换到 div.css 文档中，创建相关规则，如图 5-55、图 5-56 所示。

```
#box_01 {
    background:url(../images/box_bg_01.jpg)
no-repeat left top;
    height:300px;
    position:relative;
}
#pro {
    position:absolute;
    /*设置绝对定位，参照物是该元素的父容器元素box*/
    top:60px;
    left:20px;
    width:940px;
    border:1px #C8C8C8 dotted;
}
.ul-style {
    list-style:none;
}
.ul-style li {
    float:left;
    margin:0px 15px 0px 0px;
    width:170px;
    position:relative;
}
```

```
.ul-style li h3 {
    width:100%;
    overflow:hidden;
    text-align:center;
    padding:4px 0 0 0;
    margin-top:5px;
}
.ul-style li h3 a {
    font-weight:normal;
    color: #666;
    text-decoration:none;
    font-size:12px;
}
.ul-style li p {
    width:100%;
    text-align:center;
    color: #333;
    font-weight:bold;
    margin-top:5px;
    font-size:12px;
}
.ul-style li p em {
    text-decoration:line-through;
}
.ul-style li p span {
    color:#900;
}
```

图 5-55 "box_01" 容器内部相关 CSS 规则一   图 5-56 "box_01" 容器内部相关 CSS 规则二

4）保存当前文档，通过浏览器预览可以看到当前效果，如图 5-57 所示。

5）将鼠标定位在"设计"视图中，在"插入"面板的"常用"选项卡中单击"插入 Div 标签"按钮，弹出"插入 Div 标签"对话框，在"插入"下拉菜单中选择"在标签之后"选项，并在其后的下拉菜单中选择"<div id="box_01">"，在"ID"下拉列表框中输入"box_02"，最后单击"确定"按钮，即可在 box_01 容器后面插入 box_02 容器。切换到 div.css 文档中，创建一个名为# box_02 的 CSS 规则，如图 5-58 所示。

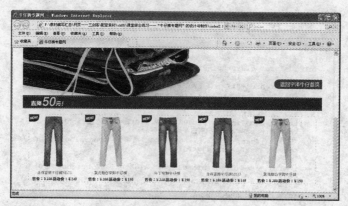

图 5-57　主体区域预览效果

6）在"box_02"容器内部创建与"box_01"容器内部相同结构的内容。

7）参照步骤 5）的方法，在 box_02 容器后面插入 box_03 容器，增加相同的结构内容，即可完成主体的制作。

4．footer 区域的制作

1）在 box_03 容器后面插入 footer 容器，输入网站的版权内容。返回 div.css 文档，创建相关 CSS 规则，如图 5-59 所示。

2）保存当前页面文档，通过浏览器预览，最终完成本页面的制作。

```
#box_02 {
    background:url(../images/box_bg_02.jpg)
no-repeat left top;
    height:300px;
    position:relative;
}
```

图 5-58　名为#box_02 的 CSS 规则

```
#footer {
    background:url(../images/box_bg_05.jpg)
no-repeat;
    height:48px;
    margin-top:20px;
    font-size:12px;
    color:#FFF;
    padding-top:15px;
    text-align:center;
}
```

图 5-59　footer 容器的 CSS 规则

5.5　课堂综合实训——"宇泽通讯手机专卖网"的制作

1．实训要求

参照本章所讲的内容，制作"宇泽通讯手机专卖网"的主页，在制作过程中注意体会相对定位和绝对定位的应用。

2．过程指导

1）启动 Dreamweaver CS5，并创建站点。在站点内创建"images"文件夹和"style"文件夹。

2）分别创建空白网页文档和外部 CSS 文档，然后将两者链接起来。

3）根据需要设计规划页面整个布局，示意如图 5-60 所示。将鼠标定位在"设计"视图中，在空白网页内部创建 wrapper 容器，切换到 CSS 文档，输入相应的规则。

4）在 wrapper 容器内部创建 top 容器。

5）在 top 容器后面创建 header 容器。

6）在 header 容器后面创建 content 容器，并在该容器内部创建 box_1 容器。

7）在 box_1 容器内部，插入相关容器用于放置图像和文字，根据实际需要设置相对定位

或绝对定位。

8）参照步骤 7），依次创建 box_2、box_3、box_4 容器。

9）最后在 wrapper 容器后面创建 footer 容器。

10）保存所有文档，在浏览器中预览并修改，最终效果可参照图 5-61。

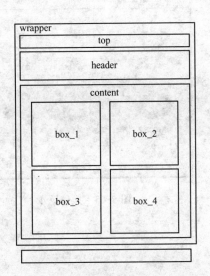

图 5-60　布局示意图

图 5-61　手机专卖网最终预览效果图

5.6　习题

1. 使用 CSS 控制一个无序列表，制作如图 5-62 所示的新闻列表。

2. 在页面中创建多个 div 容器，使用相对定位的知识制作如图 5-63 所示的布局。

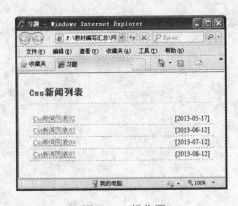

图 5-62　操作题 1

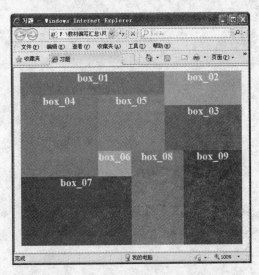

图 5-63　操作题 2

 97

3. 使用无序列表、浮动和定位的相关知识制作如图 5-64 所示的页面。

4. 制作如图 5-65 所示的产品信息列表。

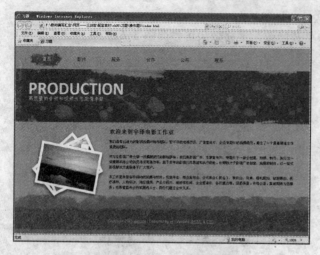

图 5-64 操作题 3

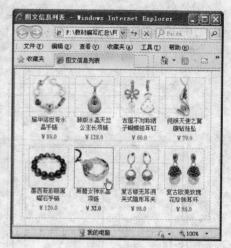

图 5-65 操作题 4

第 *6* 章

表格与表单

在传统的网页制作中，表格作为页面布局的骨架被过多使用，但随着 CSS 的推广与普及，使用表格进行布局的方法将被逐步淘汰，表格回归了存储数据的原始功能；表单是网站管理者与访问者之间进行信息交流的桥梁，利用表单可以收集用户意见，做出科学决策。本章主要从表格与表单两个方面讲解基本操作方法，以及如何通过 CSS 控制两类元素。

知识重点

➢ 创建表格，表格的拆分、合并；
➢ 细线表格；
➢ 表单的基本概念及各种表单对象；
➢ CSS 控制表单外观。

预期目标

➢ 能够灵活运用表格元素；
➢ 能够运用 CSS 精确控制表格内各种元素；
➢ 能够创建符合要求的各类表单；
➢ 能够运用 CSS 实现主流表单外观。

6.1　表格控制

表格由一行或多行组成，而每行又由一个或多个单元格组成，用于显示数字和其他内容。表格中的单元格是行与列交叉的部分，也是组成表格的最小单位。单元格可以拆分，也可以合并。

6.1.1　表格的创建

在 Dreamweaver 中有多种途径能够快速创建表格，这里以示例的形式讲解表格的相关知识。

 6-1：表格的创建。

1）启动 Dreamweaver CS5，创建空白 XHTML 文档，将鼠标定位在要插入表格的位置，然后执行软件菜单栏中的"插入"→"表格"，或者在"插入"面板的"常用"类别中，单击"表格"按钮，这时打开如图 6-1 所示的"表格"对话框。在"表格"对话框中，各参数的含义如下。

● 行数：拟创建表格中行的数目。
● 列数：拟创建表格中列的数目。
● 表格宽度：以像素为单位或按占浏览器窗口宽度的百分比，指定表格的宽度。
● 边框粗细：以像素为单位，设置表格边框的宽度。若设置为 0，则在浏览时不显示表格边框。
- 单元格间距：相邻的单元格之间的像素数。
- 单元格边距：确定单元格边框与单元格内容之间的像素数。
- 无：对表格不启用列或行标题。
- 左：将表格的第一列作为标题列。
- 顶部：将表格的第一行作为标题行。
- 两者：能使用户在表格中输入列标题和行标题。
- 标题：显示在表格外的表格标题。
- 摘要：表格的说明信息。

2）在图 6-1 中，将行数设置为 "5"，列数设置为 "5"，表格宽度设置为 "500" 像素，边框粗细设置为 "1" 像素，单元格边距设置为 "2" 像素，单元格间距设置为 "3" 像素，在标题区域选择 "两者"，单击 "确定" 按钮，即可插入 5 行 5 列的表格，如图 6-2 所示。

图 6-1　"表格"对话框

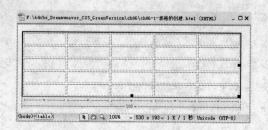

图 6-2　插入 5 行 5 列的表格

需要注意的是，由于 Dreamweaver 具有自动记忆功能，当再次打开 "表格" 对话框时，对话框内部的参数是上一次设置留下的参数设置。

6.1.2　表格的属性设置

表格的属性设置可以通过软件的 "属性" 面板完成。属性设置包括两部分，一是对整个表格的设置，二是对单元格的属性设置。

1．表格属性

成功插入表格后，当选中整个表格时，"属性" 面板即刻显示当前表格的各种属性，如图 6-3 所示。在表格的 "属性" 面板中，各项含义介绍如下。

图 6-3　表格的 "属性" 面板

- 表格：用于设置表格的名称。
- 行与列：用于设置表格中行和列的数量。

- 宽：用于设置表格的宽度，以像素为单位或表示为占浏览器窗口宽度的百分比。通常表格的高度不需要设置。
- 填充：用于设置单元格内容和单元格边框之间的距离，以像素为单位。
- 间距：用于设置相邻单元格之间的距离，以像素为单位。
- 对齐：用于设置表格相对于同一段落中的其他元素（如文本或图像）的显示位置，包括左对齐、右对齐、居中对齐和默认 4 种选项。
- 边框：用于设置表格边框的宽度，以像素为单位。
- 类：用于将 CSS 规则应用在当前表格对象上。
- 按钮 "🗑"：清除列宽，从表格中删除所有明确指定的列宽。
- 按钮 "🗑"：清除行高，从表格中删除所有明确指定的行高。
- 按钮 "🗑"：将表格宽度转换成像素。
- 按钮 "🗑"：将表格宽度转换成百分比。

2．单元格属性

选择一个或多个单元格，此时"属性"面板即刻显示相关属性参数，如图 6-4 所示，各项含义如下。

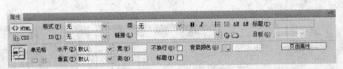

图 6-4　单元格"属性"面板

- 水平：用于设置单元格内容的水平对齐方式，包含默认、左对齐、右对齐和居中对齐 4 种选项。
- 垂直：用于设置单元格内容的垂直对齐方式，包含默认、顶端、居中、底部和基线 5 种选项。
- 宽和高：以像素为单位或按整个表格宽度或高度的百分比为单位，计算所选单元格的宽度和高度。
- 不换行：勾选该复选框，则单元格中的所有文本都在一行上。对于超出宽度的内容，单元格会加宽来容纳所有数据。
- 标题：勾选该复选框，则将所选的单元格格式设置为表格标题单元格。默认情况下，表格标题单元格的内容为粗体并且居中。
- 背景颜色：用于设置单元格的背景颜色。
- 页面属性：单击该按钮，可以打开"页面属性"对话框。
- 按钮 "□"：单击该按钮，可将所选的单元格、行或列合并为一个单元格。当选择的单元格形成矩形或直线的块时，此按钮才被激活。
- 按钮 "北"：单击该按钮，可将一个单元格分成两个或更多个单元格。当选择的单元格多于一个时，此按钮将被禁用。

6.1.3　表格的基本操作

表格创建成功后还需对表格插入文字、插入图像、合并单元格、拆分单元格、删除行或列等一系列操作，本节将详细讲解这些基本操作的方法。

1. 向表格内添加内容

在表格中可以插入文本、图像和嵌套表格等内容，插入的方法与插入普通元素相同，这里以示例形式进行讲解。

演练 6-2：向表格内添加内容。

1）启动 Dreamweaver CS5，创建空白 XHTML 文档，插入 7 行 6 列的表格，具体参数设置如图 6-5 所示。

2）将鼠标定位在第一行第一列单元格中，在"插入"面板的"常用"类别中，单击"图像"按钮，在弹出的对话框中选择要插入的图像。最后，单击"确定"按钮，图像即可插入到当前单元格中，如图 6-6 所示。

3）参照第 2）步操作，在表格第一行中插入多个图像，如图 6-7 所示。

图 6-5　插入 7 行 6 列的表格

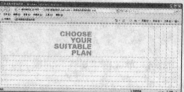

图 6-6　插入一个图像

图 6-7　插入多个图像

4）将鼠标定位在表格的第二行第一列，直接输入文字，或将其他文本内容复制粘贴到当前单元格中即可插入文字内容，如图 6-8 所示。

5）通过预览可以看出，页面文字效果并不理想，这里将鼠标定位在"代码"视图中，在本页面 head 区域创建相关 CSS 规则，如图 6-9 所示。

6）保存当前页面文档，再次通过浏览器预览即可看到满意效果。

图 6-8　插入文字

```
<style type="text/css">
body {
    font-family:"微软雅黑";
}/*设置字体类型*/
tr {
    text-align:center;
}/*设置表格行内内容居中*/
</style>
```

图 6-9　CSS 规则

在制作过程中，当插入图像时表格的宽度会自动变化，而且插入文字时默认状态为"左对齐"，如果想要精确控制表格内的宽度、高度以及文字的位置就需要使用 CSS，更多知识将

Dw **Ps** **Fl**

在后续案例中体现，请读者细心体会。

2．选择表格与单元格

要对表格进行编辑，就要选择表格待编辑的区域。用户可以一次选择整个表、行或列，也可以选择一个或多个单独的单元格。

（1）选择整个表格

有多种方法可以选择整个表格，具体操作如下。

【方法一】将鼠标移动到表格的上下边框，或表格的四个顶角，当鼠标变成表格网格图标"<img>"时，单击即可选择整个表格，如图 6-10 所示。

【方法二】将鼠标定位在表格内任意位置，然后在"文档"窗口左下角的标签选择器中选择<table>标签，即可选择整个表格，如图 6-11 所示。

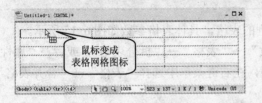
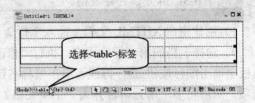

图 6-10　单击边框或顶角选择整个表格　　图 6-11　使用标签选择器选择整个表格

【方法三】将鼠标定位在表格内任意位置，单击鼠标右键，在弹出的右键菜单中选择"表格"→"选择表格"，即可选择整个表格。

【方法四】将鼠标定位在表格内任意位置，在软件菜单栏中执行"修改"→"表格"→"选择表格"，即可选择整个表格。

上述四种方法，无论使用哪种方法，只要表格被选中，表格四周就会出现黑色边框，并且显示表格控制柄。当鼠标移动到控制柄上时，鼠标会变成双向箭头，此时拖动鼠标即可调整表格大小。

（2）选择单元格

要选择表格中的单元格，可以通过以下几种方法。

【方法一】将鼠标定位在表格内，根据需要拖动鼠标，即可选中一个或多个连续的单元格，如图 6-12 所示。

【方法二】按住〈Ctrl〉键单击目标单元格，即可选中一个单元格。如果连续单击多次，可以选中多个不连续的单元格，如图 6-13 所示。

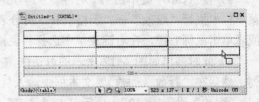

图 6-12　拖动鼠标选择单元格　　　　　图 6-13　选择多个不连续的单元格

【方法三】将鼠标定位在表格内任意位置，按〈Shift〉键的同时单击其他单元格，可以选择矩形区域内的所有单元格，如图 6-14 所示。

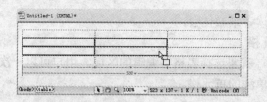

图 6-14　选择矩形区域内的所有单元格

3. 拆分、合并表格

拆分指的是将一个单元格拆分为多个单元格；合并指的是将多个单元格合并为一个单元格。在实际工作中，这些基本操作经常遇到，下面以示例的形式介绍如何拆分、合并表格。

 6-3：拆分、合并表格。

1）创建空白 XHTML 文档，插入 2 行 2 列的表格，具体表格参数如图 6-15 所示。

2）选择表格的第一行单元格，执行"修改"→"表格"→"拆分表格"，或者在"属性"面板中单击图标按钮 ⬚，再或者单击鼠标右键，在右键菜单中选择"表格"→"合并表格"选项，即可将多个单元格合并为一个单元格。

需要特别注意的是，合并单元格时所选中的单元格必须是连续的，并且选定的区域必须是矩形。

3）在合并后的单元格内输入相关文字，此时效果如图 6-16 所示。

图 6-15　插入 2 行 2 列的表格　　　　图 6-16　合并单元格并输入相关文字

4）按〈Ctrl〉键单击第二行第一列单元格，此时该单元格处于被选中状态。然后在软件菜单栏中执行"修改"→"表格"→"拆分表格"，或者在"属性"面板中单击图标按钮 ⬚，或者单击鼠标右键，在右键菜单中选择"表格"→"拆分表格"。

5）此时弹出如图 6-17 所示的对话框。在"把单元格拆分"选项后选择要拆分为行还是列，然后在"行数（列数）"文本框中输入具体拆分的行数（列数）。这里选择"列"单选按钮，"列数"设置为"2"，最后单击"确定"按钮，即可完成单元格拆分。

6）选择拆分后的单元格，即第二行中间的单元格，执行"修改"→"表格"→"拆分表格"，在弹出的"拆分单元格"对话框中选择"行"单选按钮，"行数"设置为"5"，最后单击"确定"按钮，即可将该单元格拆分为 5 行，如图 6-18 所示。

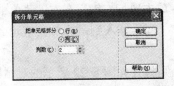

图 6-17　"拆分单元格"对话框

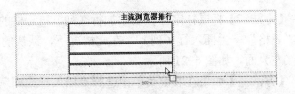

图 6-18　将单元格拆分为 5 行

7）在拆分后的单元格内插入相关图像和文字。为了进一步美化表格效果，这里在页面 head 区域创建相关 CSS 规则，如图 6-19 所示。保存当前网页，通过浏览器预览可以看到效果，如图 6-20 所示。

```
<style type="text/css">
body {
        font-family:"微软雅黑";
}
th {
        font-size:20px;
        background:#FC0;
}
table {
        border:1px #666 solid;
        border-collapse:collapse;
}
td {
        border:1px #666 solid;
}
</style>
```

图 6-19　美化表格效果的 CSS 规则

图 6-20　拆分、合并表格的预览效果

4．复制、粘贴表格

与文本的复制、粘贴一样，单元格也可以复制、粘贴。用户可以一次复制、粘贴单个或多个单元格，并且保留单元格的格式设置。需要注意的是，若要用待粘贴的单元格替换现有的单元格，需要选择一组与剪贴板上的单元格具有相同布局的单元格。由于操作十分简单，这里不再进行演示。

5．添加删除表格的行或列

在对表格进行编辑时，经常遇到之前创建的表格行或列不能满足实际需求，需要添加或删除行与列的情况，下面使用多种方法介绍此类操作。

 6-4：添加删除表格的行或列。

1）创建空白 XHTML 文档，插入 2 行 3 列的表格，分别在第一行插入 3 幅图像，在第二行插入相关文字。

2）若需要删除行或列时，可以使用以下两种方法。

【方法一】选择完整的一行或列，然后在软件菜单栏中执行"编辑"→"清除"，或者直接按〈Delete〉键即可删除完整的一行或列。

【方法二】将鼠标定位在要删除的行或列中的一个单元格，然后在软件菜单栏中执行"修改"→"表格"→"删除行"，或执行"修改"→"表格"→"删除列"。

3）若要添加行或列时，可以使用以下三种方法：

【方法一】将鼠标定位在要添加行（列）单元格的内部，在软件菜单栏中执行"插入"→"表格对象"，在其子菜单中根据需要选择其中某个选项，即可添加行或列。

【方法二】将鼠标定位在要添加行（列）单元格的内部，单击鼠标右键，在右键菜单中选择"表格"→"插入行（列）"。在此情况下，默认的是将行（列）插入到鼠标所在单元格的上（左）面，如图 6-21 所示。

【方法三】如果在右键菜单中选择"插入行或列"选项，则打开如图 6-22 所示的对话框。在此对话框中，可以在"插入"选项后面选择要插入的是行还是列，在"列数（行数）"后面，可以设置列（行）数，在"位置"选项后面可以设置插入列（行）的位置。最后，单击"确定"按钮，即可插入行或列。

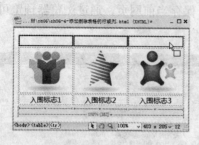

图 6-21　插入行（列）

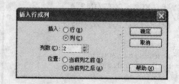

图 6-22　"插入行或列"对话框

6.1.4　表格中常用的 CSS 属性

表格主要由 table、th、tr 和 td 等元素构成，在实际工作中如果要创建精美的表格就需要使用 CSS 对表格内的各种元素进行美化。本节结合工作经验，着重讲解常见表格外观的控制方法以及与表格相关的 CSS 知识，通过本节的学习读者能够具有灵活运用有关表格的 CSS 属性控制表格内元素的能力。与表格相关的 CSS 属性主要有 border-collapse、border-spacing、caption-side 和 empty-cells，更为详细的解释如表 6-1 所示。

表 6-1　表格中常用的 CSS 属性

属　　性	属性值及其含义		说　　明
border-collapse	separate（默认值）	边框独立	设置表格的行和单元格的边框是否合并在一起
	collapse	边框合并	
border-spacing	length	由浮点数字和单位标识符组成的长度值，不可为负值	当设置表格为边框独立时，行和单元格的边在横向和纵向上的间距。当指定一个 length 值时，这个值将作用于横向和纵向上的间距；当指定了两个 length 值时，第一个作用于横向间距，第二个作用于纵向间距
caption-side	top（默认值）	caption 在表格的上边	设置表格的 caption 对象是在表格的哪一边，它是和 caption 对象一起使用的属性
	right	caption 在表格的右边	
	bottom	caption 在表格的下边	
	left	caption 在表格的左边	
empty-cells	show（默认值）	显示边框	设置表格的单元格无内容时，是否显示该单元格的边框（仅当表格行和列的边框独立时此属性才生效）
	hide	隐藏边框	

这些属性主要作为控制表格的基础属性而出现，如果需要更加漂亮的效果则还需增加背景色、背景图和辅助图像等美化元素。为了更加容易地理解有关表格的 CSS 属性，这里以案例形式进行讲解。

　Dw　Ps　Fl

演练 6-5：表格中常用的 CSS 属性。

1）创建空白 XHTML 文档，创建 4 组宽度为 300 像素，边框为"0"的 2 行 2 列表格，此时"设计"视图中表格的外观如图 6-23 所示。

2）将鼠标定位在"代码"视图，在本页面的 head 区域创建表格统一的外观规则，如图 6-24 所示。保存当前文档，通过浏览器预览可以看到效果，如图 6-25 所示。

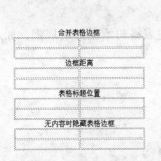

```
table {
    border:1px #333 solid;/*设置表格外轮廓*/
    margin-bottom:20px;/*设置表格间距离*/
}
td {
    border: 1px solid #ff0000;
}/*设置单元格外边框*/
```

图 6-23 创建 4 组表格　　　　图 6-24　表格统一的 CSS 规则　　　图 6-25　外观统一的预览效果

3）为了能够清楚地诠释与表格相关的 CSS 属性，这里定义 4 个类，分别应用在 4 组表格上，具体的 CSS 规则，如图 6-26 所示。

4）保存当前页面文档，通过浏览器预览即可看到效果，如图 6-27 所示。

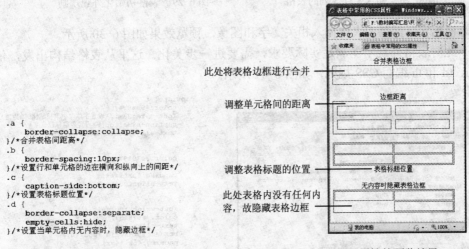

```
.a {
    border-collapse:collapse;
}/*合并表格间距*/
.b {
    border-spacing:10px;
}/*设置行和单元格的边在横向和纵向上的间距*/
.c {
    caption-side:bottom;
}/*设置表格标题位置*/
.d {
    border-collapse:separate;
    empty-cells:hide;
}/*设置当单元格内无内容时，隐藏边框*/
```

图 6-26　4 个类的 CSS 规则　　　　　　　图 6-27　应用不同属性的预览效果

6.1.5　隔行换色 CSS 表格

对于表格内容较多的情况，一般采用隔行换色的方法让访问者有良好的视觉体验，也方便浏览者对表格内容的查询。

　　隔行换色表格其实就是预先创建"odd"类，然后将该类隔行应用在多个<tr>标签内部，由于<tr>标签本身 background 属性与"odd"类 background 属性不同，致使呈现出隔行换色的效果。本节结合实际案例，以示例的形式讲解隔行换色 CSS 表格的实现过程，请读者注意体会各种类所应用的位置。

 6-6：隔行换色 CSS 表格。

　　1）启动 Dreamweaver CS5，并创建站点。在站点内创建"images"文件夹，并把制作好的图像放置其中。

　　2）创建空白 XHTML 文档，执行软件菜单栏中的"插入"→"表格"命令，插入 8 行 5 列、宽度为"100%"的表格，具体设置如图 6-28 所示。

　　3）将鼠标定位在"代码"视图，在本页面的 head 区域创建表格初始化外观规则，如图 6-29 所示。

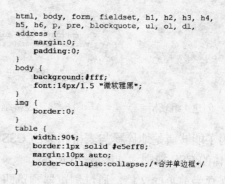

图 6-28　插入 8 行 5 列的表格　　　　图 6-29　表格初始化外观规则

　　4）根据实际需要为表格插入相关文字和图像，预览效果如图 6-30 所示。

　　5）此时表格外观不能满足实际要求，需要进一步美化。这里从表格结构出发，依次对 caption、td 和 th 编写 CSS 规则，如图 6-31 所示。

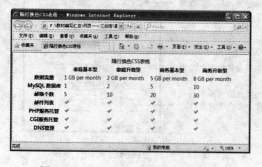

图 6-30　8 行 5 列表格初始预览效果　　　图 6-31　caption、td 和 th 的 CSS 规则

　　6）保存当前页面文档，预览后的效果如图 6-32 所示。为了方便控制表格第一行内容，这里需要增加<thead>标签，将第一行内容进行包裹，如图 6-33 所示。

7）在页面 head 区域内创建用于隔行换色的 CSS 规则，如图 6-34 所示。

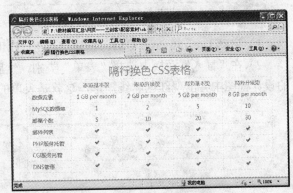

图 6-32 左侧浏览器窗口内容：

隔行换色CSS表格

	普通基本型	家庭升级型	商务基本型	商务升级型
数据流量	1 GB per month	2 GB per month	5 GB per month	8 GB per month
MySQL 数据库	1	2	5	10
邮箱个数	5	10	20	30
邮件列表	✓	✓	✓	✓
PHP服务托管	✓	✓	✓	✓
CGI服务托管	✓	✓	✓	✓
DNS管理	✓	✓	✓	✓

图 6-33 代码：

```
<body>
<table width="100%" border="0">
<caption>
隔行换色css表格
</caption>
<thead>
    <tr>
        <th scope="col" ></th>
        <th scope="col">家庭基本型</th>
        <th scope="col">家庭升级型</th>
        <th scope="col">商务基本型</th>
        <th scope="col">商务升级型</th>
    </tr>
</thead>
<tr> <t...
</table>
</body>
```

图 6-34 CSS规则：

```
thead th {
    background:#f4f9fe;
    text-align:center;
    color:#66a3d3;
}
tr.odd td {
    background:#f7fbff;
}
.column1 {
    background:#f9fcfe;
}
tr.odd .column1 {
    background:#f4f9fe;
}
```

图 6-32 表格美化后的预览效果   图 6-33 增加<thead>标签 图 6-34 隔行换色的 CSS 规则

8）将创建的多个类规则分别应用在页面内 tr 元素和 th 元素上，如图 6-35 所示。保存当前页面文档，预览后的效果，如图 6-36 所示。

图 6-35 代码：

```
<body>
<table width="100%" border="0">
<caption>
隔行换色css表格
</caption>
<thead>
    <tr class="odd">
        <th sc...
    </tr>
</thead>
<tr>
    <th scope="row" class="column1">数据流量</th>
    <td>1 G...
</tr>
<tr class="odd">
    <th scope="row" class="column1">MySQL数据库</th>
    <td>1<...
</tr>
<tr>
    <th scope="row" class="column1">邮箱个数</th>
    <td>5</...
</tr>
<tr class="odd">
    <th scope="row" class="column1">邮件列表</th>
    <td><i...
</tr>
<tr>
    <th scope="row" class="column1">PHP服务托管</th>
    <td><im...
</tr>
<tr class="odd">
    <th scope="row" class="column1">CGI服务托管</th>
    <td><im...
</tr>
<tr>
    <th scope="row" class="column1">DNS管理</th>
    <td><im...
</tr>
</table>
```

图 6-35 分别应用多个类实现隔行换色   图 6-36 隔行换色的最终预览效果

本例中图 6-34 所示的隔行换色的 CSS 规则较难理解，这里进行必要的解释："thead th"包含选择符所设置的背景色作用在第一行上面；"odd"类所设置的颜色作用在第三、五和七行上面；由于在创建表格初期，已经将表格的第一行和第一列作为标题，故需要为第一列标题单独设置颜色，即 CSS 规则中的"column1"类；为了更加美化第一列标题，这里创建"tr.odd .column1"包含选择符，为第一列隔行单元格再次变换颜色。

总的来说，本例不仅为隔行表格设置不同颜色，还为第一列隔行单元格设置不同颜色，读者需要学习的是这种处理问题的办法和思路。

6.2　表单控制

表单主要负责数据采集，它可以收集用户的信息并将其存储在服务器中，可以说它是浏览者与网站管理者进行沟通的桥梁。

表单中包含文本字段、密码字段、单选按钮、复选框、弹出菜单、可单击的按钮和其他表单对象。当访问者在浏览器中的表单内输入信息并单击提交按钮时，这些信息会被发送到服务器，服务器中的服务器端脚本或应用程序会对这些信息进行处理，以此进行响应。

表单的应用在实际生活中也经常遇到，例如登录邮箱时需要输入的用户名和密码，网站提供给访问者的留言板，页面宣传时发起的问卷调查，电子银行交易，这些都是利用表单集合数据库技术来实现的具体应用，如图 6-37 所示。

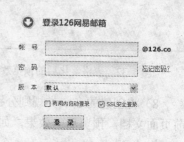

图 6-37　表单应用

在 Dreamweaver CS5 中，设计者可以采用可视化的方法创建表单对象，但如果希望完成表单的功能，还必须编写服务器端的脚本程序。

6.2.1　创建表单域

表单域定义了一个表单的开始和结束。在包含表单的页面中，每个表单都包括表单域和若干个表单对象，所有表单对象都要放在表单域中才会生效。

 6-7：创建表单域。

1）启动 Dreamweaver CS5，新建空白 XHTML 文档，将鼠标定位在"设计"视图中。

2）在"插入"面板中选择"表单"类别，然后单击其中的"表单"按钮。此时，在页面的设计视图中会出现红色虚线矩形，这就是表单的轮廓指示线，如图 6-38 所示。

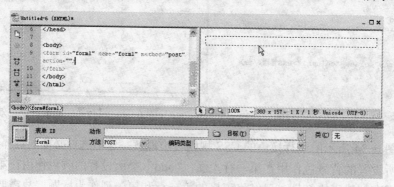

图 6-38　创建表单域

3）从图 6-38 中的"代码"视图中可以看出，表单域是通过<form>标签和</form>标签来实现的，其他表单对象将包含在<form>与</form>之间，可以是一个对象，也可以是多个对象。

4）选择该表单域，在"属性"面板中设置必要的属性。在"表单 ID"文本框中，输入标识该表单的唯一名称。当命名表单后，就可以使用脚本语言引用或控制该表单。

5）在"动作"文本框中，输入路径或者单击文件夹图标指定处理表单数据的页面或脚本。

6）在"方法"下拉菜单中指定表单数据传输到服务器的方法，具体选项如下所示。

- "GET"方法指的是将表单值添加给 URL，并向服务器发送 GET 请求，由于 URL 有长度限制，所以不要使用 GET 方法发送长表单。
- "POST"方法指的是将表单数据嵌入到 HTTP 请求中。
- "默认值"指的是使用浏览器的默认设置将表单数据发送到服务器。

7）在"编码类型"下拉菜单中选择提交给服务器进行数据处理时所使用的编码类型。"application/x-www-form-urlencode"选项通常与 POST 方法一起使用，"multipart/form-data"选项在创建文件上传域时使用。

8）在"目标"下拉菜单中选择一个选项用来显示返回的数据，具体选项如下所示。

- "_blank"指的是在新窗口中打开目标文档。
- "_parent"指的是在显示当前文档的窗口的父窗口中打开目标文档。
- "_self"指的是在当前窗口打开目标文档。
- "_top"指的是在当前窗口的窗体内打开目标文档。

6.2.2 插入多种表单对象

表单域创建完成后，就可以为表单添加表单对象了。表单对象主要有文本字段、单选按钮、复选框、弹出菜单等，要插入这些表单对象基本操作方法都是相同的，即在"插入"面板的"表单"类别中选择要插入的表单对象，或者在软件菜单栏中执行"插入"→"表单"命令，选择二级菜单中的某个表单对象即可。由于表单对象较多，这里将对最为常用的表单进行详细讲解。

1．插入文本字段

在表单对象中，文本字段是最为常见的对象，它主要应用于注册、登录框和密码输入框等方面。

 6-8：插入文本字段。

1）启动 Dreamweaver CS5，新建空白 XHTML 文档，并创建表单域。

2）在"插入"面板的"表单"类别中单击"文本字段"按钮，即可插入单行文本字段表单对象，如图 6-39 所示。

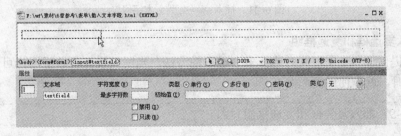

图 6-39　插入单行文本字段

其"属性"面板中的各参数及功能的含义介绍如下。

- 文本域：该文本框用于为文本字段表单对象设置名字，对应代码视图中"name"属性，名字尽量使用英文，且与要收集信息的内容一致。
- 字符宽度：用于设置文本域中最多可显示的字符数，对应代码视图中"size"属性。
- 最多字符数：用于设置文本域在单行文本域中最多可输入的字符数，对应代码视图中"maxlength"属性。
- 初始值：用于设置在首次加载表单时域中显示的值，对应代码视图中"value"属性。
- 类：用于设置当前对象应用何种 CSS 规则。
- 禁用：用于设置当前文本域是否被禁用。
- 只读：用于设置当前文本域只能读取、不能修改。

3）文本域中除了能够输入单行的文本，还能够插入多行文本域来实现文本内容的滚动效果。在文本字段"属性"面板中，单击"多行"单选按钮，此时文本字段和属性面板均发生变化，如图 6-40 所示。

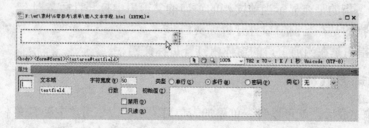

图 6-40　插入多行文本字段

与图 6-39 不同的是，"字符宽度"设置对应代码视图中"cols"属性，"行数"设置对应代码视图中"rows"属性。

4）在文本字段"属性"面板中，单击"密码"单选按钮，此时文本字段的内容都将以"*"的形式显示，如图 6-41 所示。

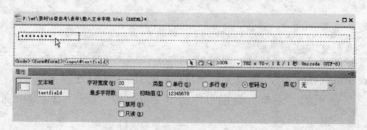

图 6-41　插入密码类型文本字段

2. 插入复选框和复选框组

复选框提供了一个实现同时选择多个选项的方法，当网页设计者希望用户可以选择一个或多个选项时，就应使用复选框。

演练 6-9：插入复选框和复选框组。

1）启动 Dreamweaver CS5，新建空白 XHTML 文档，并创建表单域。

2）在"插入"面板的"表单"类别中单击"复选框"按钮，即可插入一个复选框，如图 6-42 所示。其"属性"面板中的各参数及功能的含义介绍如下。

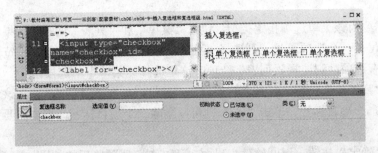

图 6-42　插入单个复选框

- 复选框名称：用于设置复选框的名称，对应代码视图中"name"属性。需要特别注意的是，同一组的复选框应该使用相同的名称。
- 选定值：用于设置复选框被选中时发送给服务器的值，对应代码中的"value"属性。
- 初始状态：用于设置在浏览器中加载表单时，该复选框是否处于选中状态，对应代码视图中"checked"属性。

3）在实际工作中，往往需要收集某一设问的复选框内容，这时就要使用复选框组来区别不同设问间的答案。在"插入"面板的"表单"类别中单击"复选框组"按钮，打开"复选框组"对话框，如图 6-43 所示。

4）在"名称"文本框中，输入复选框组的名称。

5）单击加号"+"按钮向该组添加一个复选框，单击向上或向下箭头对这些复选框重新进行排序。

6）在"标签"和"值"列内，为新复选框输入标签和选定值。

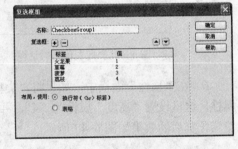

图 6-43　"复选框组"对话框

7）根据需要选择使用"换行符"或"表格"来设置之前创建的复选框的布局。设置完成后，单击"确定"按钮，即可插入一组复选框。

3．插入单选按钮和单选按钮组

单选按钮用于标记一个选项是否被选中，当网页设计者希望用户在多个选项中只能选择一个时，就应使用单选按钮。插入单选按钮和单选按钮组的方法与插入复选框相同，这里不再赘述。

4．插入列表或菜单

列表或菜单表单对象能够显示多个选项，用户可以通过滚动条在多个选项中进行选择。

 6-10：插入列表或菜单。

1）启动 Dreamweaver CS5，新建空白 XHTML 文档，并创建表单域。将鼠标定位在表单域内部，在"插入"面板的"表单"类别中单击"选择（列表/菜单）"按钮，即可插入一个菜单选项。

2）选中刚创建的菜单选项，在其"属性"面板内的"选择"文本框中为该菜单指定一个名称。

3）根据需要为该菜单选项指定类型，包含"菜单"和"列表"两种。如果希望表单在浏览器中显示时仅有一个选项可见，则选择"菜单"选项。如果希望表单在浏览器显示表单时列出一些或所有选项，则选择"列表"选项。这里选择"菜单"单选按钮。

4）单击"列表值"按钮，打开"列表值"对话框，如图6-44所示。在该对话框中，单击"➕"增加一个项目标签，单击"➖"则可以删除一个项目标签。根据需要为每个菜单项设置相应的值。

5）单击"确定"按钮，返回软件主界面。通过浏览器预览后的效果如图6-45所示。

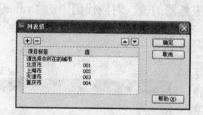

图6-44 "列表值"对话框

图6-45 菜单预览后的效果

6）在"属性"面板中，如果将"类型"选择为"列表"，则激活"高度"和"选定范围"属性，这里设置"高度"属性为"4"，并勾选"允许多选"复选框，如图6-46所示。通过浏览器预览后的效果如图6-47所示。

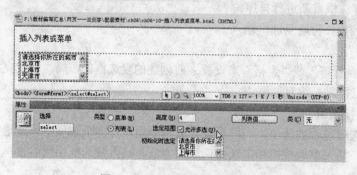

图6-46 列表的"属性"面板

图6-47 列表预览后的效果

5．插入跳转菜单

跳转菜单属于下拉菜单的一种，不同的是，当选择菜单中的某个选项时，可以跳转到其他链接页面上，从而实现导航的目的。

 6-11：插入跳转菜单。

1）启动 Dreamweaver CS5，新建空白 XHTML 文档，并创建表单域。将鼠标定位在表单

域内部，在"插入"面板的"表单"类别中单击"跳转菜单"按钮，打开"插入跳转菜单"对话框。

2）在该对话框中，单击"＋"增加一个菜单项，在"文本"区域输入跳转菜单项的名称，在"选择时，转到 URL"区域输入跳转的路径，其他设置保持默认值不变，如图 6-48所示。

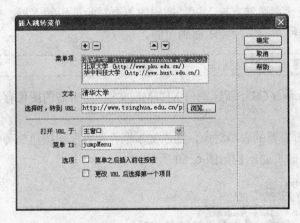

图 6-48　"插入跳转菜单"对话框

3）设置完成后，单击"确定"按钮，即可插入一个跳转菜单。在浏览器预览的过程中，当选择跳转菜单中某个选项时，即可跳转到该选项对应的网站链接。

6．插入文件域

如果希望浏览者选择本地计算机上的文件，并将该文件上传到服务器上，就应该使用文件域。文件域的外观与其他文本域类似，不同的是文件域还包含一个"浏览"按钮，用户可以手动输入要上传的文件的路径，也可以使用"浏览"按钮定位并选择该文件。

6-12：插入文件域。

1）新建空白 XHTML 文档，并创建表单域。在"插入"面板的"表单"类别中单击"文件域"按钮，即可插入一个文件域，如图 6-49 所示。

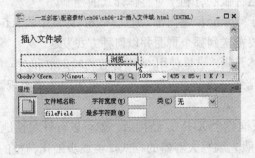

图 6-49　插入文件域

2）在文件域属性面板中，"文件域名称"指的是该对象的名称；"字符宽度"指的是最多可以显示的字符数；"最多字符数"指的是最多可容纳的字符。保存当前文档，通过浏览器预览后，单击"浏览"按钮，即可将本地文件上传到服务器中。

6.2.3 表单的美化——CSS 登录框的制作

在 CSS 中没有特别用于表单的专有属性，使用 CSS 对表单进行美化，其实就是对表单中多种元素运用改变边框颜色、粗细、增加背景色或背景图片等方法使其外观更加漂亮。这里以设计制作用户登录框为例，讲解 CSS 样式在控制表单元素方面的知识。

登录框所包含的元素通常有输入框、密码输入框、验证码输入框、登录按钮和注册按钮等，这些元素是根据网站的实际需求而确定的。

 6-13：CSS 登录框的制作。

1）启动 Dreamweaver CS5，新建空白 XHTML 文档，将所需的图像存放在站点内"images"文件夹中。

2）根据登录框所需要的表单对象，插入文本框、密码框和按钮 3 种类型的表单对象，并输入相关的文字，此时页面结构如图 6-50 所示。

```
<body>
<div class="login">
  <h2>用户登录</h2>
  <div class="content">
    <form action="" method="post">
      <div class="frm_cont username">用户名：
        <label for="username"></label>
        <input type="text" name="username" id="username" />
      </div>
      <div class="frm_cont password">密　码：
        <label for="password"></label>
        <input type="password" name="password" id="password" />
      </div>
      <div class="btns">
        <input type="button" name="button1" id="button1" />
        <input type="button" name="button2" id="button2" />
      </div>
    </form>
  </div>
</div>
</body>
```

图 6-50　登录框页面结构

这里对页面结构加以分析，整个登录框利用类名为"login"的 div 容器将所有登录框元素包含在这个容器中，这种做法有利于对整体样式的控制。

表单元素通常存在于<form>标签内部，通过<form>标签中的 action 属性和 method 属性检查最后表单中的数据需要发送到哪个页面并以何种方式发送。

对于登录框中的具体元素，这里使用<div>标签将输入框和对应的文字一起包裹起来，形成一个整体。由于这种元素在表单中出现多次，可以先用一个类规则对这些多次出现的样式进行调整。

3）在充分了解登录框整个 XHML 结构后，就可以有针对性地编写 CSS 样式了。在当前页面的 head 区域，按照先编写大容器的样式，再逐步细化调整的方式编写 CSS 规则，如图 6-51 所示。预览后的效果，如图 6-52 所示。

4）接着为登录框的标题设置样式，将标题文字设置为居中，并且改变文字大小。此外，为了增加容器的空间感，针对表单区域再增加一定宽度的内边距，具体 CSS 代码如图 6-53 所示。

```
.login {
    margin:0 auto;
    width:280px;
    padding:14px;
    border:2px #b7ddf2 dashed;
    background:#ebf4fb;
}
.login * {
    margin:0;
    padding:0;
    font-family:"微软雅黑";
    font-size:12px;
    line-height:1.5em;
}
```

```
.login h2 {
    text-align:center;
    font-size:18px;
    font-weight:bold;
    margin-bottom:10px;
    padding-bottom:5px;
    border-bottom:solid 1px #b7ddf2;
}
.login .content {
    padding:5px;
}
.login .frm_cont {
    margin-bottom:8px;
}
```

图 6-51 登录框的 CSS 规则　　图 6-52 登录框的预览效果　　图 6-53 登录框标题的 CSS 规则

5）预览后的效果，如图 6-54 所示。再次分析当前结构，本示例中存在 4 个 \<input\> 标签，其中 2 个为输入框类型，另外 2 个为按钮类型。这里对输入框加以美化处理，对其设置背景图像，具体 CSS 规则如图 6-55 所示。预览后的效果，如图 6-56 所示。

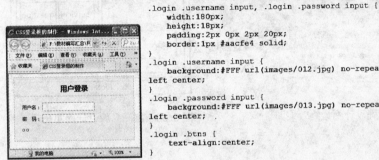

```
.login .username input, .login .password input {
    width:180px;
    height:18px;
    padding:2px 0px 2px 20px;
    border:1px #aacfe4 solid;
}
.login .username input {
    background:#FFF url(images/012.jpg) no-repeat
left center;
}
.login .password input {
    background:#FFF url(images/013.jpg) no-repeat
left center;
}
.login .btns {
    text-align:center;
}
```

图 6-54 美化登录框
标题的预览效果
　　　　图 6-55 输入框美
化的 CSS 规则
　　　　图 6-56 输入框
美化的预览效果

6）为了让按钮更加漂亮，这里再次编写 CSS 规则载入两幅图像作为按钮的背景，具体 CSS 规则如图 6-57 所示。保存当前文档，通过浏览器预览可以看到最终效果，如图 6-58 所示。

```
#button1 {
    border:none;
    background:url(images/014.gif) no-repeat 0 0;
    width:80px;
    height:27px;
}
#button2 {
    border:none;
    background:url(images/015.gif) no-repeat 0 0;
    width:80px;
    height:27px;
}
```

图 6-57 按钮的 CSS 规则　　　　　　　　　　　图 6-58 最终预览效果

6.3　课堂综合练习——"宇泽品牌设计网"主页的制作

　　本节所要完成的是"宇泽品牌设计网"主页的制作，主要涉及表格和表单两大方面的知识，此外还有无序列表、背景图像和段落文本等方面的知识供读者复习。

6.3.1 布局分析

通过对实际任务的理解，本节需要完成的页面最终效果如图 6-59 所示，从页面整个布局来看，页面头部区域主要采用无序列表的浮动属性实现横向导航；左侧主要内容区域除了必要的文本段落以外，还有合并边框的表格；右侧主要内容区域包含图文混排效果以及简单的表单应用。深思熟虑之后，页面布局示意如图 6-60 所示。

图 6-59　宇泽品牌设计网最终效果图

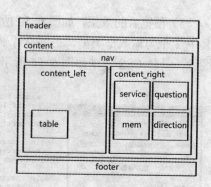

图 6-60　宇泽品牌设计网布局示意图

6.3.2　制作过程

1．前期准备工作

1）启动 Dreamweaver CS5，在软件菜单栏中执行"站点"→"新建站点"，在弹出的对话框中设置站点名称及路径。

2）在站点中创建"images"和"style"两个文件夹。

3）在 Dreamweaver CS5 的菜单栏中执行"文件"→"新建"命令，创建一个空白文档，并命名为"index.html"。

4）创建一个外部 CSS 样式表文档，将这个 CSS 文档保存在站点的"style"文件夹下，并命名为"div.css"。

5）在 Dreamweaver CS5 的"CSS 样式"面板中，单击"附加样式表"按钮 🔲，弹出"链接外部样式表"对话框，将之前创建的"div.css"外部样式文档链接到"index.html"页面中。

2．header 的制作

1）切换到 div.css 文档中，创建页面初始化 CSS 规则，如图 6-61 所示。切换回设计页面，将鼠标置于"设计"视图中，在"插入"面板的"常用"选项卡中单击"插入 Div 标签"按钮，弹出"插入 Div 标签"对话框，在"插入"下拉菜单中选择"在插入点"选项，在"ID"下拉列表框中输入"header"，最后单击"确定"按钮，即可在页面中插入 header 容器。切换到 div.css 文档中，创建一个名为#header 的 CSS 规则，如图 6-62 所示。

2）在 header 容器内部插入一组无序列表，其结构如图 6-63 所示。切换到 div.css 文档中，创建相关 CSS 规则，如图 6-64 所示。

```
div, h1, h2, h3, h4, p, form, label,
input, textarea, img, span {
    margin:0;
    padding:0;
    border:0;
}
body {
    padding:0;
    margin:0;
    font-family:"宋体";
    font-size:12px;
    background-color:#EAEDD8;
    color:#6C6C6C;
}
ul {
    margin:0;
    padding:0;
    list-style-type:none;
}
a {
    text-decoration:none;
}
```

```
#header {
    background:
url(../images/header.gif)
no-repeat 0 0;
    width:942px;
    height:93px;
    margin:0 auto;
    padding:0 5px 0 34px;
}
```

```
<body>
<div id="header">
  <ul id="topLink">
    <li><a href="#">加入收藏</a></li>
    <li><a href="#">设为主页</a></li>
  </ul>
</div>
</body>
```

图 6-61 页面初始化 CSS 规则　图 6-62 名为#header 的 CSS 规则　图 6-63 插入无序列表的页面规则

3）在无序列表的后面插入图像和段落文字，具体结构如图 6-65 所示。

```
#topLink {
    width:150px;
    float:right;
}
#topLink li {
    float:left;
}
#topLink li a {
    display:block;
    background: #c91179;
    width:60px;
    height:25px;
    line-height:25px;
    margin:0 4px 0 0;
    text-align:center;
    color:#FFF;
}
```

```
<body>
<div id="header">
  <ul id="topLink">
    <li><a href="#">加入收藏</a></li>
    <li><a href="#">设为主页</a></li>
  </ul>
  <a href="index.html"><img src="images/logo.gif"
width="137" height="39" class="logo"/></a>
  <p class="topTxt"><span>宇泽品牌设计</span>中原地
区唯一能够提供知识产权综合服务的机构!</p>
</div>
</body>
```

图 6-64 无序列表切换后的 CSS 规则　　图 6-65 无序列表后插入图像和段落文字的页面结构

4）切换到 div.css 文档中，创建相关 CSS 规则，如图 6-66 所示。保存当前文档，通过浏览器预览可以看到效果，如图 6-67 所示。

```
#header img.logo {
    display:block;
    font-size:0;
    line-height:0;
    margin:21px 41px 0 0;
    float:left;
}
#header p.topTxt {
    display:block;
    color:#C2C2C2;
    margin:36px 0 0 0;
    float:left;
    font-size:16px;
    font-family:"黑体";
}
#header p.topTxt span {
    color:#fff;
    background-color:#9D0303;
    padding:0 3px 0 3px;
}
```

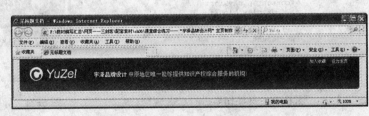

图 6-66 图像和段落文字的 CSS 规则　　　图 6-67 页面头部区域的预览效果

3. nav 的制作

1）将鼠标置于"设计"视图中，在"插入"面板的"常用"选项卡中单击"插入 Div 标签"按钮，弹出"插入 Div 标签"对话框，在"插入"下拉菜单中选择"在标签之后"选项，并在其后方下拉菜单中选择"<div id="header">"选项，在"ID"下拉列表框中输入"content"，最后单击"确定"按钮，即可在 header 容器后面插入 content 容器。

2）根据规划可知，导航左右两端为圆角样式，由于 CSS2.0 在实现圆角样式时较为麻烦，这里拟采用图像载入的方法解决。在 content 容器内部依次输入如图 6-68 所示的结构代码，用于盛放与导航相关的各种内容。

3）切换到 div.css 文档中，创建相关 CSS 规则，如图 6-69、图 6-70 所示。保存当前文档，通过浏览器预览可以看到效果，如图 6-71 所示。

```
<body>
<div id="header">
  <ul id...>
<div id="content">
  <p class="navLeft"></p>
  <ul class="nav">
    <li><a href="#">宇泽品牌</a></li>
    <li><a href="#">团队介绍</a></li>
    <li><a href="#">核心业务</a></li>
    <li><a href="#">品牌案例</a></li>
    <li><a href="#">品牌识别</a></li>
    <li><a href="#">平面印刷</a></li>
    <li><a href="#">网站建设</a></li>
    <li><a href="#">国际业务</a></li>
    <li><a href="#">公司注册</a></li>
    <li><a href="#">品牌案例</a></li>
    <li><a href="#">加入我们</a></li>
  </ul>
  <p class="navRight"></p>
</div>
</body>
```

图 6-68　制作导航的结构代码

```
#content {
    width:979px;
    margin:0 auto;
    background-color:#fff;
    color:#6C6C6C;
}
#content p.navLeft {
    display:block;
    background:
url(images/nav_left.gif) 0 0
no-repeat;
    width:22px;
    height:34px;
    float:left;
}

#content ul.nav {
    width:935px;
    height:34px;
    background:
url(images/nav_bg.gif) 0 0
repeat-x;
    float:left;
    margin:0 0 6px 0;
}
```

图 6-69　导航切换后的 CSS 规则一

```
#content ul.nav li {
    float:left;
    background:
url(images/nav_div.gif) right top
 no-repeat;
    height:34px;
    padding:0 2px 0 0;
}
#content ul.nav li a {
    display:block;
    padding:0 15px;
    color:#1B1B1B;
    line-height:34px;
    font-weight:bold;
    text-decoration:none;
}
#content ul.nav li a:hover {
    color:#fff;
    background-color:#9D0303;
}
#content p.navRight {
    display:block;
    background:
url(images/nav_right.gif) 0 0
no-repeat;
    width:22px;
    height:34px;
    float:left;
}
```

图 6-70　导航切换后的 CSS 规则二

图 6-71　导航的预览效果

4. 左侧主体区域的制作

1）将鼠标定位在图 6-68 中"<p class="navRight"></p>"的后面，在当前位置插入名为"content_left"的 div 容器。

2）在"content_left"容器内部，创建标题和段落等元素，并输入文字内容，具体的结构代码如图 6-72 所示。

Dw **Ps** **Fl**

3）切换到 div.css 文档中，创建相关 CSS 规则，如图 6-73、图 6-74 所示。

```
<div id="content">
  <p class="navLeft"></p>
  <ul cla...
  <p class="navRight"></p>
  <div id="content_left">
    <h2>欢迎来到宇泽品牌设计！</h2>
    <p class="lftTxt">公司2000年...<br />
    <br />
    <span>字泽品牌13年历程</span> 作为中原最具专...</p>
    <h2>数据说明一切！</h2>
    <p class="lftTxt2">我们是策略指导...</p>
  </div>
</div>
```

图 6-72　结构代码

```
#content_left {
  width:430px;
  float:left;
  padding:15px 26px 45px 33px;
  background: #FFF
url(../images/left_panel_bg.gif)
304px 190px no-repeat;
}
#content_left h2 {
  display:block;
  width:418px;
  font-size:20px;
  color:#000;
  font-family:"黑体";
  font-weight:normal;
  margin:10px 0 20px 0;
}
```

图 6-73　CSS 规则一

4）将鼠标定位在图 6-72 中 "<p class="lftTxt2">…</p>" 的后面，插入一个 5 行 3 列、宽度为 300 像素、第一行为标题行的表格，并输入相关文字内容，此时的页面结构如图 6-75 所示。

```
#content_left p.lftTxt {
  display:block;
  font-size:12px;
  line-height:18px;
}
#content_left p.lftTxt span {
  color:#9D0303;
  font-weight:bold;
  background-color:inherit;
}
#content_left p.lftTxt2 {
  display:block;
  width:264px;
  font-size:12px;
  line-height:18px;
  color:#637704;
  font-weight:bold;
  margin:0 0 9px 0;
}
```

图 6-74　CSS 规则二

```
<div id="content_left">
  <h2>欢迎...
  <p class="lftTxt2">我们是策略指导...</p>
  <table width="300" border="0">
    <tr>
      <th width="20%" scope="col">时间</th>
      <th width="40%" scope="col">国内签单数量</th>
      <th width="40%" scope="col">国外签单数量</th>
    </tr>
    <tr>
      <td>20...
    </tr>
    <tr>
      <td>20...
    </tr>
    <tr>
      <td>20...
    </tr>
    <tr>
      <td>201...
    </tr>
  </table>
</div>
```

图 6-75　插入表格的页面结构

5）切换到 div.css 文档中，创建相关 CSS 规则，如图 6-76 所示。保存当前文档，通过浏览器预览可以看到效果，如图 6-77 所示。

```
table {
  border:1px solid #637704;
  font:12px/1.5em "宋体";
  border-collapse:collapse;
/*合并单元格之间的边*/
}
th {
  color:#F4F4F4;
  border:1px solid #637704;
  background: #637704;
} /*设置表格中标题的样式（标题
文字颜色、边框、背景色）*/
td {
  text-align:center;
  border:1px solid #637704;
  background: #e5f1f4;
} /*设置所有td内容单元格的文字
居中显示，并添加黑色边框和背*/
```

图 6-76　表格的 CSS 规则

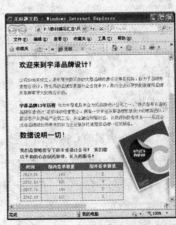

图 6-77　左侧主体区域的预览效果

5. 右侧主体区域的制作

1) 将鼠标置于"设计"视图中，在"插入"面板的"常用"选项卡中单击"插入 Div 标签"按钮，弹出"插入 Div 标签"对话框，在"插入"下拉菜单中选择"在标签之后"选项，并在其后方下拉菜单中选择"<div id="content_left">"选项，在"ID"下拉列表框中输入"content_right"，最后单击"确定"按钮，即可在 content_left 容器后面插入 content_right 容器。

2) 在 content_right 容器内部，再次创建名为"service"的 div 容器，并在该容器内部插入标题、图像、无序列表等内容，结构代码如图 6-78 所示。

```
<div id="content_left">
    <h2>欢迎...|
</div>
<div id="content_right">
    <div id="service">
        <h2>服务领域</h2>
        <h3>range of services</h3>
        <img src="images/service_pic.jpg" width=
"79" height="83" class="pic"/>
        <ul>
            <li><a href="#">品牌创建与整合</a></li>
            <li><a href="#">标识设计与规范</a></li>
            <li><a href="#">包装识别系统规范</a></li>
            <li><a href="#">企业形象设计</a></li>
            <li><a href="#">空间设计</a></li>
        </ul>
        <p class="serBot"></p>
    </div>
</div>
```

图 6-78　service 容器的结构代码

3) 切换到 div.css 文档中，创建相关 CSS 规则，如图 6-79、图 6-80 所示。

```
#service {
    width:237px;
    background:
url(../images/latest_service_bg.gif)
 0 0 repeat-x #94B10A;
    color:#fff;
    padding:15px 0 0 0;
    margin:0 7px 9px 0;
    float:left;
}
#service h2 {
    font-size:20px;
    line-height:20px;
    display:block;
    font-family:"黑体";
    font-weight:normal;
    padding:0 0 0 21px;
}
#service h3 {
    font-size:12px;
    line-height:18px;
    margin:0 0 16px 0;
    display:block;
    padding:0 0 0 21px;
    font-family:Verdana, Geneva,
sans-serif;
    text-transform:uppercase;
}
.pic {
    display:block;
    font-size:0;
    line-height:0;
    float:left;
    padding:0 0 0 21px;
}
```

图 6-79　service 容器的 CSS 规则一

```
#service ul {
    width:122px;
    float:right;
}
#service ul li {
    font-size:0;
    line-height:0;
}
#service ul li a {
    display:block;
    padding:0 0 0 7px;
    background:
url(../images/arrow.gif) 0 7px
no-repeat;
    font:normal 12px/17px Verdana,
Arial, Helvetica, sans-serif;
    color:#fff;
    background-color:inherit;
    text-decoration:none;
}
#service ul li a:hover {
    background-color:#8DA909;
    color:#fff;
}
#service p.serBot {
    display:block;
    background:
url(../images/service_bottom.gif) 0
0 no-repeat;
    width:237px;
    height:16px;
    font-size:0;
    line-height:0;
    float:left;
}
```

图 6-80　service 容器的 CSS 规则二

4) 保存当前文档，通过浏览器预览可以看到效果，如图 6-81 所示。

5) 在 service 容器后面，参照之前的步骤创建结构相同、内部不同的 question 容器，预览效果如图 6-82 所示。

6) 在 question 容器后面插入 mem 容器，并在其中创建标题和表单，结构代码如图 6-83 所示。

Dw Ps Fl

```html
<div id="content_right">
  <div id="service">
    <h2>服务...
  </div>
  <div id="question">
    <h2>有何疑...
  </div>
  <div id="mem">
    <h2>会员登录</h2>
    <h3>Member login</h3>
    <form name="member_login" action="#" method="post">
      <label>用户名</label>
      <input type="text" name="name" class="txtBox" />
      <label>密　码</label>
      <input type="password" name="name" class="txtBox" />
    </form>
  </div>
</div>
```

图 6-81　service 容器的　图 6-82　question 容器的　　　　　　图 6-83　mem 容器的
　　　　预览效果　　　　　　　　预览效果　　　　　　　　　　　　结构代码

7）切换到 div.css 文件中，创建相关 CSS 规则，如图 6-84、图 6-85 所示。

```css
#mem {
    width:237px;
    background
url(../images/member_login_bg.gif) 0 0
repeat-x #D2D7B4;
    padding:15px 0 15px 0;
    margin:0;
    float:left;
}
#mem h2 {
    font-size:20px;
    line-height:20px;
    display:block;
    font-family:"黑体";
    font-weight:normal;
    padding:0 0 0 21px;
}
#mem h3 {
    font-size:12px;
    line-height:18px;
    margin:0 0 16px 0;
    display:block;
    padding:0 0 0 21px;
    font-family:Verdana, Geneva,
sans-serif;
    text-transform:uppercase;
}
#mem form {
    width:188px;
    padding:0 25px 0 24px;
}
```

```css
#mem form label {
    display:block;
    font:normal 11px/22px Verdana,
Arial, Helvetica, sans-serif;
}
#mem form input.txtBox {
    width:187px;
    height:18px;
    border-bottom:#D4D0C8 solid 1px;
    border-right:#D4D0C8 solid 1px;
    border-left:#404040 solid 1px;
    border-top:#404040 solid 1px;
}
#mem form a {
    font:bold 11px/13px Verdana, Arial,
Helvetica, sans-serif;
    color:#9D0303;
    background-color:inherit;
    text-decoration:none;
    float:left;
    margin:8px 0 0 0;
}
#mem form a:hover {
    text-decoration:underline;
}
#mem form input.login {
    background:
url(images/read_more2.gif) 0 0
no-repeat;
    width:56px;
    height:17px;
    float:right;
    cursor:pointer;
    border:none;
    margin:6px 0 0 0;
}
```

图 6-84　mem 容器的 CSS 规则一　　　　图 6-85　mem 容器的 CSS 规则二

8）保存当前文档，预览后的效果如图 6-86 所示。在 mem 容器后面，插入 direction 容器，参照步骤 2）～4）创建结构相同、内容不同的页面布局，如图 6-87 所示。

图 6-86　mem 容器的预览效果　　　　图 6-87　direction 容器的预览效果

9）在 direction 容器的后面，插入标题和段落。由于内容较多，这里将部分文字进行了折叠处理，其结构如图 6-88 所示。

```
<div id="direction">
    <h2>服务指...</h2>
</div>
<h4>宇 泽 品 牌 设 计 服 务 集 团</h4>
<p class="rightTxt">标志设计/VI设计/LOGO设计等业务咨询 </p>
<p class="rightTxt">地 址: 河南省...</p>
<p class="rightTxt">邮箱 <a href="#">wufeng1...</a>人才招聘<a>wufeng1...</a></p>
<p class="rightTxt">全国统一业务咨询电话 400-123-1234 </p>
```

图 6-88　页面结构

10）切换到 div.css 文档中，创建相关 CSS 规则，如图 6-89 所示。保存当前文档，通过浏览器预览可以看到效果，如图 6-90 所示。

```
#content_right h4 {
    clear:both;
    display:block;
    color: #900;
    font:normal 17px/43px Verdana, Arial,
Helvetica, sans-serif;
    font-weight:bold;
}
#content_right p.rightTxt {
    display:block;
    font-size:11px;
    line-height:18px;
    width:452px;
}
#content_right p.rightTxt a {
    color:#1E759A;
    background-color:inherit;
    font-weight:bold;
    text-decoration:underline;
}
#content_right p.rightTxt a:hover {
    text-decoration:none;
}
```

图 6-89　CSS 规则

图 6-90　预览效果

6. 版权区域的制作

1）在 content 容器后面创建 footer 容器，并在其中创建段落文字作为版权信息。

2）切换到 div.css 文档中，创建相关 CSS 规则，如图 6-91 所示。保存当前文档，通过浏览器预览即可看到最终页面效果。

```
#footer {
    margin:0 auto;
    width:979px;
    height:40px;
    background:
url(../images/footer_bg.gif) 0 0 no-repeat;
    padding:14px 0 0 0;
}
```

图 6-91　footer 容器的 CSS 规则

6.4　课堂综合实训——"宇泽环保网"主页的制作

1. 实训要求

参照本章所讲的内容，制作"宇泽环保网"的主页，在制作过程中注意巩固学习背景图、无序列表、浮动、图文混排以及表单等重要知识。

2. 过程指导

1）启动 Dreamweaver CS5 并创建站点。在站点内创建"images"文件夹和"style"文件夹。

2）分别创建空白网页文档和外部 CSS 文档，然后将两者链接起来。

3）根据需要设计规划页面整个布局，示意如图 6-92 所示。将鼠标定位在"设计"视图中，在空白网页内部创建 top_bg 容器，用于放置背景图。

4）在 top_bg 容器内部依次嵌套创建 container 容器、header 容器、header_logo 容器。

5）在 header_logo 容器后面创建 header_bottom 容器，并在该容器内部创建 menu 容器用于放置无序列表。

6）在 header 容器后面创建 content 容器，并在该容器内部创建 content_left 容器和 content_right 容器。

7）在 top_bg 容器后面创建 footer 容器，用于盛放版权信息。

8）保存所有文档，在浏览器中预览并修改，最终效果如图 6-93 所示。

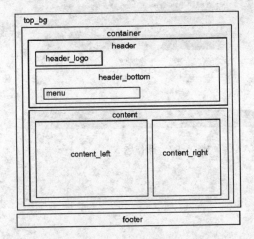

图 6-92 "宇泽环保网"布局示意图

图 6-93 "宇泽环保网"最终预览效果图

6.5 习题

1．如何创建 8 行 5 列，宽度为 500 像素，边框为 1，包含表标题和摘要的表格？

2．使用表格制作图文混排效果，如图 6-94 所示，表格内图像和文字自行定义即可。

3．使用创建表单的基本方法，实现如图 6-95 所示的简单表单页面。

图 6-94 操作题 2

图 6-95 操作题 3

4. 结合 CSS 的知识，在创建表单页面的基础上美化表单，实现如图 6-96 所示的页面。

5. 运用背景图、浮动、表单、无序列表、文本段落等知识，实现如图 6-97 所示的页面效果。

图 6-96　操作题 4

图 6-97　操作题 5

Dw Ps Fl

第 *7* 章

框架与模板

框架能够帮助设计师将浏览器页面划分为多个独立的区域，每个区域可以显示不同的网页文档；而且模板的运用能够加快网站建设的速度，通过模板可以创建结构相似的多个页面。本章主要从框架和模板两个方面讲解相关概念和操作方法。

知识重点

➤ 框架与框架集的基本概念；

➤ 创建包含框架的页面；

➤ 模板的基本概念；

➤ 模板创建的方法。

预期目标

➤ 在正确理解框架和框架集的基础上，能够灵活运用框架创建不同布局的页面；

➤ 能够基于现有网页创建模板，达到快速生成站内其他页面的目的。

7.1 框架

使用框架，可以将浏览器显示窗口分割成几个显示不同内容的小窗口，而且在替换窗口中的网页文件时，各个窗口之间没有影响。本节将讲述有关框架的基本知识。

7.1.1 框架的基本概念

1．框架

框架（Frame）是浏览器窗口中的一个区域，包含在框架集中，是框架集的一部分，每个框架中放置一个网页内容，组合起来就是浏览者看到的框架式网页。

2．框架集

框架集（Frameset）实际是一个网页文档，用于定义文档中框架的布局和属性，包括框架的数目、框架的大小和位置，以及在每个框架中显示的页面的 URL。

3．框架与框架集的关系

当设计人员准备使用多个框架制作一个网页时，框架集文档就是生成框架本身的文档。框架集本身不包含要在浏览器中显示的内容，只是向浏览器提供应该如何显示一组框架，以及在这些框架中应显示哪些文档的有关信息。例如，某个页面被创建为两个框架，那么它实际包含三个文档：一个框架集文档，两个框架内容文档。

4. 框架的优缺点

在网页布局中不提倡使用框架，其原因在于它很难实现不同框架中各元素的精确对齐；下载框架式网页相对耗费时间；大多数搜索引擎无法识别网页中的框架。

如果设计者确定要使用框架，它常被应用于导航，即一个框架包含导航条，一个框架显示主要内容。对于这种方式使用的框架，可以使得网页结构变得清晰；浏览器不需要为每个页面重新加载与导航相关的图形元素。

7.1.2 框架的基本操作

在对框架进行操作前，一般执行菜单栏中的"查看"→"可视化助理"→"框架边框"命令，这种做法使得框架边框能够在"设计"视图中显示出来，便于设计师的操作。

1. 创建包含框架的页面

Dreamweaver 提供了多种创建包含框架页面的方法，下面依次介绍。

 7-1：在新建文档时创建框架。

1）启动 Dreamweaver CS5，在菜单栏中执行"文件"→"新建"，打开"新建文档"对话框。

2）在此对话框中，选择"示例中的页"选项卡，在"示例文件夹"中选择"框架页"，在"示例页"中根据需要选择要创建的框架类型，右侧即刻显示框架类型，如图 7-1 所示。单击"确定"按钮即可创建包含框架的页面。

3）当选择某一框架类型后，打开如图 7-2 所示的对话框。在此对话框中，设计者需要为每个框架设置一个标题，设置完成后单击"确定"按钮，即可完成包含框架页面的创建。

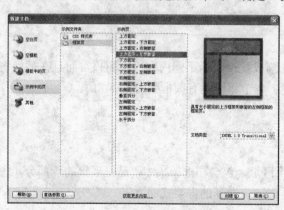

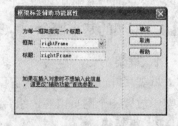

图 7-1 "新建文档"对话框　　　　　　图 7-2 "框架标签辅助功能属性"对话框

 7-2：在现有文档中创建框架。

1）启动 Dreamweaver CS5，创建普通 XHTML 文档。

2）在软件菜单栏中执行"插入"→"HTML"→"框架"，在其二级菜单中选择需要的框架类型。

3）当选择某一框架类型后，打开同样的"框架标签辅助功能属性"对话框，设置完成后

Dw **Ps** **Fl**

单击"确定"按钮，即可完成包含框架页面的创建。

2．选择框架和框架集

成功创建包含框架的页面后，有些时候还需要对某一框架进行选择、调整大小等基本操作。为了能够方便地控制页面中各个框架，Dreamweaver 中的"框架"面板为用户提供了框架的可视化效果。执行"窗口"→"框架"，即可打开"框架"面板，如图 7-3 所示。

在"框架"面板中，单击框架的某一区域即可选中当前框架，此时"设计"视图中该框架区域被虚线环绕；若单击"框架"面板中最外层的边框，则选中当前整个框架集，此时"设计"视图中，该框架集内各框架的所有边框都被虚线环绕。

3．查看框架与框架集的属性

在包含框架的页面中，每个框架和框架集都有各自的属性面板，在对应的属性面板中可以对框架的名称、边框、边距以及滚动条等多方面进行设置。

（1）查看框架属性

通过"框架"面板选中某一框架，此时在"属性"面板中可以看到相关参数设置，如图 7-4 所示，各参数含义如下。

图 7-3 "框架"面板

图 7-4 查看框架属性

- 框架名称：用于设置当前框架的名称。由于此名称将被超链接和脚本应用，所以，框架名称必须以字母开头（不能以数字开头），允许使用下划线"_"，但不允许使用包含连字符"-"、句点"."和空格的单词。此外，不要使用 JavaScript 中的保留字（例如 top 或 navigator）作为框架名称。
- 源文件：用于指定在当前框架中显示的源文档。
- 滚动：用于设置在框架中是否显示滚动条，包含"是"、"否"、"自动"和"默认"4个选项。大多数浏览器默认为"自动"，这意味着只有在浏览器窗口中没有足够空间来显示当前框架的完整内容时，才显示滚动条。
- 不能调整大小：勾选该复选框，则浏览者无法通过拖动框架边框在浏览器中调整框架大小。
- 边框：用于设置当前框架是否显示边框。
- 边框颜色：设置所有框架边框的颜色。此颜色应用于和框架接触的所有边框，并且重写框架集的指定边框颜色。
- 边距宽度：以像素为单位设置左边距和右边距的宽度。

● 边距高度：以像素为单位设置上边距和下边距的高度。

（2）查看框架集属性

通过"框架"面板选中某一框架集，此时在"属性"面板中可以看到相关参数设置，如图 7-5 所示，各参数含义如下。

图 7-5　查看框架集属性

● 边框：用于设置在浏览器中查看文档时是否应在框架周围显示边框。
● 边框宽度：用于设置框架集中所有边框的宽度。
● 边框颜色：用于为边框添加颜色。
● 行列选定范围：用于设置选定框架集的行和列的框架大小。在"行列选定范围"区域右侧单击示例图，然后在"值"文本框中，输入高度或宽度即可。

4. 调整框架的大小

默认状态下创建的框架不能满足实际需要，这时就要对其进行调整，下面运用两种方式调整框架大小。

演练 7-3：调整框架大小。

1）启动 Dreamweaver CS5，创建"上方固定，左侧嵌套"类型的框架页面文档。

2）在"设计"视图中，将鼠标移动到框架内部的分割线上，此时鼠标指针变为双向箭头，按下鼠标左键拖动鼠标，即可调整框架集内框架的大小，如图 7-6 所示。

3）在框架集所在的页面文档中，将鼠标定位在"代码"视图内，通过调整"rows"属性和"cols"属性的属性值同样能够精确控制框架的大小。这里将顶部框架的高设置为 120 像素，左侧框架的宽设置为 180 像素，如图 7-7 所示。

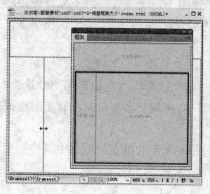

图 7-6　拖动边框调整框架大小

图 7-7　调整属性值控制框架大小

5. 保存框架和框架集

框架页面制作完成后，由于每个框架内显示一个页面，所以保存时要将所有文档进行保

Dw **Ps** **Fl**

存。在保存过程中，设计者既可以单独保存每个框架文档，又可以同时保存框架集文件和框架中出现的所有文档。

 7-4：保存框架和框架集。

1）启动 Dreamweaver CS5，创建"上方固定，下方固定"类型的框架页面文档。

2）将鼠标定位在"设计"视图中，分别在顶部、中部和底部框架区域内输入相关文字，如图 7-8 所示。

3）将鼠标定位在顶部框架页面中，按下组合键<Ctrl+S>，在弹出的对话框中将当前文档保存为"top.html"。

4）参照步骤3）的方法将中部和底部框架页面分别保存为"main.html"和"foot.html"。

图 7-8　"上方固定，下方固定"类型的框架

5）借助"框架"面板，选择整个框架集，按下组合键<Ctrl+S>，将整个框架集保存为"index.html"。至此，已经将页面中包含的所有框架和框架集保存完成。就本示例而言，"index.html"文件保存的是框架集信息，"top.html"、"main.html"和"foot.html"分别保存的是对应 3 个框架的页面。

6．在框架中打开其他页面文档

 7-5：在框架中打开其他页面文档。

1）使用"演练 7-4"继续本例的制作。在 Dreamweaver CS5 中，创建普通 XHTML 文档，在文档内部插入一幅图像，将该文档保存为"pic.html"。

2）将鼠标定位在"设计"视图中部框架页面的区域内，执行软件菜单栏中的"文件"→"在框架中打开"。

3）随后，在弹出的对话框中选择之前制作的"pic.html"文档，单击"确定"按钮，即可将该文档在中部框架内打开，如图 7-9 所示。

7.1.3　框架的具体应用

在框架页面中，各框架的内容是相互联系的，如果想要实现在某个框架内单击文字链接后，在另一个框架中打开文档的效果，就必须设置链接目标。下面以示例的形式介绍框架在实际工作中的具体应用。

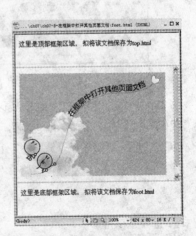

图 7-9　在框架中打开其他文档

 7-6：框架的具体应用。

1）启动 Dreamweaver CS5 并创建站点，将所需图像放在站点内"images"文件夹内。执行"文件"→"新建"，创建"上方固定，左侧嵌套"类型的框架页面文档。

  131

2）分别将页面内 3 个框架和 1 个框架集保存为"top.html"、"left.html"、"main-01.html"和"index.html"。

3）根据图像高度，将顶部框架的高度调整为 71 像素，将左侧框架的宽度调整为 191 像素。

4）将鼠标定位在顶部框架区域内，此时"top.html"文档处于被编辑状态。在该文档的"代码"视图中，插入 div 容器，具体页面结构如图 7-10 所示。在本页面的 head 区域创建相关 CSS 规则，如图 7-11、图 7-12 所示。

```
<body>
<div id="top_left">
    <h2>HTML 5自学文档</h2>
    <div id="top"></div>
</div>
</body>
```

图 7-10　"top.html"的
页面结构

```
* {
    margin:0;
    padding:0;
}
body {
    color:#FFF;
    font-family:"微软雅黑";
}
#top_left {
    background:url(images/top_left.jpg)
no-repeat 0 0;
    height:71px;
    width:536px;
    position:relative;
}
```

图 7-11　"top.html"相关 CSS
规则一

```
#top_left h2 {
    padding:10px 0 0 20px;
    font-size:30px;
}
#top {
    background:url(images/top.jpg)
repeat-x 0 0;
    height:71px;
    width:1000%;/*设置宽度远超正常屏幕像
素，目的在于能让背景图像适合各种显示器*/
    position:absolute;
    top:0;
    left:536px;
}/*设置背景图像相对于父级元素绝对定位，使
得背景图像得以连贯显示*/
```

图 7-12　"top.html"相关 CSS
规则二

需要特别注意的是，"top"容器采用相对于"top_left"容器进行绝对定位的方式，使得背景图像得以连贯显示。另外，为了适应各种显示器的分辨率，这里将"top"容器的宽度设置为"1000%"，该数值远超正常屏幕宽度，这样无论采用何种分辨率的显示器都能够显示横向平铺效果，如图 7-13 所示。

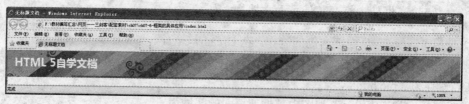

图 7-13　"top"容器设置后的预览效果

5）将鼠标定位在左侧框架区域内，此时"left.html"文档处于被编辑状态。在该文档的"代码"视图中，插入 div 容器，具体页面结构如图 7-14 所示。在本页面的 head 区域创建相关 CSS 规则，如图 7-15、图 7-16 所示。

```
<body>
<div id="side_top"></div>
<div id="side"></div>
<div id="menu">
    <ul>
        <li><a href="#">HTML 5介绍</a></li>
        <li><a href="#">HTML 5标签</a></li>
        <li><a href="#">HTML 5属性</a></li>
        <li><a href="#">HTML 5事件</a></li>
        <li><a href="#">HTML 5画布</a></li>
        <li><a href="#">HTML 5 web存储</a></li>
    </ul>
</div>
</body>
```

图 7-14　"left.html"的
页面结构

```
* {
    margin:0;
    padding:0;
}
body {
    font-family:"微软雅黑";
    color:#FFF;
}
a {
    color:#FFF;
    text-decoration:none;
}
a:hover {
    text-decoration:underline;
}
```

图 7-15　"left.html"相关 CSS
规则一

```
#side_top {
    background:
url(images/side_top.jpg) no-repeat
0 0;
    height:210px;
}
#side {
    background:url(images/side.png)
repeat-y 0 0;
    height:2000px;
    width:191px;
}/*设置足够高度以适应各种显示器*/
#menu {
    position:absolute;
    top:100px;
    left:30px;
    width:150px;
}/*设置左侧菜单相对于浏览器绝对定位*/
```

图 7-16　"left.html"相关 CSS
规则二

需要特别注意的是，这里将"menu"容器设置为相对于浏览器进行绝对定位，使得该容器中的内容能够位于页面左侧任意位置；将"side"容器的高度设置为"2000px"，其目的在于无论采用何种分辨率的显示器都能够显示纵向平铺效果，如图7-17所示。

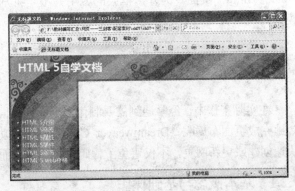

图7-17　"menu"容器和"side"容器设置后的预览效果

　　6）将鼠标定位在右侧主框架区域内，此时"main-01.html"文档处于被编辑状态。在该文档的"设计"视图中，插入标题、段落等文字内容。

　　7）再次新建一个空白文档，添加内容，并将其保存为"main-02.html"，作为测试用的页面文档。

　　8）选择左侧框架中要设置链接的文本"HTML 5 web 存储"，在"属性"面板中的"链接"后面单击浏览文件图标按钮"□"，在弹出的对话框中选择"main-02.html"文档，单击"确定"按钮后返回"属性"面板，然后在"目标"下拉菜单中选择"mainFrame"选项，如图7-18所示。

图7-18　设置框架内文字链接的相关属性

　　9）参照步骤7）～8）创建多个文档，并将其设置文字超链接。

　　10）保存框架页面的所有文档，在浏览器预览时，单击左侧文字链接"HTML 5 web 存储"，右侧 mainFrame 内即刻显示 main-02.html 文档的内容，如图7-19、图7-20所示。

图7-19　单击链接前的框架页面

图7-20　单击链接后的框架页面

从实际工作经验来看，凡是采用框架布局的页面，在某些框架中的内容一般更新的较慢或者是不更新，如本例中"top.html"和"left.html"页面基本不会更新，唯一在变化的是"main-*.html"页面。另外，框架的应用并不是特别广泛，究其原因在于它不如"CSS+DIV"模式控制得灵活。

7.2 模板

在实际工作中，经常遇到需要制作多个布局相同或相似、但内容不同的页面，如何才能高效地完成页面布局呢？Dreamweaver CS5 中的模板功能完全能够解决这个问题。通过模板可以快速创建或更新网页，不仅避免了代码重复编写，而且也为后期网站维护更新提供了便利。

7.2.1 基本概念与基础操作

1. 模板

模板是一种特殊类型的文档，用于设计"固定的"页面布局。在创建基于模板创建文档后，创建的文档会继承模板的页面布局。

在模板中有两类区域："锁定区域"和"可编辑区域"。创建模板的过程就是指定和命名可编辑的区域，当一个文档从某些模板中创建时，可编辑的区域就成为唯一可以被改变的地方。

模板也不是一成不变的，即使在基于某个模板创建文档之后，还可以对该模板进行修改。在更新使用该模板创建的文档时，那些文档中对应的内容也会被自动更新，并与模板的修改相匹配。

2. 创建模板

在 Dreamweaver CS5 中可以将现有的网页创建为模板，然后根据需要再创作，或者创建一个空白模板，在其中输入需要显示的文档内容。模板的本质是文档，其扩展名为".dwt"，存放在根目录 Templates 文件夹内，该文件夹并不是原来就有的，而是在创建模板过程中由软件自动生成的。有两种创建模板的方法，一种是将现有网页另存为模板，另一种是创建空白模板。

（1）将现有网页另存为模板

从现有文档中创建模板是实际工作中经常使用的处理方法。

1）在 Dreamweaver CS5 中打开已有网页，然后执行"文件"→"另存为模板"命令。此时打开"另存为模板"对话框。

2）在该对话框中的"站点"下拉菜单中选择站点名称，在"另存为"文本框中输入模板名称。最后单击"保存"按钮即可保存为模板，如图 7-21 所示。更为详细的参数设置在后续演练环节进行讲解。

图 7-21 将现有网页另存为模板

（2）创建空白模板

创建空白模板的方法与创建普通页面类似。

1）执行"文件"→"新建"，在打开的"新建文档"对话框中选择"空模板"选项。

2）然后根据实际需要从右边"模板类型"中选择需要的模板，最后单击"创建"按钮即可，如图 7-22 所示。

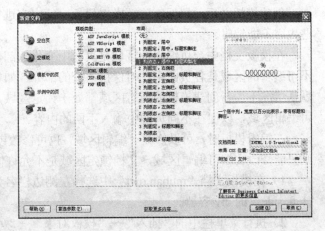

7.2.2　利用模板快速创建页面

在实际工作中，经常通过将已有网页文档另存为模板的方法创建模板，在此环节中需要为模板指定"可编辑区域"和"不可编辑区域"，然后才是基于该模板创建新文档。当然后期还可以将基于模板创建完成的页面文档从模板中分离出来。

图 7-22　创建空白模板

本节从工作流程中提炼出重要环节，以"前期准备"→"创建模板"→"指定可编辑区域"→"基于模板创建其他页面"这 4 个工作重点为基础，利用示例向读者详细介绍模板的使用方法，请读者仔细体会其整个创建过程。

 7-7：利用模板快速创建页面。

（1）前期准备环节

1）启动 Dreamweaver CS5 创建站点，在站点中创建"images"和"style"两个文件夹。

2）新建空白的 XHTML 文档和 CSS 文档，并将其进行链接。

3）创建一个拟作为模板的页面"page.html"，如图 7-22 所示。

（2）创建模板环节

1）打开"page.html"页面，执行"文件"→"另存为模板"，打开"另存模板"对话框。

2）在对话框中的"站点"下拉列表中选择站点"模板示例"，在"另存为"文本框中输入模板名称"muban"，如图 7-23 所示。单击"保存"按钮，将当前页面"page.html"保存为用于创建其他页面的模板。

此时，系统自动在站点根文件夹下创建一个名为 Templates 的文件夹，并将创建的模板文件（扩展名为.dwt）muban.dwt 保存在该文件夹下，如图 7-24 所示。

图 7-23　"另存模板"对话框

图 7-24　站点中模板的位置

（3）指定可编辑区域环节

创建模板之后，根据实际要求对模板中的内容进行编辑，即指定哪些内容可以编辑，哪些内容不能编辑。

在模板文档中，可编辑的区域是页面中变化的部分，如本示例中的侧边栏和内容区域；不可编辑的区域是各页面中相对保持不变的部分，如本示例中的导航和底部的版权信息。在默认情况下，新创建模板的所有区域都处于锁定区域，因此，要使用模板，必须创建模板的可编辑区域，以便在不同页面中输入不同的内容。

在编辑模板时，可以修改可编辑区域，也可修改锁定区域。但当该模板被应用于文档时，则只能修改文档可编辑区域，文档锁定区域是不允许修改的。

1）在模板文档"muban.dwt"中选择左侧边栏名为"left_side"的 div 容器。

2）执行菜单栏中的"插入"→"模板对象"→"可编辑区域"，或者按下组合键<Ctrl+Alt+V>，此时打开"新建可编辑区域"对话框，如图 7-25 所示。在该对话框的"名称"文本框中输入可编辑区域的名称"left_side"，单击"确定"按钮，模板中就建立了一个可编辑区域。

图 7-25　"新建可编辑区域"对话框

3）同样的处理办法，选择页面主内容区域名为"content_content"的 div 容器，为该区域定义可编辑区域，定义完成后的页面效果如图 7-26 所示。

从图 7-26 中可以看出，可编辑区域在模板中由高亮显示的矩形边框围绕，区域左上角的选项卡显示该区域的名称。

图 7-26　基于模板定义的可编辑区域

（4）基于模板创建其他页面环节

模板制作完成后，接下来就可以将其应用到网页中。通过这种方法，能够快速、高效地制作页面，具体操作介绍如下。

1）执行"文件"→"新建"，打开"新建文档"对话框，选择"模板中的页"选项卡，在"站点"列表中选择当前站点下的模板文件"muban"，如图 7-27 所示。单击"创建"按钮，即可基于模板创建一个新页面。

Dw **Ps** **Fl**

2）此时，在新建的页面右上角显示"模板：muban"文字标签，这表示当前文档是基于模板"muban"而建立的。

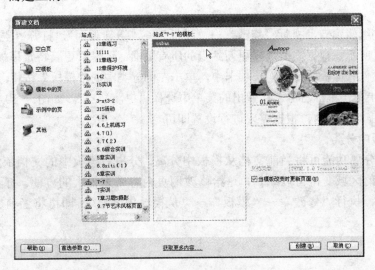

图 7-27　基于模板新建文档

3）将鼠标移动到锁定区域的地方，鼠标光标将变成 ⊘ 形状，表示该区域不可编辑，如图 7-28 所示。而标有"left_side"、"content_content"符号的区域则是可编辑的区域。

图 7-28　基于"muban"模板而创建的文档页面

4）在当前页面可编辑区域进行修改文字、插入图片等操作即可快速制作布局相似的页面。需要注意的是，不要将模板文件移动到 Templates 文件夹之外或者将任何非模板文件放在 Templates 文件夹中。

7.2.3　模板的管理与分离

模板创建完成后，根据实际情况可以随时更改模板样式和内容。更新模板后，Dreamweaver CS5 会对应用模板的所有网页进行更新。

1．更新基于模板的文档

修改模板后，Dreamweaver 会提示用户更新基于该模板的文档。可以执行以下操作之一来更新站点。

1）在文档编辑窗口，执行"修改"→"模板"→"更新页面"，打开"更新页面"对话框，如图 7-29 所示。根据需要选择更新站点的所有页面，还是只更新特定模板的页面。

2）在"文件"面板"资源"选项卡中，单击左侧分类中的"模板"按钮，打开"资源"面板。在模板上单击鼠标右键，在弹出的菜单中选择"更新站点"，如图 7-30 所示。在打开的"更新页面"对话框内，根据需要进行设置即可。

2．从模板中分离

从模板中分离功能可将当前文档从模板中分离，分离后模板中的文档依然存在，只是原来不可编辑的区域变得可以编辑，这给修改网页内容带来很大的方便。打开一个基于模板创建的文档，执行"修改"→"模板"→"从模板中分离"，即可将当前文档从模板中分离。

图 7-29　"更新页面"对话框

图 7-30　利用"资源"面板更新站点

7.3　课堂综合练习——"YUZE 公司"网站的设计与制作

本节需要完成的是"YUZE 公司"网站的设计与制作，其中包含公司主页面和二级页面，根据规划，拟采用模板快速创建公司其他页面。

7.3.1　布局分析

通过对实际任务的理解，本节需要完成的页面最终效果如图 7-31、图 7-32 所示。从页面整个布局来看，页面采用自适应宽度布局手法，定位美观大气，符合公司类网站设计风格。主页页面大致分为头部、banner 区域、主体区域、合作伙伴和版权区域；二级页面除了与主页相同的部分以外，还有左侧导航和主体内容区域。

Dw **Ps** **Fl**

图 7-31　主页效果图　　　　　　　　　　　图 7-32　二级页面效果图

在制作过程中，拟采用无序列表实现横向和纵向导航，采用无序列表实现新闻版块布局，采用表格实现二级页面中主体内容区域。深思熟虑之后，页面布局示意如图 7-33、图 7-34 所示。

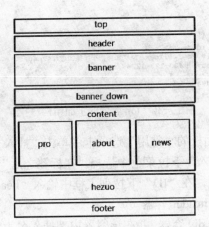

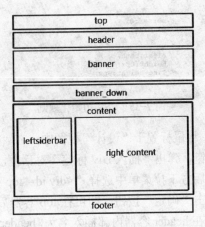

图 7-33　主页布局示意图　　　　　　　　　　图 7-34　二级页面布局示意图

7.3.2　制作过程

1. 前期准备工作

1）启动 Dreamweaver CS5，在软件菜单栏中执行"站点"→"新建站点"，在弹出的对话框中设置站点名称及路径。

2）在站点中创建"images"和"style"两个文件夹。

3）在 Dreamweaver CS5 的菜单栏中执行"文件"→"新建"，创建一个空白文档，并命名为"index.html"。

4）创建一个外部 CSS 样式表文档，将这个 CSS 文档保存在站点的"style"文件夹下，并命名为"div.css"。

5）在 Dreamweaver CS5 的"CSS 样式"面板中，单击"附加样式表"按钮 ，弹出"链

139

接外部样式表"对话框，将之前创建的"div.css"外部样式文档链接到"index.html"页面中。

2. 主页头部区域的制作

1）切换到 div.css 文档中，创建页面初始化 CSS 规则，如图 7-35 所示。切换回设计页面，将鼠标置于"设计"视图中，在"插入"面板的"常用"选项卡中单击"插入 Div 标签"按钮，弹出"插入 Div 标签"对话框，在"插入"下拉菜单中选择"在插入点"选项，在"ID"下拉列表框中输入"top"，最后单击"确定"按钮，即可在页面中插入 top 容器。

2）在 top 容器内部插入名为"wellcome"的 div 容器，并在其中输入相关文字内容，页面结构如图 7-36 所示。切换到 div.css 文档中，创建系列 CSS 规则，如图 7-37 所示。

```
body, ul, ol, li, h1, h2, h3, h4, h5,
h6, dl, dt, dd, input, p, span {
    font-family:"微软雅黑", "宋体",
Verdana, sans-serif;
    font-size:12px;
    margin:0;
    padding:0;
    list-style:none;
    color:#7c7c7c;
}
a {
    text-decoration:none;
    color:#7c7c7c;
}
a:hover {
    text-decoration:underline;
    color:#c51919;
}
img {
    border:0;
    display:block;
}
.clear {
    clear:both;
    height:0px;
    line-height:0px;
}
```

图 7-35　CSS 初始化规则

```
<body>
<div id="top">
    <div id="wellcome">欢迎访问宇泽集团总部<span>
全国统一客服400-123-1234</span></div>
</div>
</body>
```

图 7-36　top 容器的页面结构

3）将鼠标置于"设计"视图中，在"插入"面板的"常用"选项卡中单击"插入 Div 标签"按钮，弹出"插入 Div 标签"对话框，在"插入"下拉菜单中选择"在标签之后"选项，并在其后方下拉菜单中选择"<div id="top">"选项，在"ID"下拉列表框中输入"header"，最后单击"确定"按钮，即可在 top 容器后面插入 header 容器。

4）在 header 容器内部插入名为"header_con"的 div 容器，并在该容器内部插入名为"logo"的 div 容器，其结构如图 7-38 所示。切换到 div.css 文档中，创建 CSS 规则，如图 7-39 所示。

```
#top {
    width:100%;
    height:42px;
    background:
url(images/top_bg.gif) repeat-x
left top;
}
#wellcome {
    width:1000px;
    height:42px;
    margin:0 auto;
    line-height:42px;
    font-size:14px;
    overflow:hidden;
}
#wellcome span {
    font-size:14px;
    float:right;
}
```

图 7-37　top 容器的 CSS 规则

```
<body>
<div id="top">
    <div id...
</div>
<div id="header">
    <div id="header_con">
        <div id="logo"></div>
    </div>
</div>
</body>
```

图 7-38　页面结构

```
#header {
    width:100%;
    height:72px;
    background:
url(images/header_bg.gif)
repeat-x left top;
}
#header_con {
    width:1000px;
    height:72px;
    margin:0 auto;
}
#logo {
    width:114px;
    height:59px;
    background:
url(images/logo.gif)
no-repeat;
    float:left;
    margin-left:50px;
    margin-top:10px;
}
```

图 7-39　CSS 规则

5）在 logo 容器后面插入 nav 容器，并在该容器内部使用无序列表创建导航，其结构如图 7-40 所示。切换到 div.css 文档中，创建 CSS 规则，如图 7-41、图 7-42 所示。

```
<div id="header">
  <div id="header_con">
    <div id="logo"></div>
    <ul id="nav">
      <li><a href="#" class="on">首页</a></li>
      <li><a href="#">公司简介</a></li>
      <li><a href="#">新闻中心</a></li>
      <li><a href="#">产品中心</a></li>
      <li><a href="#">销售网络</a></li>
      <li><a href="#">人才招聘</a></li>
      <li><a href="#">联系我们</a></li>
    </ul>
  </div>
</div>
```

```
#nav {
    width:700px;
    height:35px;
    float:right;
    margin-top:37px;
    display:inline;
}
#nav li {
    width:100px;
    height:35px;
    float:left;
    line-height:35px;
    text-align:center;
}
```

```
#nav li a {
    display:block;
    width:100px;
    height:35px;
    font-size:14px;
    color:#000;
}
#nav li a:hover {
    text-decoration:none;
    color:#fff;
    background:
url(images/nav_bg.gif)
no-repeat center;
}
#nav li a.on {
    background:
url(images/nav_bg.gif)
no-repeat center;
    color:#fff;
}
```

图 7-40　nav 容器的页面结构　　图 7-41　nav 容器的 CSS 规则一　图 7-42　nav 容器的 CSS 规则二

6）保存当前文档，通过浏览器预览可以看到效果，如图 7-43 所示。

图 7-43　"YUZE 公司"网站主页头部区域预览效果

3. banner 区域的制作

1）在 header 容器后面插入名为 "banner" 的 div 容器，并在该容器内部插入名为 "banner_con" 的 div 容器。

2）在 banner_con 容器内部插入一幅图像，用于 banner 的美化。

3）在 banner_con 容器后面插入名为 "banner_down" 的 div 容器，具体页面结构如图 7-44 所示。切换到 div.css 文档中，创建 CSS 规则，如图 7-45 所示。

```
<div id="header">
  <div id...
</div>
<div id="banner">
  <div id="banner_con"><img src="images/banner_03.jpg"
width="1000" height="289" /></div>
</div>
<div id="banner_down"></div>
```

```
#banner {
    width:100%;
    height:290px;
    background:
url(../images/banner_bg.jpg)
repeat-x;
    padding-top:1px;
}
#banner_con {
    width:1000px;
    height:290px;
    margin:0 auto;
}
#banner_down {
    width:100%;
    height:30px;
    background:
url(images/banner_down_bg.gif)
repeat-x;
}
```

图 7-44　页面结构　　　　　　　　　　　　图 7-45　CSS 规则

4）保存当前文档，通过浏览器预览可以看到效果，如图 7-46 所示。

图 7-46 "YUZE 公司"网站主页 banner 区域预览效果

4．主体区域的制作

1）将鼠标置于"设计"视图中，在"插入"面板的"常用"选项卡中单击"插入 Div 标签"按钮，弹出"插入 Div 标签"对话框，在"插入"下拉菜单中选择"在标签之后"选项，并在其后方下拉菜单中选择"<div id="banner_down">"选项，在"ID"下拉列表框中输入"content"，最后单击"确定"按钮，即可在 banner_down 容器后面插入 content 容器。

2）在 content 容器内部插入名为"pro"的 div 容器，并在该容器内部使用无序列表创建内容，其页面结构如图 7-47 所示。

3）切换到 div.css 文档中，创建 CSS 规则，如图 7-48 所示。保存当前文档，通过浏览器预览可以看到效果，如图 7-49 所示。

```
#content {
        width:940px;
        margin:0 auto;
}
#pro {
        width:300px;
        float:left;
        margin-right:10px;
        background:
url(images/pro_bg.jpg)
no-repeat center top;
}
#pro ul {
        width:260px;
        height:128px;
        margin-top:130px;
        margin-left:20px;
}
#pro ul li {
        width:260px;
        height:32px;
        line-height:32px;
        background:
url(images/icon.gif) no-repeat
left center;
        text-indent:28px;
        border-bottom:1px dashed
#7c7c7c;
}
```

```
<div id="banner_down"></div>
<div id="content">
    <div id="pro">
      <ul>
        <li><a href="#">电容屏玻璃镜片</a></li>
        <li><a href="#">7寸玻璃镜片</a></li>
        <li><a href="#">平板切割镜片系列 </a></li>
        <li><a href="#">手机屏玻璃镜片</a></li>
      </ul>
    </div>
</div>
```

图 7-47 pro 容器的页面结构　　图 7-48 pro 容器的 CSS 规则　　图 7-49 pro 容器的预览效果

4）在 pro 容器内部插入名为"about"的 div 容器，并在该容器内部插入"about_con"容器，以及相关文字内容，其页面结构如图 7-50 所示。

```
<div id="content">
    <div id="pro">
      <ul> <...
    </div>
    <div id="about">
        <div id="about con">宇泽集团是专业从事纳米玻璃镜
片、光学触控镜片、LCD玻璃面板等开发和生产的集团化制
造商。综合实力在同行内名列前茅，为中兴、联想、步步高
、金立、OPPO、康佳、长虹等著名的手机生产商，以及天马
等厂商提供优质产品和服务。<span class="red"><a href="#">
[了解更多]</a></span></div>
    </div>
</div>
```

图 7-50 about 容器的页面结构

Dw Ps Fl

5）切换到 div.css 文档中，创建 CSS 规则，如图 7-51 所示。保存当前文档，通过浏览器预览可以看到效果，如图 7-52 所示。

```css
#about {
    width:300px;
    float:left;
    margin-right:50px;
    background:
url(images/about_bg.jpg)
no-repeat center top;
    margin-right:10px;
}
#about_con {
    width:285px;
    text-indent:2em;
    margin:0 auto;
    margin-top:135px;
    line-height:1.9;
}
span.red a {
    color:#a61002;
    margin-left:197px;
}
span.red a:hover {
    color:#d51e0d;
}
```

图 7-51　about 容器的 CSS 规则　　　图 7-52　about 容器的预览效果

6）在 about 容器后面插入名为"news"的 div 容器，并在该容器内部使用无序列表创建内容，其页面结构如图 7-53 所示。

7）切换到 div.css 文档中，创建 CSS 规则，如图 7-54 所示。保存当前文档，通过浏览器预览可以看到效果，如图 7-55 所示。

```html
<div id="about">
  <div i...>
</div>
<div id="news">
  <ul>
    <li><a href="#">如何做好5S</a></li>
    <li><a href="#">生产管理之我见</a></li>
    <li><a href="#">做一颗永不松动、不生锈的螺丝钉</a></li>
    <li><a href="#">没有特权的5S国度——我看5S</a></li>
    <li><a href="#">11月21号拨河比赛</a></li>
  </ul>
  <span class="red"><a href="#">[更多资讯]</a></span>
</div>
```

```css
#news {
    width:300px;
    float: left;
    background:
url(images/news_bg.jpg)
no-repeat;
}
#news ul {
    width:300px;
    margin-top:135px;
}
#news ul li {
    height:23px;
    line-height:23px;
    background:
url(images/icon1.gif)
no-repeat left center;
    text-indent:20px;
}
```

图 7-53　news 容器的页面结构　　　图 7-54　news 容器的　　　图 7-55　news 容器的
　　　　　　　　　　　　　　　　　　　　　CSS 规则　　　　　　　预览效果

8）由于在实现主体区域的布局时，部分 div 容器使用了浮动属性，为了使后续制作不受浮动的影响，需要清除浮动属性。这里采用插入应用"clear"类的 div 容器模式清除浮动，在 content 容器后面插入该 div 容器即可，结构如图 7-56 所示。

```html
<div id="content">
  <div id...>
</div>
<div class="clear"></div>
```

图 7-56　清除浮动

5. 合作区域的制作

1）将鼠标定位在图 7-56 中"<div class="clear"></div>"的后面，在当前位置插入名为"hezuo"的 div 容器。

2）在该容器内部插入标题、rollBox 容器和图像，具体页面结构如图 7-57 所示。

```
<div class="clear"></div>
<div id="hezuo">
  <h2></h2>
  <div id="rollBox">
    <ul>
      <li><a href="#"><img src="images/logo01.jpg" width="138" height="68" /></a></li>
      <li><a href="#"><img src="images/logo02.jpg" width="138" height="68" /></a></li>
      <li><a href="#"><img src="images/logo03.jpg" width="138" height="68" /></a></li>
      <li><a href="#"><img src="images/logo04.jpg" width="138" height="68" /></a></li>
      <li><a href="#"><img src="images/logo05.jpg" width="138" height="68" /></a></li>
      <li><a href="#"><img src="images/logo06.jpg" width="138" height="68" /></a></li>
    </ul>
  </div>
</div>
<div class="clear"></div>
```

图 7-57　hezuo 容器的页面结构

3）切换到 div.css 文档中，创建 CSS 规则，如图 7-58、图 7-59 所示。保存当前文档，通过浏览器预览可以看到效果。

```
#hezuo {
    width:930px;
    height:100px;
    margin:0 auto;
    margin-top:20px;
}
#hezuo h2 {
    width:910px;
    height:17px;
    background: url(images/hz.gif)
 no-repeat left center;
}
#rollBox {
    background-color:#fff;
    border:1px solid #fff;
    clear:both;
    height:80px;
    margin:0;
    padding:10px 10px 0;
    width:910px;
}
```

图 7-58　hezuo 容器的 CSS 规则一

```
#rollBox ul {
    list-style:none;
}
#rollBox ul li {
    margin-right:10px;
    float:left;
}
#rollBox ul li a {
    display:block;
    width:140px;
    height:70px;
    background:
url(images/move-bg.gif) no-repeat
center center;
}
#rollBox img {
    padding:1px;
    display:block;
    margin:0 auto;
    width:138px;
    height:68px;
}
```

图 7-59　hezuo 容器的 CSS 规则二

6．footer 区域的制作

1）将鼠标定位在图 7-57 中 "<div class="clear"></div>" 的后面，在当前位置插入名为 "footer" 的 div 容器。在该容器中插入相关版权内容，如图 7-60 所示。

2）切换到 div.css 文档中，创建 CSS 规则，如图 7-61 所示。至此，网站主页整体布局全部完成。

```
<div id="footer">
  <div id="footer_con">宇泽集团 版权所有<span>技术支持：宇泽网络</span></div>
</div>
```

图 7-60　footer 容器的页面结构

```
#footer {
    width:100%;
    height:85px;
    background:#424242;
    margin-top:20px;
    padding-top:10px;
}
#footer_con {
    width:930px;
    height:74px;
    line-height:74px;
    text-indent:150px;
    border-top:1px solid #707477;
    margin:0 auto;
    background:
url(../images/footer_logo2.gif)
no-repeat left center;
    color:#fff;
}
#footer_con span {
    float:right;
    display:inline;
}
```

图 7-61　footer 容器的 CSS 规则

7．使用"index.html"创建模板

1）打开刚刚制作完成的网站主页"index.html"页面，执行"文件"→"另存为模板"，打开"另存模板"对话框。

2）在对话框中的"站点"下拉列表中选择站点"模板示例"，在"另存为"文本框中输入模板名称"muban"，如图 7-62 所示。单击"保存"按钮，将当前页面"index.html"保存为用于创建其他页面的模板。

3）创建成功后，软件将 muban.dwt 文件保存在 Templates 文件夹下。在模板文档"muban.dwt"中选择名为"content"的 div 容器。

4）执行菜单栏中的"插入"→"模板对象"→"可编辑区域"，或者按下组合键<Ctrl+Alt+V>，此时打开"新建可编辑区域"对话框，如图 7-63 所示。在该对话框的"名称"文本框中输入可编辑区域的名称"content"，单击"确定"按钮，即可创建可编辑区域。

图 7-62　"另存模板"对话框　　　图 7-63　新建可编辑区域

8．使用模板创建二级页面

1）执行"文件"→"新建"，打开"新建文档"对话框，选择"模板中的页"选项卡，在"站点"列表中选择当前站点下的模板文件"muban"，单击"创建"按钮，即可基于模板创建一个新页面。

2）删除 content 容器内部所有内容，然后创建名为"leftsiderbar"的 div 容器，并在该容器内部使用无序列表制作侧边栏导航，如图 7-64 所示。

3）切换到 div.css 文档中，创建 CSS 规则，如图 7-65 所示。

```
<div id="content">
  <div id="leftsiderbar">
    <ul>
      <li><a href="#">首页</a></li>
      <li><a href="#">公司简介</a></li>
      <li><a href="#">新闻中心</a></li>
      <li><a href="#">产品中心</a></li>
      <li><a href="#">销售网络</a></li>
      <li><a href="#">人才招聘</a></li>
      <li><a href="#">联系我们</a></li>
    </ul>
  </div>
</div>
```

```
#leftsiderbar {
    width:218px;
    float:left;
}
#leftsiderbar ul {
    width:218px;
}
#leftsiderbar ul li {
    margin-bottom:5px;
    list-style:none;
}
#leftsiderbar ul li a {
    display:block;
    width:218px;
    height:30px;
    line-height:30px;
    text-align:center;
    color:#fff;
    font-size:14px;
    background:
url(../images/sidebar_bg2.jpg) 0 0;
}
#leftsiderbar ul li a:hover {
    background:
url(../images/sidebar_bg2.jpg) 0 -30px;
}
```

图 7-64　leftsiderbar 容器的页面结构　　　图 7-65　leftsiderbar 容器的 CSS 规则

4）保存当前文档，通过浏览器预览可以看到效果，如图 7-66 所示。

5）在 leftsiderbar 容器后面插入名为"right_content"的 div 容器，并在该容器内部插入标题和 3 组 7 行 2 列的表格，由于表格结构较多，这里不再给出页面结构，请读者参考本示例源文件。

6）切换到 div.css 文档中，创建 CSS 规则，用于美化表格外观，如图 7-67 所示。保存当前文档，通过浏览器预览可以看到效果。至此，网站的二级页面已经制作完成，读者可以根据制作过程制作其他页面，这里不再赘述。

图 7-66 leftsiderbar 容器的预览效果

```
#right_content {
    float:left;
    margin-left:20px;
    width:668px;
}
#right_job {
    margin-top:20px;
}
#right_job table {
    margin-bottom:10px;
    border:1px solid #EBEBEB;
    border-collapse:collapse;
}
#right_job table th {
    background:  #FAFAFA;
    border:1px solid #EBEBEB;
    font-weight:normal;
}
#right_job table td {
    padding-left:10px;
    border:1px solid #EBEBEB;
}
```

图 7-67 right_content 容器的 CSS 规则

7.4 课堂综合实训——网站后台的设计与制作

1．实训要求

参照本章有关"框架"的知识制作网站后台，在制作过程中注意框架与框架集的关系，以及正确处理各页面间的关系。

2．过程指导

1）启动 Dreamweaver CS5，并创建站点。在站点内创建"images"文件夹和"style"文件夹。

2）创建如图 7-68 所示的框架示意图，并正确保存框架与框架集。

3）创建空白 CSS 文档，将其链接在各个框架页面上。

4）将鼠标定位在"topFrame"框架内，插入图像和文本。

5）将鼠标定位在"leftFrame"框架内，使用无序列表制作左侧导航。

6）将鼠标定位在"mainFrame"框架内，使用表格制作具体内容。

7）将鼠标定位在"footFrame"框架内，插入版权文字等内容。

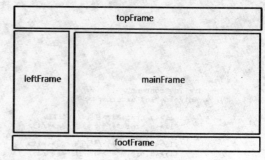

图 7-68 框架示意图

8）将左侧导航文字链接与"mainFrame"框架内的文档正确链接。

9）保存所有文档，在浏览器中预览并修改，最终效果可参照图7-69、图7-70所示。

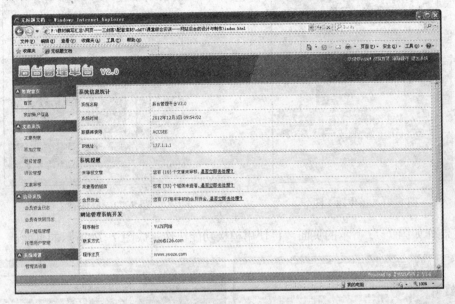

图 7-69　后台首页最终效果

图 7-70　后台二级页面最终效果

7.5　习题

1. 利用框架的相关知识，创建"上方固定，左侧嵌套"的框架结构，并且按照如图7-71、图7-72所示的内容制作框架网页。

图 7-71　操作题 1 图一

图 7-72　操作题 1 图二

2. 制作如图 7-73 所示的页面，再使用模板功能快速生成图 7-74 所示的页面。

图 7-73　操作题 2 图一

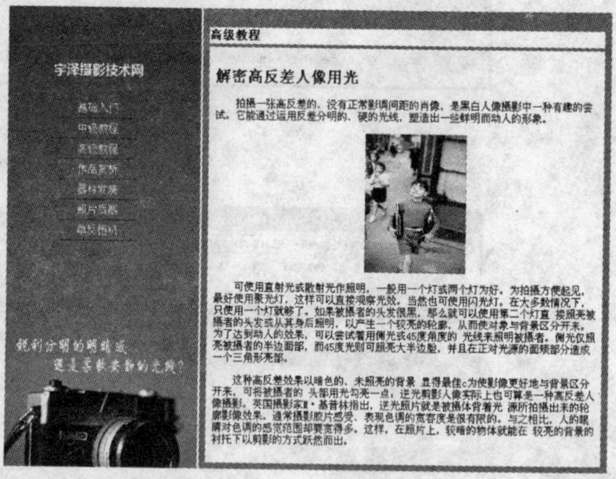

图 7-74　操作题 2 图二

3. 使用框架、表格和表单知识，完成如图 7-75、图 7-76 所示的页面。

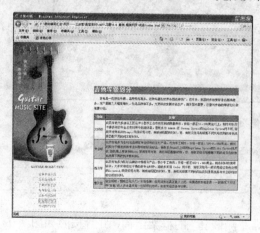

图 7-75　操作题 3 图一

图 7-76　操作题 3 图二

第 8 章

Photoshop CS5 的基本操作

本章主要介绍 Photoshop CS5 的一些基本概念、基本操作以及选框工具、套索工具、魔棒工具、油漆桶工具、渐变工具、钢笔工具和文字工具的使用方法，并对 Photoshop 中两个比较重要的概念"图层"与"蒙版"做了详细的讲解。在本章的最后，结合两个实例说明 Photoshop 的某些工具在页面制作过程中的用途。

知识要点

➢ 位图与矢量图的区别；

➢ 常用的图像格式；

➢ 图层的概念；

➢ 蒙版的概念及作用。

预期目标

➢ 能够熟练掌握 Photoshop CS5 的常用工具与基本操作；

➢ 能够掌握图层的创建与编辑；

➢ 能够掌握图层蒙版的创建。

8.1 认识 Photoshop

Photoshop 是一款优秀的图像处理软件，它功能强大、易学易用，深受图形图像处理爱好者和平面设计人员的喜爱。随着版本的升级，Photoshop CS5 中又加入了一些早期版本所不具有的新功能，工作界面也做了相应的调整。

8.1.1 Photoshop 概述与常见术语

Photoshop 是 Adobe 公司旗下的一款优秀的图像处理软件，它主要用于对图片、照片进行效果制作，还可对其他软件制作的图片做后期效果加工。Photoshop 可支持多种图像格式和色彩模式，能同时进行多图层处理，它强大的选择工具、图层工具和滤镜工具能使用户获得各种手工处理或其他软件无法得到的美妙效果。目前，Photoshop 已成为众多平面设计师进行平面设计、图形图像处理的首选软件。

Photoshop 的基本功能大致可分为图像编辑、图像合成、校色调色及特效制作。随着版本的升级，该软件操作更简单，功能更强大。Photoshop CS5 中加入了一些新功能并完善了一些工具，例如，自动镜头更正、区域删除、操控变形、支持 64 位 Mac OS X、先进的选择工具、全新笔刷系统等。

在学习 Photoshop 之前，应先了解以下常见术语的含义。

1．位图图像

位图图像也称为点阵图像，是由许多沿水平和垂直方向矩形排列的网格上的点构成的。位图图像使用放大工具放大后，会出现马赛克现象，如图 8-1 所示。

2．矢量图形

矢量图形也称为向量图形，是由数学算法精确定义的直线和曲线构成的。当矢量图形被放大时，用来描述直线和曲线的数学算法不会发生变化，因此，不会出现马赛克现象，如图 8-2 所示。

图 8-1　位图图像放大后出现马赛克现象　　　　图 8-2　矢量图形放大后仍保持平滑边缘

3．分辨率

分辨率是指图像的精密度，分为图像分辨率、屏幕分辨率和输出分辨率。

图像分辨率是指图像中每单位长度上的像素数目，其单位为"像素/英寸"或"像素/厘米"。

屏幕分辨率是显示器上每单位长度显示的像素数目。屏幕分辨率取决于显示器屏幕大小及设置。

输出分辨率是照排机或打印机等输出设备产生的每单位长度的油墨点数。一般的，打印机的分辨率越高，打印的图像越精细，但在打印图像时，不能通过提高打印分辨率来改善低品质图像的实际打印效果。

4．JPEG 图像格式

JPEG 是一种常见的图像格式，扩展名为.jpg 或.jpeg，其压缩技术十分先进，它用有损压缩方式去除冗余的图像和彩色数据，在获取极高的压缩率的同时又能展现十分丰富生动的图像。JPEG 格式不支持透明度，如果制作的是透明图像，保存时可将其保存为 GIF 或 PNG 格式。

5．GIF 图像格式

GIF 的原义是"图像互换格式"，也是互联网上常用的一种文件格式。GIF 格式最多支持 256 种色彩的图像，由于支持的颜色数量少，文件的容量就小，在网络间传输时间就短。

GIF 分为静态 GIF 和动态 GIF 两种，扩展名为.gif。动态 GIF 图像文件中可以存多幅彩色图像，如果把存于一个文件中的多幅图像数据逐幅读出并显示到屏幕上，就可构成一种简单的动画。

6．PNG 图像格式

PNG 图像文件格式试图替代 GIF 和 TIFF 文件格式，同时增加了一些 GIF 文件格式所不具备的特性。PNG 格式图片因其高保真性、透明性及文件体积较小等特性，被广泛应用于网页设计和平面设计中。

8.1.2 Photoshop CS5 工作界面

Photoshop CS5 与以往的 Photoshop 版本相比，工作界面做了新的调整，如图 8-3 所示。整个界面呈银灰色，标题栏处新添了一排工具按钮和工作区选择按钮。按照由上至下、由左至右的顺序，将整个工作界面分为 7 个部分。

图 8-3　Photoshop CS5 工作界面

"应用程序栏"是 Photoshop CS5 新增的工具和选项按钮，其中包含启动 Bridge 按钮、启动 Mini Bridge 按钮、查看额外内容按钮（可显示参考线、网格、标尺）、缩放级别按钮、排列文档按钮和选择工作区按钮。

"菜单栏"包括执行命令的菜单。Photoshop CS5 中共有 11 组菜单，每个菜单中有数十种命令。在 CS5 中，还新增了 3D 菜单项。

"工具选项栏"中可显示当前工具的属性，其显示内容会随着工具的切换而改变。在实际操作过程中，可利用工具选项栏对工具的各种选项进行设置或调整。

"工具箱"中汇集了软件所有的工具，其显示模式可调整为单列或双列。

"图像窗口"中显示的是当前打开的图片。当同时打开多张图片时，可通过单击图像窗口上方的图片名标签，切换显示图片。

"面板"也称为调板，是 Photoshop 为方便用户对图像的编辑或控制而提供的工作面板。面板通常都是浮动在整个软件窗口的右侧，用户可根据需要移动或关闭面板。Photoshop CS5 提供的面板多达 20 余种，用户可通过"窗口"菜单项来控制面板的显示或隐藏，如图 8-4 所示。

"状态栏"位于图像窗口的底部，如图 8-5 所示，从左至右依次是显示比例、图片文档信息及控制显示信息的三角形按钮。

图 8-4 "窗口"菜单

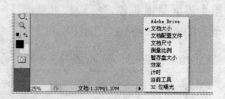

图 8-5 状态栏

8.1.3 Photoshop CS5 工具箱介绍

Photoshop CS5 的工具箱位于整个软件界面的左侧。执行"窗口"→"工具"命令，即可显示或隐藏工具箱。在实际工作中，也可根据需要按下鼠标左键拖动工具箱的顶部进行移动。

Photoshop CS5 工具箱中包含多个工具及工具组，如图 8-6 所示。将鼠标指针停留在工具图标上时，即可显示该工具的名称。当工具图标的右下角显示有小三角标志时，表明此为工具箱组，其中包含多个工具，单击鼠标左键即可显示出其包含的所有工具。

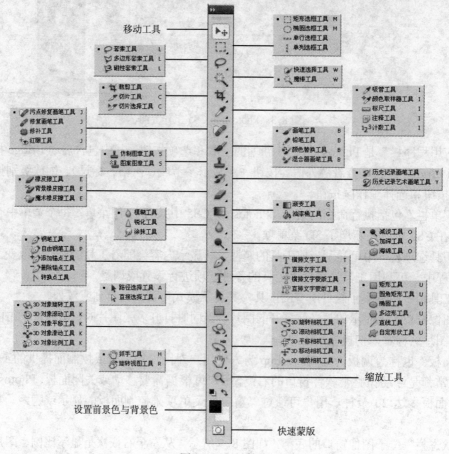

图 8-6 工具箱

Dw Ps Fl

利用工具箱中提供的工具，可以进行选择、绘画、取样、编辑、移动等多种操作。若选中了某工具，则在工具选项栏上显示该工具的相关属性，用户可根据需要对某些属性作调整。除了利用单击鼠标左键选择一个工具外，还可利用快捷键的方式进行选择。在图 8-6 中，可以看到每个工具的右侧几乎都对应有一个字母，该字母即为此工具的快捷键。在同一个工具组中，所有工具对应的字母都是相同的，此时，可利用按下〈Shift+字母〉键的方式进行工具选择的切换。

8.1.4 Photoshop CS5 常用面板介绍

Photoshop CS5 中的面板多达 20 余种，由于篇幅有限，在此仅介绍常用的图层、通道及路径面板。

Photoshop 图层就如同堆叠在一起的透明纸，可以透过图层的透明区域看到下面图层的内容。“图层面板”是用来操作和管理图层的，图层面板列出了图像中的所有图层（背景层、普通图层、文字图层）、图层组和图层样式，如图 8-7 所示。使用图层面板可以快速地完成显示和隐藏图层，改变图层的混合模式以及不透明度的设置等操作。在图层面板中也可单击“图层面板菜单按钮”访问菜单中的命令和选项。在图层面板的下方列出了 7 个按钮，分别为“链接图层”、“添加图层样式”、“添加图层蒙版”、“创建新的填充或调整图层”、“创建新组”、“创建新图层”和“删除图层”。

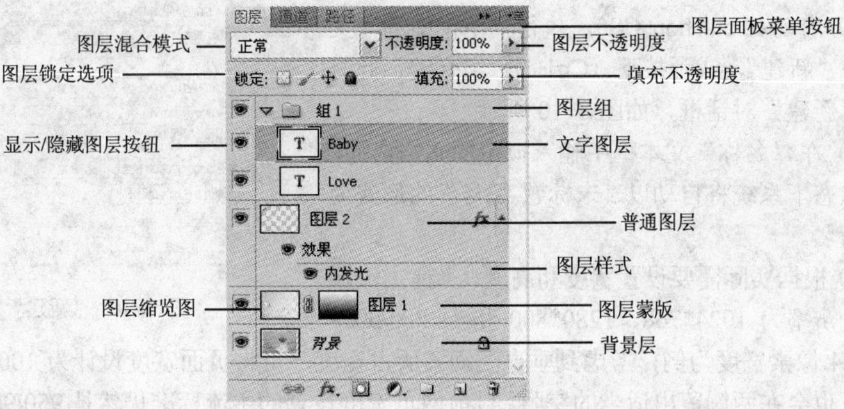

图 8-7　图层面板

通道是存储颜色信息和选区信息的灰度图像。“通道面板”列出了图像中所有的通道，如图 8-8 所示。对于 RGB、CMYK 和 Lab 图像，将最先列出复合通道。通道内容的缩览图显示在通道名称的左侧，在编辑通道时会自动更新缩览图。在通道面板的下方列出了 4 个按钮，分别为“将通道作为选区载入”、“将选区存储为通道”、“创建新通道”和“删除当前通道”。

“路径面板”是用来操作和管理路径的，其中列出了每条存储的路径、当前工作路径和当前矢量蒙版的名称和缩览图，如图 8-9 所示。在路径面板的下方列出了 6 个按钮，分别为“用前景色填充路径”、“用画笔描边路径”、“将路径作为选区载入”、“从选区生成工作路径”、“创建新路径”、“删除当前路径”。

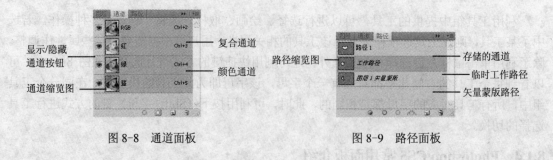

图 8-8　通道面板　　　　　　　　　　图 8-9　路径面板

8.2　Photoshop CS5 的常用工具与基本操作

在编辑网页时，某些工具会经常用到，例如选框工具、套索工具、魔棒工具、油漆桶工具、渐变工具、钢笔工具及文字工具等，读者应该熟悉并掌握这些工具的使用方法。

8.2.1　新建与打开

启动 Photoshop CS5 后，需要新建一个文档或打开一个已经存在的图像，以便对图像进行编辑或修改。

1．新建文档

1）启动 Photoshop CS5，执行菜单栏中的"文件"→"新建"，或者按下〈Ctrl+N〉组合键，此时弹出"新建"对话框，如图 8-10 所示。

2）在"名称"文本框中输入拟定的文档名称，默认状态下系统将自动以"未标题-编号"的形式为文档命名。

3）根据实际需要设置宽度和高度。当前主流显示器分辨率为 1024*768、1280*800 和 1440*900。

图 8-10　"新建"对话框

以 1024 像素宽度为例，考虑到垂直滚动条所占宽度，可将页面宽度设计为 1002 像素，通常情况下也会在两侧留出适当的空隙。目前网页宽度设置的主流标准仍然是 950/960/980 像素宽度。至于网页高度，没有特殊限制。

4）设置分辨率和颜色模式。在"分辨率"文本框中输入分辨率的值，并单击其右侧的下拉列表框，从中选择分辨率的单位；在"颜色模式"右侧的下拉列表框中选择一种颜色模式。

5）为图像的背景图层指定内容。单击"背景内容"右侧的下拉列表框，其中有白色、背景色、透明三个选项。若选择背景色，则用工具箱中设置的背景颜色填充背景图层。

6）设置完成后，单击"确定"按钮即可完成空白文档的创建。

2．打开文档

1）启动 Photoshop CS5，执行"文件"→"打开"，或按下〈Ctrl+O〉组合键，弹出"打开"对话框。

2）单击"查找范围"下拉列表框，查找打开文件所在的位置，然后选择要打开的文件。如果文件没有出现在列表中，可单击"文件类型"下拉列表框，从弹出菜单中选择"所有格

　Dw **Ps** **Fl**

式"选项。

3）单击"打开"按钮，或双击需打开的文件。

8.2.2 选框工具组

选框工具组可用来选取形状规则的选区，其中包含 4 个工具：矩形选框工具、椭圆选框工具、单行选框工具和单列选框工具。

在工具箱中选择"矩形选框工具"，按下鼠标左键拖移，可创建任意大小的矩形选区；若按下〈Shift〉键的同时拖移，则可创建正方形选区；若按下〈Alt〉键的同时拖移，则可从中心向外绘制一个矩形选区。

在工具选项栏中，有相应的属性，如图 8-11 所示，可根据需要做适当的调整。选区运算中的 4 种方式分别为：新建选区、添加到选区、从选区中减去、与选区交叉；在羽化文本框中输入数值可羽化选区的边缘；在样式下拉列表框中可选择选区的样式，其中，"正常"选项可绘制任意大小的选区，"固定比例"选项可绘制固定长、宽比例的选区，"固定大小"选项可绘制固定宽度和高度的选区。

图 8-11 "矩形选框工具"的工具选项栏

"椭圆形选框工具"的使用方法及属性设置与"矩形选框工具"类似。"单行选框工具"用来创建高度为 1px 的矩形选框，"单列选框工具"用来创建宽度为 1px 的矩形选框。

演练 8-1：利用矩形选框工具制作简易表格。

1）执行菜单栏中的"文件"→"新建"，在弹出的"新建"对话框中设置名称为"利用矩形选框工具制作简易表格"、宽度为"1070 像素"、高度为"360 像素"、分辨率为"72 像素/英寸"、颜色模式为"RGB 颜色模式、8 位"、背景内容为"白色"。

2）在工具箱中选择"矩形选框工具"，在工具选项栏上设定参数，如图 8-12 所示。

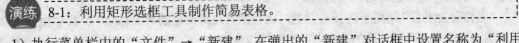

图 8-12 "矩形选框工具"的属性值设置

3）在图像中单击即可得到矩形选框，此时不要松开左键，拖动鼠标可移动选区的位置。确定选区的位置后，单击右键选择"描边"，在弹出的"描边"对话框中设置相应参数，如图 8-13 所示，设置描边颜色为 RGB（160，160，160）。

4）参照步骤 3），在步骤 3）得到的矩形框中再创建 1个宽度为 237 像素、高度为 171 像素的矩形框，5 个宽度为 159 像素、高度为 171 像素的矩形框，并为其描边。

5）在工具箱中选择"移动工具"，将素材文件夹中的素材图像"01.gif"至"06.gif"拖动至相应的单元格中。

图 8-13 "描边"对话框

155

6）参考步骤4）完成其余单元格的绘制，最终效果如图8-14所示。

图8-14　最终效果图

8.2.3　套索工具组

套索工具组主要用来选取形状不规则的选区，其中包含套索工具、多边形套索工具和磁性套索工具。

"套索工具"可以使用手绘边缘创建选区，选区的形状取决于鼠标移动的轨迹。创建选区时，按住左键拖动鼠标。注意，在没有到达起点位置时不要松开鼠标左键，否则选区会自动闭合。在绘制选区的过程中，如果要绘制直边框，可按下〈Alt〉键，然后单击直线段的起点和终点。如果要撤销上一步绘制的边框，可按下〈Delete〉键。

"多边形套索工具"可以创建多边形选区。首先，在图像上单击一个点（起点），然后依次单击构成多边形的其他顶点，最后将鼠标指针移动到起点位置，此时在鼠标指针右下角会出现一个圆圈，单击后即可闭合选区。

"磁性套索工具"适用于选择与背景对比强烈且边缘清晰的对象。此工具可以根据对象与背景的对比度自动吸附对象的边缘，并沿着边缘生成选区。在工具箱中选取了磁性套索工具，对应的工具选项栏如图8-15所示。

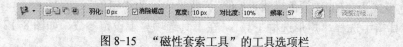

图8-15　"磁性套索工具"的工具选项栏

为了更好地将对象从背景中选取出来，可根据对象边缘情况设置工具选项栏中的属性。"宽度"用于确定该工具自动查寻鼠标经过的颜色边缘的宽度范围，数值设置得越小，得到的选区越精确。"对比度"用于确定该工具对边缘感知的灵敏度，其取值范围为1~100%，较高的数值将只检测与其周边对比鲜明的边缘，较低的数值将检测低对比度的边缘。"频率"用于控制创建边缘的过程中生成的节点数量，设置的值越大（最大值为100），节点越多，选择的区域越精确。选中"消除锯齿"时，可将选区边缘的锯齿现象消除，即创建边缘平滑的选区。

演练　8-2：利用磁性套索工具处理网页素材图像。

1）打开素材文件夹中的图像"01.jpg"，在工具箱中选择"缩放工具"放大图片。
2）在工具箱中选择"磁性套索工具"，在工具选项栏上设置属性值，如图8-16所示。

Dw Ps Fl

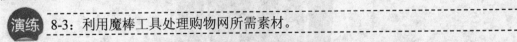

图 8-16 "磁性套索工具"的属性值设置

3）将鼠标放置在最左侧的按钮边缘上，单击鼠标左键以设置选区范围的起始点。

4）沿着按钮边缘移动鼠标，在鼠标经过的地方会出现节点，如果按下〈Delete〉键，可以删除刚生成的节点，如图 8-17 所示。当鼠标指针移动至起始点时，鼠标指针的右下角会出现小圆圈标志，此时单击鼠标左键闭合选区。

5）执行"图像"→"调整"→"色相/饱和度"，参数设置如图 8-18 所示。

6）读者可根据自己喜好改变具体的参数，可得到颜色不同的多个按钮。

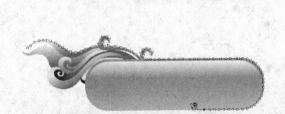

图 8-17 使用磁性套索工具创建选区

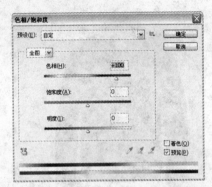

图 8-18 "色相/饱和度"参数设置

8.2.4 魔棒工具

"魔棒工具"可用来选取图像中颜色相似的区域，当用魔棒工具单击图像中的某个点时，与该点颜色相似的区域将被选中。选取魔棒工具后，工具选项栏如图 8-19 所示。

图 8-19 "魔棒工具"的工具选项栏

"容差"用于控制选定颜色的范围，值越大，颜色区域越广。选择"消除锯齿"可创建边缘平滑的选区。选中"连续"时，只选择与单击点相连的颜色相似的区域；否则，整幅图像上与单击点颜色相似的区域均会被选中。选中"对所有图层取样"时，选取所有图层中颜色相似的区域；否则，只对当前图层起作用。

演练 8-3：利用魔棒工具处理购物网所需素材。

1）打开素材文件夹中的图像"01.jpg"，在图层面板中双击背景图层，在弹出的"新建图层"窗口中单击"确定"按钮，将"背景图层"转换成"普通图层 0"，如图 8-20 所示。

2）在工具箱中选择"魔棒工具"，其工具选项栏中属性的设置如图 8-21 所示。

3）在图像中的白色背景上单击鼠标，此时会创建一个包含绝大部分背景的选区，如图 8-22 所示。

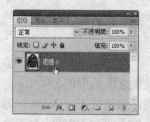

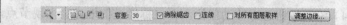

图 8-20　背景图层转换成普通图层　　　　　图 8-21　"魔棒工具"的属性值设置

　　4）在实际工作中，如果遇到还有部分范围没有被选中时，应该再次设置"魔棒工具"的工具选项栏，如图 8-23 所示，注意选区运算模式一定要设置为"添加到选区"。

图 8-22　用魔棒工具创建选区　　　　　图 8-23　"魔棒工具"的属性值设置

　　5）再次单击未被选中的区域，直到选区包含所有阴影区域为止。

　　6）按下〈Delete〉键删除背景，按下〈Ctrl+D〉组合键取消选区，效果如图 8-24 所示。此时的素材由于背景是透明的，可以应用在多种环境下。

图 8-24　删除背景效果图

8.2.5　油漆桶工具

　　"油漆桶工具"可用来在选区、图层或图像中填充前景色或图案。该工具具有类似于"魔

Dw Ps Fl

棒工具"的创建选区功能，即在图像上单击时会自动选取和单击处颜色相似的区域并填充前景色或图案。选择油漆桶工具后，工具选项栏如图 8-25 所示。

图案样式

图 8-25 "油漆桶工具"的工具选项栏

其中，"填充内容"可选择前景和图案，选择前景时，填充颜色与工具箱中的前景色保持一致；选择图案时，单击图案样式右侧的下拉列表按钮，打开图案样式调板，从中选择一种图案。"模式"是指填充颜色与原图像颜色的混合方式。"不透明度"可为填充颜色指定不透明程度。"容差"、"消除锯齿"和"连续的"这三个选项与磁性套索工具中相应选项的含义相同。勾选"所有图层"选项，可对所有可见图层中满足条件的区域进行填充。

 8-4：利用油漆桶工具为演练"8-1"中的表格填充颜色。

在演练"8-1"中制作了一个简易的表格，为使该表格更加美观，可利用油漆桶工具为其填充颜色。

1）打开素材文件夹中的图像"01.psd"。

2）在工具箱中选择"油漆桶工具"，其工具选项栏的设置如图 8-26 所示。

图 8-26 "油漆桶工具"的属性值设置

3）在工具箱中单击前景色图标设置前景色为 RGB（230，230，230）。在第 1 行第 1 列的单元格上单击鼠标，填充颜色。

4）分别使用颜色 RGB（230，230，230）与颜色 RGB（248，248，248）逐行交替为第 2 行第 1 列至第 7 行第 1 列填充颜色。

5）参照步骤 3）与步骤 4）分别为其他单元格填充颜色，最终效果如图 8-27 所示。

图 8-27 表格填充颜色效果图

8.2.6 渐变工具

"渐变工具"通过拖动鼠标可以在图像中或选区内填充具有过渡效果的颜色，鼠标拖动时起点和终点的位置会影响渐变填充的效果。渐变效果简单又不单调，因此，渐变在设计网页背景时使用得非常广泛。渐变类型可分为 5 大类：线性渐变、径向渐变、角度渐变、对称渐变和菱形渐变。选择渐变工具后，工具选项栏如图 8-28 所示。

图 8-28 "渐变工具"的工具选项栏

单击"渐变样式"右侧的下拉列表按钮可选择一种预设的渐变样式，或者单击渐变样式，在弹出的渐变编辑器窗口中编辑新的渐变样式。在"渐变类型"中可单击选择一种渐变类型：选择线性渐变█，颜色以直线方式从起点到终点逐渐变化；选择径向渐变█，颜色以圆形图案从起点到终点逐渐变化；选择角度渐变█，围绕起点以逆时针扫描方式渐变；选择对称渐变█，使用均衡的线性渐变在起点的任一侧渐变；选择菱形渐变█，以菱形方式从起点向外渐变。"模式"选项用来设置渐变颜色与原图像颜色的混合模式。"不透明度"可设置渐变效果的不透明程度。勾选"反向"选项，渐变样式中的颜色顺序会倒置；勾选"仿色"选项，会使渐变颜色间的过渡更加柔和；勾选"透明区域"选项，渐变样式中的透明效果才能表现出来。

演练 8-5：利用渐变工具绘制网页中的按钮图标。

1）执行菜单栏中的"文件"→"新建"，"新建"对话框中参数值的设置如图 8-29 所示。

2）在工具箱中选择"椭圆选框工具"，其工具选项栏的设置如图 8-30 所示，在图像中单击鼠标左键创建选区。

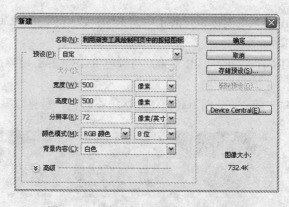

图 8-29 "新建"对话框中参数值设置

图 8-30 "椭圆选框工具"的属性值设置

3）单击图层面板下方的"创建新建图层"按钮◻，创建"图层 1"。

4）设置前景色 RGB（255，255，255），背景色 RGB（124，147，0）；选择"渐变工具"，渐变样式为"前景色到背景色渐变"，渐变类型为"径向渐变"，按照如图 8-31 所示的方式填充选区。

Dw **Ps** **Fl**

5）选择"椭圆选框工具"，在图像中拖动鼠标创建选区，如图 8-32 所示。

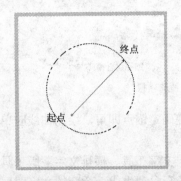

图 8-31　渐变填充方式

图 8-32　使用椭圆选框工具创建选区

6）单击图层面板下方的"创建新建图层"按钮 ，创建"图层 2"。

7）选择"渐变工具"，渐变样式为"前景色到透明渐变"，渐变类型为"线性渐变"，按照自上而下的方式填充选区。

8）打开素材文件夹中的图像"01.png"，选择"移动工具"将其拖动到"利用渐变工具绘制网页中的按钮图标"文件中。

9）按下〈Ctrl+T〉组合键，此时会出现一个矩形方框，按下〈Shift〉键同时拖动矩形方框的顶点，在高度与宽度比例不变的情况下调整其大小。

8.2.7　钢笔与文字工具

钢笔工具可用来绘制形状和路径，形状的轮廓被称为路径。路径是由一条或多条直线或曲线构成的，路径上用来标记路径段的端点被称为锚点，如图 8-33 和图 8-34 所示。

钢笔工具组中包含 5 个工具：钢笔工具、自由钢笔工具、添加锚点工具、删除锚点工具和转换点工具。"钢笔工具"可以绘制直线或曲线。"自由钢笔工具"可用于随意绘图。"添加、删除锚点工具"用于在路径上添加、删除锚点。在曲线上，用"直接选择工具" 选中一个锚点，会显示出该锚点的方向线，调整方向线可改变曲线的形状。"转换点工具"可在平滑点和角点之间切换，如图 8-35 和图 8-36 所示。选中转换点工具后直接移动方向线一端的端点即可将平滑点转换为角点，单击角点对应的锚点处并拖动鼠标可将角点转换为平滑点。

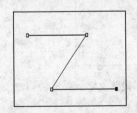

图 8-33　直线上的锚点

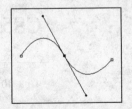

图 8-34　曲线上的锚点

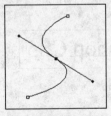

图 8-35　平滑点

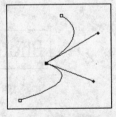

图 8-36　角点

下面，简单介绍钢笔工具的使用。选中钢笔工具后，工具选项栏如图 8-37 所示。"路径模式"包括形状图层、路径、填充像素 3 种模式，选择的路径模式不同，得到的绘制结果也不相同，因此，在使用钢笔工具时应先选中一种路径模式。在路径模式按钮的右侧是一些切换路径工具的按钮，这些按钮分别对应着钢笔工具、自由钢笔工具、形状工具。选中"自动添加/删除"选项，钢笔工具具有自动添加或删除锚点的功能。"路径组合模式"类似于选区运算方式。

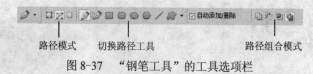

路径模式　　　切换路径工具　　　　　路径组合模式

图 8-37　"钢笔工具"的工具选项栏

用钢笔工具绘制直线段时，只需在图像上单击左键确定锚点即可，绘制曲线时单击确定锚点后不要松开鼠标，接着拖动鼠标生成方向线。

文字工具组中包含 4 个工具：横排文字文具、直排文字工具、横排文字蒙版工具和直排文字蒙版工具。当使用文字工具在图像中输入文字时，会自动生成一个新的文字图层。以横排文字工具为例，选择横排文字工具后，工具选项栏如图 8-38 所示。在工具选项栏上可以设置文字的方向、字体和字体样式、文字大小、消除锯齿的方法、对齐方式、文字颜色、文字变形等属性。

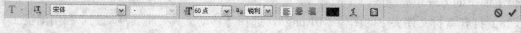

图 8-38　"文字工具"的工具选项栏

Photoshop 中的文字分 3 种类型，即点文字、段落文字和路径文字。"点文字"是一个水平或垂直的文本行，适用于输入较少的文字。点文字行的长度随输入内容的多少而定，不会自动换行。创建点文字的方式是，选择文字工具后在图像上单击鼠标左键即可进行文字输入，如图 8-39 所示；输入完成后，单击工具选项栏上的✔按钮或者按〈Ctrl+Enter〉组合键提交当前编辑。"段落文字"适用于创建多个段落或输入多行文字，输入段落文字时，文字会依据事先创建的边框自动换行，如图 8-40 所示。创建段落文字的方式是，选择文字工具后在图像中按下鼠标左键并拖动创建出一个边框，然后在此边框中输入文字，输入完成后提交当前编辑。"路径文字"是指沿着路径边缘排列的文字，要创建路径文字，可先使用钢笔或形状工具创建工作路径，然后用文字工具沿着路径的边缘输入文字。当路径的形状改变时，文字会自动适应路径新的形状。

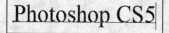

图 8-39　点文字　　　　　　　　　　　　　　　　图 8-40　段落文字

 8-6：使用文字工具在"宇泽通讯"网页效果图中添加文字。

1）打开素材文件夹中的图像"宇泽通讯网页效果图.jpg"。

2）在工具箱中选择"横排文字工具"，并在工具选项栏上设置字体为"微软雅黑"、大小为"30 点"、颜色为 RGB（255，255，255）。在图像中单击后输入文字"全国售前咨询电话：

Dw Ps Fl

400-123-1234"。输入完成后，单击工具选项栏上的✔按钮或者按〈Ctrl+Enter〉组合键提交当前编辑。

3）仍选择"横排文字工具"，并在工具选项栏上设置字体为"幼圆"、大小为"30点"、颜色为 RGB（245，20，160）。在图像中单击后输入文字"彩信 随心选 多选多发享"，输入完成后，单击工具选项栏上的✔按钮提交当前编辑。再次设置字体大小为"40点"、颜色为 RGB（213，43，229），输入"套餐"、"优惠"，单击工具选项栏上的✔按钮提交当前编辑。

4）选择合适的字体、大小及颜色，完成网页中其他点文字的输入。

5）选择"横排文字工具"，在图像中按下鼠标左键并拖动创建出一个边框，在此边框中输入"类型：彩信贺卡……"段落文字的内容，单击工具选项栏上的✔按钮提交当前编辑。添加文字后的效果如图 8-41 所示。

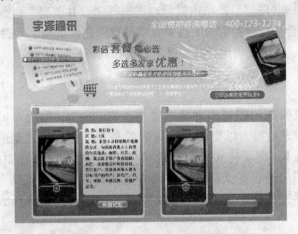

图 8-41　添加文字后的效果图

8.3　图层

图层是 Photoshop 中最基本、最重要的概念之一，通过图层可以对图像的某个部分进行独立的编辑并且不会影响图像中其他的内容。除此之外，还可以给图层添加图层样式、图层蒙版以及改变图层的叠放顺序，从而改变图像的合成效果。

8.3.1　创建与设置图层

在 Photoshop 中，对图层的管理主要依靠图层面板来实现，用户可以借助它创建、删除和编辑图层，并为图层添加样式等。一般情况下，创建一个新的图像文件时就会自动创建一个背景图层，但如果在新建文件时选取的背景内容为透明则会创建一个普通图层。背景图层与普通图层的主要区别在于，背景图层的右侧有一个锁形图标 ，表示不能更改背景层的叠放顺序、混合模式或不透明度等。要创建新的图层，可以单击图层面板下方的"新建图层按钮" ，此时在图层面板上会显示新添加的"图层 1"，如图 8-42 所示。

图 8-42　新建图层后图层面板中出现"图层 1"

在实际操作中常会用到下列操作对图层进行设置。

重命名图层：可在图层面板上的图层名称位置双击鼠标左键，输入新的名称。

隐藏图层：在图层面板上，图层缩览图的左侧有一个眼睛图标，代表当前图层是可见的。单击眼睛图标后，眼睛图标就会消失，代表当前图层是不可见的。

复制图层：先在图层面板上选中一个图层，然后将该图层拖动至新建图层按钮上即可完成复制。

移动图层：直接在图层面板上拖动图层，放置在适当的位置后松开鼠标即可。位于上方的图层会遮挡住下方图层相应位置的内容，图层的叠放顺序不同，最终的效果也不一样。因此，在移动图层时一定要考虑图层的遮挡问题。

删除图层：在图层面板上选中图层后，拖动至"删除图层按钮"上即可完成删除。

合并图层：选中一些图层后，单击鼠标右键选择"合并图层"命令或者按下〈Ctrl+E〉组合键可将所选图层合并。合并后的图层位置继承自原先位于最上方的图层，因此，如果选择的是不连续的图层，一定要考虑合并后产生的遮挡问题。

8.3.2　图层样式

使用图层样式可快速为图层添加特殊效果，Photoshop 为用户提供了多种效果，如投影、发光、斜面和浮雕等，以更改图层内容的外观。图层样式是应用于一个图层或图层组的一种或多种效果。图层样式分为自定义样式和预设样式。在图层上应用某些效果，这些效果就会成为图层的自定义样式；存储自定义样式，该样式就会成为预设样式。预设的样式会出现在样式面板中，如图 8-43 所示，使用时只需在样式面板中单击所选样式即可。

要在图层上使用预设样式，可通过样式面板实现。在样式面板中单击一种样式，可以将其应用到当前选定的图层上。

在图层上添加投影、内阴影、外发光和内发光、斜面和浮雕等任一种或多种效果，都可以创建自定义样式。

投影：在图层内容的后面添加阴影。

内阴影：紧靠在图层内容的边缘内添加阴影，使图层具有凹陷外观。

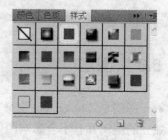

图 8-43　样式面板

外发光和内发光：添加从图层内容的外边缘或内边缘发光的效果。

斜面和浮雕：对图层添加高光与阴影的各种组合。

光泽：应用创建光滑光泽的内部阴影。

颜色、渐变和图案叠加：用颜色、渐变或图案填充图层的内容。

描边：使用颜色、渐变或图案在当前图层上描画对象的轮廓，它对于硬边形状（如文字）特别有效。

为图层创建自定义样式时，首先在图层面板上选中某个图层，然后单击图层面板下方的"添加图层样式按钮" ，从弹出的图层样式列表中选择一种样式，如图 8-44 所示，最后在相应的图层样式对话框中设置参数，单击"确定"按钮完成样式设置。要删

Dw Ps Fl

除图层样式时，直接将图层面板中图层右侧的 图标拖动至"删除按钮" 即可，如图 8-45 所示。

图 8-44　样式列表　　　　　　　　图 8-45　为图层添加样式后出现 fx 图标

演练 8-7：为演练"8-6"中的文字图层添加图层样式。

1）打开素材文件夹中的图像"宇泽通讯网页效果图.psd"。

2）在图层面板中选中"全国售前咨询电话：……"文字图层，并单击面板下方的"添加图层样式按钮" *fx.*，为其添加"描边"样式。在弹出的"图层样式"对话框中，设置描边颜色为 RGB（16，127，221），其他参数的设置如图 8-46 所示。

3）参照步骤 2）为其余一些文字图层也添加"描边"样式。

4）对"套餐"、"优惠"两个文字图层，除了添加"描边"样式之外，再添加"渐变叠加"样式。单击"渐变叠加"对话框中"渐变"右侧的图示编辑渐变，分别设置左、右两端的色标颜色为 RGB（177，0，230）、RGB（221，2，221），其他属性的设置如图 8-47 所示。最终效果如图 8-48 所示。

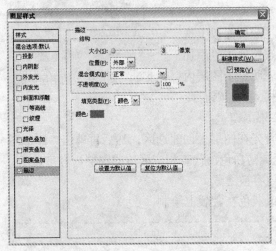

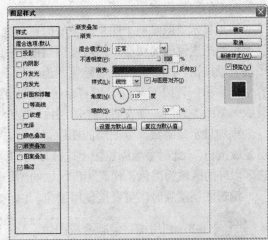

图 8-46　"描边"样式参数值设置　　　　　　图 8-47　"渐变叠加"样式参数值设置

 165

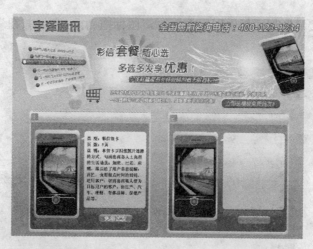

图 8-48　文字图层添加图层样式后的效果图

8.4　蒙版

蒙版的作用就是将图像蒙盖起来，起一种保护作用。蒙版大致可分为快速蒙版、Alpha通道蒙版和图层蒙版。其中，快速蒙版、Alpha通道蒙版可用来创建或修改选区。当需要对图层的某一部分进行修改又不想影响其他部分时，就可使用图层蒙版。图层蒙版又可细分为普通图层蒙版、矢量图层蒙版和剪贴蒙版。

8.4.1　图层蒙版

图层蒙版可以让图层中的图像部分显现或隐藏，如果在图层上创建了图层蒙版，图层面板上图层缩览图的右侧将会链接一个图层蒙版，如图 8-49 所示。图层蒙版是一种灰度图像，默认情况下，黑色区域将隐藏图层内容，白色区域将显示图层内容，灰度区域则会显示有一定透明度的图层内容。

添加显示或隐藏整个图层的蒙版时，首先在图层面板上选择要添加图层蒙版的图层，然后在图层面板的底部单击"添加图层蒙版按钮" ，此时蒙版缩览图为白色，表明整个图层内容全部显示；若按下〈Alt〉键再单击"添加图层蒙版按钮"，蒙版缩览图为黑色，则表明整个图层内容被全部隐藏。

图 8-49　图层 1 上的图层蒙版

添加显示或隐藏部分图层的图层蒙版时，首先在图层上创建选区，然后再单击"添加图层蒙版按钮"，此时蒙版缩览图上选区以内的区域为白色，代表相应区域的图层内容可显示；选区以外的区域为黑色，代表相应区域的图层内容被隐藏。

编辑图层蒙版时，可直接使用黑色、白色或灰色在蒙版上绘制。

演练　8-8：利用图层蒙版合成图像。

1）打开素材文件夹中的图像 "01.jpg" 和 "02.jpg"。

2）在工具箱中选择"移动工具"，将素材 02.jpg 拖动到素材 01.jpg 中，并调整位置使二者完全重叠，此时在图像 01.jpg 的图层面板中会出现两个图层：背景层和图层 1。

3）在图层面板中选中图层 1，单击面板底部的"添加图层蒙版按钮" 。

4）在工具箱中选中"渐变工具"，并指定渐变样式为"黑、白渐变"。

5）在图层面板中选中图层 1 右侧链接的图层蒙版，并使用渐变工具在图像中由下至上填充"黑、白渐变"。

6）在图层面板中选中图层 1，将其"不透明度"设置为 60%，即可看到效果。

8.4.2 矢量蒙版

由钢笔或形状工具创建的与分辨率无关的蒙版称为矢量蒙版。

添加显示或隐藏整个图层的矢量蒙版时，首先在图层面板中选择要添加矢量蒙版的图层，然后在菜单栏中选择"图层"→"矢量蒙版"→"显示全部"或"隐藏全部"。

添加显示形状内容的矢量蒙版时，首先在图层面板中选择要添加蒙版的图层，然后选择一条路径或使用某种形状或钢笔工具绘制路径，最后在菜单栏中选择"图层"→"矢量蒙版"→"当前路径"命令。

编辑矢量蒙版时，可直接修改其对应的路径。

演练 8-9：利用矢量蒙版合成图像。

1）在工具箱中设置背景色为黑色 RGB（0，0，0）。

2）执行"文件"→"新建"命令，"新建"对话框中参数值的设置如图 8-50 所示。

图 8-50　"新建"对话框中的参数值设置

3）打开素材文件夹中的图像"01.jpg"，在工具箱中选择"移动工具"，将图像 01.jpg 拖动到步骤 2）新建的图像中，并调整其位置，此时在图层面板中出现两个图层：背景层和图层 1。

4）在工具箱中选择"自定义形状工具"，其工具属性栏的设置如图 8-51 所示，使用自定义形状工具在图像中绘制心形路径。

图 8-51　"自定义形状工具"的属性值设置

5）在图层面板中选中"图层 1"，在菜单栏中选择"图层"→"矢量蒙版"→"当前路径"。

6）在路径面板上单击空白区域，隐藏当前路径。

7）为"图层1"添加"描边"样式，填充颜色为红色RGB（255，0，0），其余参数的设置如图8-52所示。

图 8-52　"描边"样式参数值设置

8.4.3　剪贴蒙版

剪贴蒙版可用图像中的不透明像素显示其上邻图层的内容，即将上方图层中的内容显示在下方图层的形状上。

创建剪贴蒙版时，首先在图层面板中排列图层，用作剪贴蒙版的图层放在要蒙盖图层的下方，然后选中要蒙盖的图层即上方图层，按下〈Alt〉键并将鼠标放置在图层面板中两个图层的分隔线上，当指针变为两个交叠的圆时，单击鼠标左键。此时，上方图层的缩览图右缩进，下方图层的名称上出现下划线，如图8-53所示。

取消剪贴蒙版的方法是，再次按下〈Alt〉键并将鼠标放置在图层面板中两个图层的分隔线上，当指针变为两个交叠的圆时，单击鼠标左键。

图 8-53　剪贴蒙版

 8-10：利用剪贴蒙版合成图像。

1）执行"文件"→"新建"命令，"新建"对话框中参数值的设置如图8-54所示。

图 8-54　"新建"对话框中参数值设置

Dw Ps Fl

2）在工具箱中选择"横排文字工具"，其工具属性栏的设置如图 8-55 所示。

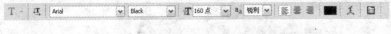

图 8-55 "横排文字工具"的属性值设置

3）在图像中输入文字"Photoshop"，按下〈Ctrl+Enter〉组合键提交当前编辑。

4）选中文字图层，按下〈Ctrl+T〉组合键，此时文字周围会出现一个方框，将鼠标放置在方框外侧，拖动鼠标旋转文字。

5）打开素材文件夹中的图像"01.jpg"，并将其拖动到新建图像中，在文字图层的上方会出现图层 1。

6）按住键盘上的〈Alt〉键并将鼠标放置在图层面板中文字图层与图层 1 的分隔线上，当指针变为两个交叠的圆时，单击鼠标左键即可创建剪贴蒙版。

8.5 课堂综合练习——专题类网站的效果图制作

本节主要运用渐变工具、钢笔工具、文字工具和矩形工具等 Photoshop 常用工具，结合路径模式、图层样式等相关知识完成"Happy 购物"网站优惠活动专题页面效果图的制作。通过本节的练习，读者能够熟练掌握 Photoshop CS5 的基本操作并能完成简单网页效果图的制作。

"Happy 购物"网站优惠活动专题页面，如图 8-56 所示。以 1024*768 像素的显示器分辨率为例，该页面的高度已超过了浏览器所能显示的一屏的高度，因此会产生垂直滚动条，故将页面宽度设置为 1002 像素。

1）执行"新建"→"打开"，在"新建"对话框中设置名称为"优惠活动专题页面效果图"；宽度为 1002px，高度为 1700px；分辨率为 72 像素/英寸；颜色模式为 RGB 颜色、8 位；背景内容为白色，单击"确定"按钮。

2）在图层面板中背景图层之上新建图层组"head"，在 head 图层组中创建图层"head-背景"，选择"矩形选框工具"，样式设为"固定大小"，宽度 1002px、高度 300px；在页面顶端创建选区并使用"渐变工具"在选区内由上至下填充由透明到颜色 RGB（255，245，73）的渐变。

3）打开素材文件夹中的图片"gift.png"，将其拖动至"优惠活动专题页面"中，放置在适当的位置；并将图层命名为"head-图片"，存放于 head 图层组中。

4）选择"钢笔工具"绘制如图 8-57 所示的路径，选择"文字工具"，设置字体为华文琥珀、大小为 72 点、颜色为黑色，在该路径上创建路径文字，在页面上输入"你来我'网'万千大礼"，调整"网"字的大小为 90 点。为该文字图层添加样式，打开"样式"面板，选择预设样式"扎染丝绸"，该文字图层也应放置于 head 图层组中。

5）选择"文字工具"，设置字体为宋体、大小为 24 点、颜色为黑色，在页面上输入"活动时间：2011 年 11 月 1 日——2012 年 1 月 31 日"，该文字图层同样存放在 head 图层组中。

6）在图层面板中 head 图层组之上，创建图层组"body"，并在 body 图层组中再创建 1、2、3、4 四个图层组，它们分别用来存放四项优惠活动对应的图层内容。下面以第一项优惠活动为例，介绍图层组 1 中包含的图层的创建过程。

图 8-56　"Happy 购物"网站优惠活动专题网页效果图

图 8-57　绘制路径

7）选择"矩形工具"创建宽度为 1002px、高度为 300px 的矩形路径，选择"添加锚点工具"，在矩形路径的上侧边中添加锚点，并使用"直接选择工具"对其进行编辑，如图 8-58 所示。在图层组 1 中创建图层"1-背景"，在路径面板的下方单击"将路径作为选区载入"按钮 ○，将路径转换为选区，并使用"渐变工具"在选区内由上至下填充从透明到颜色 RGB（147，219，83）的渐变。

图 8-58　编辑路径

8）在图层组 1 中创建图层"1-圆角矩形"，选择"圆角矩形工具"设置半径为 5px，在页面中绘制圆角矩形。选择"画笔工具"，使用"硬边圆"画笔，大小为 5px，设置前景色为白色。单击路径面板下方的"用画笔描边路径"按钮 ○，将圆角矩形路径描边。

9）选择"文字工具"，设置字体为 Impact、大小为 30 点、颜色为白色，输入"1"，此时会自动创建文字图层。

10）在图层组 1 中创建新图层，选择"文字工具"，设置字体为华文琥珀、大小为 48 点、颜色为白色，输入"网上购物双重礼"。为该文字图层添加"投影"样式，参数值设置如图 8-59 所示。

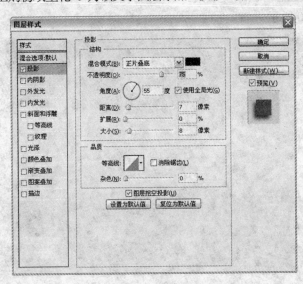

图 8-59　"投影"样式参数值设置

11）在图层组 1 中创建新图层，选择"文字工具"，设置字体为宋体、大小为 20 点、颜色为黑色，在页面中创建段落文字，输入"登录 www.happywanggo.com……"。

12）打开素材文件夹中的图片"phone.png"，将其拖动到页面中，放置在图层组 1 中，将该图层重命名为"phone"，为图层 phone 添加"投影"样式，参数值设置的内容与图 8-59 所示的内容相同。

13）在图层组 1 中创建图层组"按钮"，在按钮组中创建图层"按钮 1"，使用"圆角矩形"工具创建路径，将前景色设为 RGB（255，248，121），单击路径面板下方的"用前景色填充路径"按钮 ，用前景色填充圆角矩形路径。

14）同步骤 13），创建图层"按钮 2"，填充时设置前景色为 RGB（243，91，24）。

15）选择"文字工具"，设置字体为宋体、大小为 20 点、颜色为 RGB（243，91，24），输入"活动详情→"，在按钮组中创建文字图层。

16）同步骤 15），字体颜色为 RGB（255，248，121），文字内容为"立即参与→"。

17）仿照图层组 1 的创建方法，创建图层组 2、3、4。

18）创建图层组"foot"，在 foot 图层组中创建图层"foot-背景"，选择"矩形选框工具"，样式设为"固定大小"，宽度 1002px、高度 50px；在页面底端创建选区并填充颜色 RGB（255，245，73）。

19）选择"文字工具"，设置字体为宋体、大小为 20 点、颜色为黑色，在页面中输入"Happy 网购 www.wanggo.com"，在 foot 组中创建文字图层。

8.6 课堂综合实训——"小鸟钻石网"情人节活动页面效果图制作

1. 实训要求

参照本章所讲的内容，仿照 8.5 节中的制作步骤，制作"小鸟钻石网"情人节活动网页效果图，在制作过程中注意体会渐变工具、文字工具的使用方法以及图层样式的设置方式。页面最终效果如图 8-60 所示。

图 8-60 "小鸟钻石网"情人节活动网页效果图

2. 操作提示

1）页面背景填充的是对称渐变。

2）将素材"图片.jpg"拖入页面后，与背景图层的混合模式为"正片叠底"。

3）将素材"钻石.png"拖入页面后，复制多份并分别调整大小，并将它们摆放成心状。

4）使用文字工具输入"爱"字后，执行"图层"→"文字"→"转换为形状"命令，将其转换为路径后，使用"直接选择工具"编辑路径。为该文字图层添加描边样式，并将混合模式设为"溶解"。

5）使用文字工具输入页面上部其他的文字，并为这些文字图层添加投影样式。

6）将素材"钻戒.jpg"拖入页面后，将其混合模式设为"正片叠底"。

7）页面下方文字背景、文字及按钮的创建请参考源文件。

8.7　习题

1. 打开素材文件夹中的图像"01.jpg"，利用钢笔工具、文字工具在图像中创建路径文字，效果如图8-61所示。

2. 利用自定义形状工具以及图层样式相关知识绘制图像，最终效果如图8-62所示。

图8-61　操作题1效果图　　　　　　　　　　图8-62　操作题2效果图

3. 利用油漆桶工具、渐变工具、磁性套索工具、文字工具以及图层样式相关知识，制作网页Banner条，效果如图8-63所示。

图8-63　操作题3效果图

4. 利用图层蒙版制作倒影文字，效果如图8-64所示。

网页设计

图8-64　操作题4效果图

5. 一般情况下，专题类网站的整个页面中元素较少，多以大幅图片的形式出现。留意身边的专题类网站，仿照某一网站绘制出该专题类网站页面效果图。

第 9 章

Photoshop CS5 页面设计

网页设计是科技与艺术的结合，进行网页设计不仅要熟练掌握相关软件的使用方法，还要了解一些与美术相关的基础知识。Photoshop 软件是业界公认的图像处理专家，它含有许多能让用户把图像有效保存为 Web 格式的特性，能够十分方便地进行网站 Logo、导航栏及 GIF 动画的设计与制作，并能对最终得到的网站效果图进行切片，导出为切片网页。

知识要点

➤ 相近色与对比色的概念；
➤ Logo 的设计要点；
➤ 导航栏的设计风格；
➤ GIF 动画的基本原理；
➤ 切片的目的。

预期目标

➤ 了解色彩搭配原则并会为网页配色；
➤ 掌握 Logo 的设计原则与制作方法；
➤ 掌握导航栏的制作方法；
➤ 掌握 GIF 动画的制作方法；
➤ 掌握切片工具及切片选择工具的使用方法。

9.1　色彩的应用

色彩是人的视觉最敏感的元素，网页中的色彩是调适浏览者视觉心理、提高浏览者注意力的有效手段。充分运用色彩的特性，可以使网页具有深刻的艺术内涵，进而提升网站的文化品位。网页的色彩应用得好，可为网站锦上添花，使网页更加美观。

9.1.1　相近色与对比色

在介绍相近色与对比色之前，先要了解色环的概念。色环实质上就是在彩色光谱中所见的长条形的色彩序列，只是将首尾连接在一起，使红色连接到另一端的紫色。色环通常包括 12 种不同的颜色，如图 9-1 所示。

相近色是指色环中相邻的 3 种颜色，例如红、橙、黄。相近色的搭配给人的视觉效果十分舒适、自然，所以相近色在网页设计中极为常用。采用相近色配色方案设计网页可以避免网

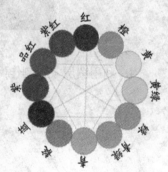

图 9-1　12 色环

页色彩杂乱，易达到页面和谐、统一的色彩效果。

对比色也称为互补色，在色环上相互正对，例如蓝和黄。对比色可以突出重点，产生强烈的视觉效果，通过合理使用对比色能够使网站特色鲜明、重点突出。在设计网页时一般以一种颜色为主色调，对比色作为点缀，可起到画龙点睛的作用。当然，若对比色用得不好，则会适得其反。因此，色彩应用总的原则是"总体协调、局部对比"，即整体的色彩效果和谐、统一，某一小范围的区域可以有一些强烈的色彩对比。

9.1.2 色彩的选择与搭配

1．色彩的心理感觉

一个网站给浏览者留下的第一印象往往既不是网站丰富的内容也不是网站合理的版面布局，而是网站的色彩。一个网站设计的成功与否，在某种程度上取决于设计者对色彩的运用和搭配，不同的颜色给人的感受也不相同，因此应根据色彩的心理感觉来选择网站的颜色。

红色——是一种激奋的色彩。刺激效果能使人产生冲动、愤怒、热情、活力的感觉。

绿色——介于冷暖两种色彩的中间，显得和睦、宁静、健康、安全。它和金黄、淡白搭配，可以产生优雅、舒适的气氛。

橙色——也是一种激奋的色彩，具有轻快、欢欣、热烈、温馨、时尚的效果。

黄色——具有快乐、希望、智慧和轻快的个性，它的明度最高。

蓝色——是最具凉爽、清新、专业的色彩。它和白色混合，能体现柔顺、淡雅、浪漫的气氛。

白色——具有洁白、明快、纯真、清洁的感受。

黑色——具有深沉、神秘、寂静、悲哀、压抑的感受。

灰色——具有中庸、平凡、温和、谦让、中立和高雅的感受。

另外，每种色彩在饱和度、透明度上略微变化也会产生不同的感觉。以绿色为例，黄绿色有青春、旺盛的视觉意境，而蓝绿色则显得幽宁、阴深。

2．选色的原则

除了要了解色彩的心理感觉之外，在进行网页色彩设计时，还要遵循一定的艺术规律，即色彩选择的原则，从而设计出精美的网页。

色彩的鲜明性：如果一个网站的色彩鲜明，就很容易引人注意，会给浏览者耳目一新的感觉。

色彩的独特性：要有与众不同的色彩，网页的用色必须要有自己独特的风格，这样才能给浏览者留下深刻的印象。

色彩的艺术性：网站设计是一种艺术活动，因此必须遵循艺术规律。按照内容决定形式的原则，在考虑网站本身特点的同时，大胆进行艺术创新，设计出既符合网站要求，又具有一定艺术特色的网站。

色彩的合理性：色彩要依据主题来确定，不同的主题选用不同的色彩。例如，用蓝色体现科技型网站的专业，用粉红色体现女性的柔情等。

3．色彩的搭配

网页配色也很重要，网页色彩搭配得是否合理会直接影响到浏览者的情绪。好的色彩搭配会使浏览者心情舒畅，不恰当的色彩搭配会让浏览者浮躁不安。

"同种色彩搭配"：同种色彩搭配是指首先选定一种色彩，然后调整其透明度和饱和度，将色彩变淡或加深而产生新的色彩，这样的页面看起来色彩统一，具有层次感。

"邻近色彩搭配"：邻近色是指在色环上相邻的颜色，如绿色和蓝色、红色和黄色，即互为邻近色，采用邻近色搭配可以使网页避免色彩杂乱，易于达到页面和谐统一的效果。

"对比色彩搭配"：色彩的强烈对比具有视觉诱惑力，能够起到几种实现的作用。对比色可以突出重点，产生强烈的视觉效果。通过合理使用对比色，能够使网站特色鲜明、重点突出。在设计时，通常以一种颜色为主色调，其对比色作为点缀，以起到画龙点睛的作用。

"暖色色彩搭配"：暖色色彩搭配是指使用红色、橙色及黄色等色彩的搭配。这种色调的运用可为网页营造出稳性、和谐和热情的氛围。

"冷色色彩搭配"：冷色色彩搭配是指使用绿色、蓝色及紫色等色彩的搭配，这种色彩搭配可为网页营造出宁静、清凉和高雅的氛围。冷色色彩与白色搭配一般会获得较好的视觉效果。

"有主色的混合色彩搭配"：有主色的混合色彩搭配是指以一种颜色作为主要颜色，同时辅以其他色彩混合搭配，形成缤纷而不杂乱的搭配效果。

"文字与网页的背景色对比要突出"：文字内容的颜色与网页的背景色对比要突出，底色深，文字的颜色就应浅；反之，底色淡，文字的颜色就要深些。

9.2　网站 Logo 的设计与制作

"Logo"译为标志、徽标。对于一个网站来说，Logo 相当于网站的名片，是网站给人的第一印象。一个好的网站体现自己独特风格的第一步就是要有一个自己独特的标志，而对于一个追求精美的网站，Logo 更是它的灵魂所在，即所谓的点睛之处。

9.2.1　Logo 的设计要点

1．Logo 的表现形式

作为具有传媒特性的 Logo，为了在最有效的空间内实现所有的视觉识别功能，一般是通过特示图案及特示文字的组合，达到对被标识体的出示、说明、沟通、交流，从而引起浏览者的兴趣，达到增强美誉、记忆等目的。其表现形式的组合方式一般分为特示图案、特示字体、合成字体。

"特示图案"属于表象符号，独特、醒目，图案本身易被区分、记忆，通过隐寓、联想、概括、抽象等绘画表现方法表现被标识体，对其理念的表达概括而形象，但与被标识体关联性不够直接，浏览者容易记忆图案本身，但对被标识体的关系的认知需要相对较曲折的过程，但一旦建立联系，印象较深刻，对被标识体记忆相对持久。例如苹果公司的"牙印苹果"Logo，如图 9-2 所示，就是一个很好的特示图案形象。

"特示文字"属于表意符号。在沟通与传播活动中，反复使用的被标识体的名称或是其产品名，用一种文字形态加以统一。含义明确、直接，与被标识体的联系密切，易于被理解、认知，对所表达的理念也具有说明的作用，但因为文字本身的相似性易模糊受众对标识本身的记忆，从而对被标识体的长久记忆发生弱化。所以特示文字，一般作为特示图案的补充，要求选择的字体应与整体风格一致，应尽可能做到全新的区别性创作。例如新浪网站的 Logo，

Dw　Ps　Fl

如图 9-3 所示，就是一个很好的特示图案加特示文字的例子。

图 9-2 "苹果" Logo　　　　　　　图 9-3 "新浪" Logo

"合成文字"是一种表象表意的综合，指文字与图案结合的设计，兼具文字与图案的属性，但都导致相关属性的影响力相对弱化，为了不同的对象取向，制作偏图案或偏文字的 Logo，会在表达时产生较大的差异。如只对印刷字体作简单修饰，或把文字变成一种装饰造型让大家去猜，更能够直接将被标识体的印象透过文字造型让浏览者理解，造型后的文字较易给浏览者留下深刻印象与记忆。例如，YAHOO、Google 等的文字 Logo，如图 9-4、图 9-5 所示。

图 9-4 "YAHHO" Logo　　　　　　　图 9-5 "Google" Logo

2. Logo 的设计原则

无论使用什么样的表现形式，在设计 Logo 时都需要掌握以下几点原则。

符合国际标准：为了便于 Internet 上信息的传播，必须有一个统一的国际标准。目前已经有了这样的一整套标准，其中关于网站的 Logo，有 4 种规格："88 像素×31 像素"是互联网上最普遍的网站标志规格；"120 像素×60 像素"用于一般大小的网站标志；"120 像素×90 像素"用于大型网站标志；"200 像素×70 像素"的 Logo 也在使用。

精美、独特、引人注意：在设计的过程中要用尽可能简洁的图形、线条及色彩来完成。力求巧妙、独特的构思，以达到形式美的视觉效果。图形既要简练、概括，又要讲究艺术性，让看过的人能够记忆犹新。

要与网站的整体风格统一：Logo 的设计要考虑网站风格的定位，而网站的风格又取决于它的类别与内容，归纳起来大体有新闻机构、政府机关、科教文化、娱乐艺术、电子商务、网络中心等。对于不同性质的行业，应体现出不同的网站风格，从而设计出不同类型的 Logo。例如，迪斯尼的米老鼠标志、中国银行的铜板标志，奔驰汽车的方向盘标志等。

9.2.2 Logo 的制作过程

从 Logo 的表现形式可以总结出，在 Logo 的设计中需要包含有图案或文字等元素，另外根据其设计原则，在设计的过程中要尽可能地使用简洁的图形、线条及色彩来完成。下面结合两个例子来介绍 Logo 的制作过程。

 9-1：为"佳缘交友网"设计网站 Logo。

该 Logo 由图案和文字两部分组成，文字即"佳缘交友网"，图案是使用钢笔工具绘制的两个简易卡通人物，他们的双臂围绕成一个心形，效果如图 9-6 所示。Logo 的颜色以粉红色为主，给人温馨、浪漫的感觉。

1）执行菜单栏中的"文件"→"新建"命令，在弹出的"新建"对话框中设置名称为"佳缘交友网 Logo"、宽度为"480 像素"、高度为"240 像素"、分辨率为"72 像素/英寸"、背景内容为"白色"，为了便于制作，此 Logo 设置得偏大，使用时可适当缩小。

2）在工具箱中选择"椭圆工具" ，并在工具选项栏中选择路径模式 ，按下〈Shift〉键并拖动鼠标绘制圆形路径。在工具箱中设置前景色为 RGB（255，51，153），在图层面板中创建新图层并命名为"head"，单击路径面板下方的"用前景色填充路径"按钮 。

图 9-6　佳缘交友网 Logo

3）参照效果图，使用钢笔工具绘制手臂路径。在绘制路径的过程中，可先绘制出大致的轮廓，再使用"直接选择工具"或"转换点工具"作细致的调整。同步骤 2），设置前景色为 RGB（255，0，102），创建新图层"arm"，用前景色填充路径。

4）参照效果图，使用钢笔工具绘制身体路径。单击路径面板下方的"将路径作为选区载入" ，设置前景色为 RGB（255，51，153），创建新图层"body"，在该图层中使用"前景色到透明"渐变由上至下填充选区。

5）创建图层组"right"，并将图层 head、arm、body 全部移至 right 图层组中。

6）创建图层组"left"，并将图层 head、arm、body 复制并移至 left 图层组中。

7）选中"left"图层组，按下〈Ctrl+T〉组合键后，对图层组进行缩小和旋转操作，按下〈Enter〉键确定变换后，使用移动工具将其移动至适当的位置。

8）在工具箱中选择横排文字工具 T，在工具选项栏中设置字体为"宋体"、大小为"60点"、字体颜色为 RGB（255，51，153），在图像中输入"佳缘交友"，创建文字图层。

9）复制文字图层，得到文字图层副本。选中文字图层副本，按下〈Ctrl+T〉组合键，单击右键后选择"垂直翻转"命令，并将其移动到图像中"佳缘交友"的下方，得到倒影文字。单击图层面板下方的"添加图层蒙版"按钮 ，在图层蒙版中由上至下填充从白色到黑色的渐变，使得倒影文字从有到无。

演练 9-2：为"环保装修材料销售网"设计网站 Logo。

该 Logo 主要由特示文字与合成文字两部分组成，特示文字即"GREEN"、合成文字即在"GO"字体形状的基础上将字母"O"转变成一片绿叶，暗含环保之意，最终效果如图 9-7 所示。Logo 的颜色以绿色为主，给人健康、环保的感觉。

图 9-7　"环保装修材料销售网" Logo

1）执行菜单栏中的"文件"→"新建"命令，在弹出的"新建"对话框中设置名称为"环保装修材料销售网 Logo"、宽度为"400 像素"、高度为"140 像素"、分辨率为"72 像素/英寸"、背景内容为"白色"，为了便于制作，此 Logo 设置得偏大，使用时可适当缩小。

Dw Ps Fl

2）选择"横排文字工具"，设置字体为"Century Gothic"、样式为"Bold Italic"、大小为"70 点"、颜色为"黑色"，输入字母"G"，得到文字图层。

3）创建新图层"叶子"，设置前景色为"黑色"，选择"钢笔工具"并在工具选项栏中设置路径模式为"形状图层"，使用钢笔工具在"叶子"图层中绘制出叶子的形状。

4）将文字图层与"叶子"图层合并，并将合并后的图层命名为"GO"。对"GO"图层添加图层样式"内阴影"与"渐变叠加"，具体参数值的设置如图 9-8 与图 9-9 所示。单击"渐变叠加"对话框中"渐变"右侧的图示编辑渐变，分别设置左、右两端的色标颜色为 RGB（49，86，0）、RGB（88，130，0）。

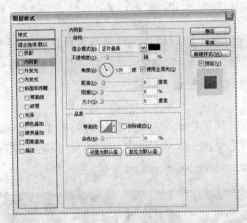 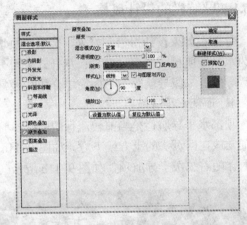

图 9-8　"内阴影"样式参数值设置　　　　图 9-9　"渐变叠加"样式参数值设置

5）选择"横排文字工具"，其设置同步骤 2），输入"GREEN"。为该文字图层添加图层样式"内阴影"与"渐变叠加"，具体参数的设置与步骤 4）中基本相同。只是将"内阴影"样式中的距离改为"3"，单击"渐变叠加"对话框中"渐变"右侧的图示编辑渐变，分别设置左、右两端的色标颜色为 RGB（106，161，0）、RGB（163，219，44）。

6）同步骤 3），创建图层"箭头"并使用钢笔工具绘制形状图层。为该图层添加图层样式"投影"，具体参数值的设置如图 9-10 所示。

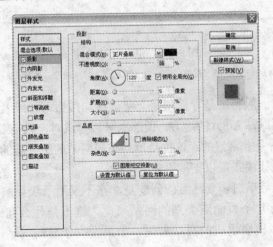

图 9-10　"投影"样式参数值设置

导航条在网站中起到导航作用，是指引浏览者访问另一页面的快速通道。网站导航是网站的指路灯，也是网站内容的总体概述，同时也是搜索引擎收录网站的重要权衡因素。创建一套良好的网站导航系统将会使网站更易访问。根据网站内容，一个网页可以设置多个导航条，还可以设置多级的导航条以显示更多的导航内容。

9.3.1 导航栏的设计风格

导航栏如果设计得恰到好处，会给网页增色很多。导航栏的风格多种多样，从布局上可分为水平导航栏、垂直导航栏；从样式上可分为文字导航栏、图片导航栏；从级别上可分为一级导航、二级导航等。下面简单介绍几种常用的导航栏设计风格。

1. 顶部水平导航栏

顶部水平导航栏是当前较流行的网站导航设计风格之一。它最常用于网站的主导航菜单，且通常放在网页头的上方或下方，如图 9-11a 所示（http://www.rayli.com.cn）。顶部水平导航有时伴随着二级子导航项，如图 9-11b 所示（http://deco.rayli.com.cn）。

图 9-11 顶部水平导航栏

a）普通顶部水平导航栏　b）带有二级子导航项的顶部水平导航栏

顶部水平导航栏的一般特征是导航项是文字链接、按钮形状或者选项卡形状，水平导航栏通常直接放置在邻近网站 Logo 的地方。顶部水平栏导航对于只需要在主要导航中显示 5～12 个导航项的网站来说是非常好的。这也是单列布局网站的主导航的唯一选择。当它与下拉子导航结合时，这种设计模式可以支持更多的链接。

在使用顶部水平栏导航时需要注意的问题是，在不采用子级导航的情况下限制了能够包含的链接数。对于只有几个页面或类别的网站来说，这不是什么问题，但是对于有非常复杂的信息结构且有很多模块组成的网站来说，如果没有子导航的话，这并不是一个完美的选择。

2．垂直导航栏

垂直导航栏的导航项被排列在一个单列上，如图 9-12 所示（http:/www.nikestore.com.cn），它经常在页面的左上角，这主要是因为浏览者一般都习惯从左到右读取网页。垂直导航栏设计模式随处可见，几乎存在于各类网站上。垂直导航栏也是当前最常用的风格之一，可以适应数量很多的链接。

图 9-12　垂直导航栏

垂直导航栏的一般特征是将文字链接作为导航项，很少使用选项卡，垂直导航栏有时会含有很多链接。垂直导航栏几乎适用于所有种类的网站，尤其适合有很多主导航链接的网站。

在使用垂直导航栏时需要注意的问题是，因为它可以处理很多链接，当垂直菜单太长时有可能将用户淹没。在使用垂直导航栏时，应限制引入的链接数，取而代之可以使用飞出式子导航菜单以提供网站的更多信息。同时考虑将链接分放在直观的类别当中，以帮助用户更快地找到感兴趣的链接。

3．选项卡导航栏

选项卡导航栏如图 9-13 所示（http://www.autohome.com.cn），可以随意设计成不同的样式，从逼真的标签到圆滑的标签以及简单的标签等，选项卡导航栏更具有亲和力，因为它同我们常用的操作系统或是某些软件的选项卡标签很类似。

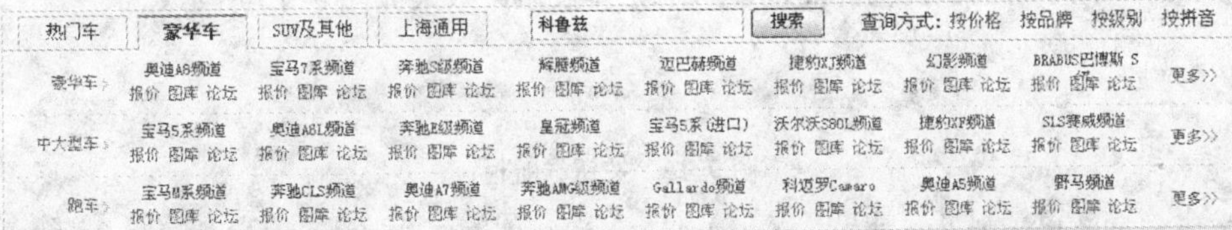

图 9-13　选项卡导航栏

选项卡导航栏的一般特征是富有真实性，外观和功能都类似于真实世界的文件夹和笔记本中的选项卡。其方向一般是水平的但也有时是垂直的。选项卡也几乎适合任何主导航，虽然它在显示链接的数目上有限制，但将它作为拥有不同风格子导航的大型网站的主导航是个不错的选择。

在使用选项卡导航栏时需要注意的问题是，它比简单的顶部水平栏更难设计，它通常需要更多的标签、图片资源，另外，选项卡也不太适用于链接很多的情况。

4. 下拉菜单和飞出式菜单导航栏

下拉菜单（一般与顶部水平导航栏一起使用）和飞出式菜单（一般与垂直导航栏一起使用）是构建健壮的导航系统的好方法。它们使得网站整体上看起来很整洁，而且使得导航栏目更加细化，网站更容易被访问，如图 9-14 所示（http://www.amazon.cn）。

图 9-14　飞出式菜单导航栏

下拉菜单和飞出式菜单导航栏的一般特征是用于多级信息结构，显示在菜单中的链接是主菜单项的子项，菜单通常在鼠标悬停在上面或是单击时被激活。如果想在视觉上隐藏很复杂的导航层次，下拉菜单和飞出式菜单导航栏是很好的选择。

在使用下拉菜单和飞出式菜单导航栏时需要注意的问题是，浏览者可能不知道哪些是包含子导航项的主导航链接，因此需要在主导航链接边上放置一些标识（通常是箭头图标）。另外，下拉菜单和飞出式菜单导航栏在移动设备上不易使用。

9.3.2　导航栏的制作过程

网站设计中导航栏的制作非常重要，漂亮的导航按钮和导航图片会给网站增色不少。下面分别介绍导航菜单和导航按钮的制作过程。

 9-3：制作按钮导航栏。

该导航栏中为每个导航项目设置了一个立体按钮，效果如图 9-15 所示。

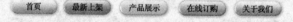

图 9-15　按钮导航栏

1）执行菜单栏中的"文件"→"新建"命令，在弹出的"新建"对话框中设置名称为"按钮导航栏"、宽度为"800 像素"、高度为"100 像素"、分辨率为"72 像素/英寸"、背景内容为"白色"。

下面，以左侧第一个导航按钮为例，介绍立体按钮的制作方法。

2）在工具箱中选择"圆角矩形工具" ，在工具选项栏中设置半径为 30px，在图像中拖动鼠标绘制圆角矩形。在路径面板中双击当前工作路径，在弹出的"存储路径"对话框中单击"确定"按钮，将其存储为"路径 1"。单击路径面板下方的"将路径作为选区载入"按钮 ，在图层面板中创建新图层"图层 1"，设置前景色为 RGB（204，204，204），背景色为 RGB（153，153，153），在选区内由上至下填充从前景色到背景色的线性渐变，填充后不要取消选区。

3）执行菜单栏中的"选择"→"修改"→"收缩"命令，在弹出的"收缩选区"对话框中设置收缩量为2px。创建新图层"图层2"，设置前景色为RGB（255，255，255），使用油漆桶工具将选区填充为白色。在图层面板中设置图层"图层2"的不透明度为40%。

4）使用椭圆选框工具，设置样式为固定大小，宽度、高度均为30px。运用"从选区中减去"运算模式创建月牙选区，如图9-16所示。选择"渐变工具"，设置渐变样式为"从前景色到透明渐变"，渐变类型为"对称渐变"。创建新图层"图层3"，在图层3中按照图9-17箭头所示的方式填充选区，绘制高光区域。

5）将图层1、图层2、图层3合并为"导航-1"图层，为该图层添加"投影"样式，其参数设置如图9-18所示。

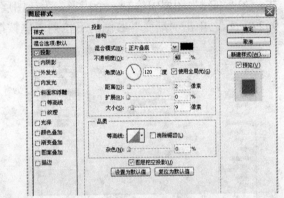

图9-16 创建月牙选区　图9-17 为月牙选区填充渐变　　　图9-18 "投影"样式参数值设置

6）在路径面板中选中"路径1"，单击面板下方的"将路径作为选区载入"按钮。创建新图层"渐变"，在选区内填充从前景色到透明的线性渐变。将"渐变"图层的混合模式设为"叠加"。

参照步骤2）至6），绘制其他几个导航按钮。最后，创建文字图层，写上相应的文字即可。

演练 9-4：制作图片导航栏。

该导航栏中使用图片作为导航项目，效果如图9-19所示。当鼠标停留在某个图片上时，可显示与之对应的导航项目说明文字，如图9-20所示。

图9-19 图片导航栏

图9-20 鼠标停留在第一个图片上时显示"首页"

1）执行菜单栏中的"文件"→"新建"，在弹出的"新建"对话框中设置名称为"图片导航栏"、宽度为"1002像素"、高度为"200像素"、分辨率为"72像素/英寸"、背景内容为"白色"。

2）先制作导航栏下方的面板。创建新图层"面板"，将前景色设置为RGB（194，221，228），选择"钢笔工具"并在工具选项栏中设置路径模式为"形状图层"，在"面板"图层中绘制一个梯形。为该图层添加图层样式"渐变叠加"，其参数设置如图9-21所示。单击"渐变"右侧的下拉列表框按钮，选择"黑，白渐变"并勾选"反向"。

3）为使面板更具立体感，在面板底部绘制一条深色的细线。创建新图层"细线"，参照步骤2），将前景色设置为RGB（62，130，148），选择"钢笔工具"并设置"形状图层"模式，在"细线"图层中绘制一个矩形。为该图层添加图层样式"渐变叠加"，其参数设置如图9-22所示。单击"渐变"右侧的下拉列表框按钮，选择"黑，白渐变"。

 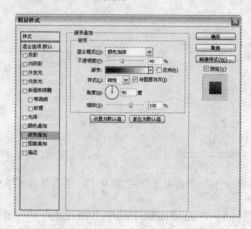

图9-21　"面板"图层"渐变叠加"样式参数设置　　图9-22　"细线"图层"渐变叠加"样式参数设置

4）创建图层组"1"，将素材图片"01.png"拖动至该组中，在图层面板中将其命名为"图片1"，并将其拖动到图像中适当的位置。复制"图片1"图层，得到"图片1副本"图层，选中副本图层后，按下〈Ctrl+T〉组合键，单击右键执行"垂直翻转"命令。将副本图层移动到"图片1"图层的正下方。在图层面板中调整其不透明度为"15%"，使用图层蒙版将其在面板下方的内容清除掉。

5）在图层组"1"中，创建图层组"说明文字"，该组中包含三个图层，两个带有矢量蒙版的图层，一个文字图层。带有矢量蒙版图层的创建可参考步骤2）进行制作，其中一个图层还添加有描边样式。

6）参照步骤4）、5）完成其余6个图片导航项的绘制。

9.4　广告位的设计与制作——GIF动画

在互联网上经常能看到各式各样的广告动画，这些动态显示的图片吸引了浏览者的注意力，也给原本较呆板的页面增加了不少生机。在页面设计中，最好能先将广告位考虑在内，在这种情况下广告能在网站上发挥作用，同时又不会扰乱页面中原有的内容或信息流的顺畅。现在一般使用较多的有 GIF 动画和 Flash 动画，虽然现在 Flash 动画也很常用，但 GIF 动画以其简易的制作、广泛的适用性体现着很高的实用价值，在网页动画中的地位依旧不容动摇。

9.4.1 Photoshop 中的动画面板

动画是在一段时间内显示的一系列图像或帧。每一帧较前一帧都有轻微的变化，当连续、快速地显示这些帧时就会产生运动或其他变化的错觉。在 Photoshop 的动画面板中，可以完成所有关于创建、编辑动画的工作。在该面板中，可采用两种方式编辑动画，一种是动画帧模式，另一种是时间轴模式。

1. 动画帧模式的动画面板

在 Photoshop CS5 中，默认情况下，执行"窗口"→"动画"，动画面板以帧模式出现，如图 9-23 所示，显示动画中的每个帧的缩览图。使用面板底部的工具可浏览各个帧，设置循环选项，添加和删除帧以及预览动画。

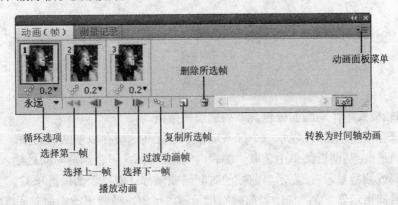

图 9-23　动画帧模式的动画面板

在帧模式中，动画面板包含下列选项和按钮。

"循环选项"：设置动画在作为动画 GIF 文件导出时的播放次数。

"帧延迟时间"：设置帧在回放过程中的持续时间。

"过渡动画帧"：在两个现有帧之间添加一系列帧，通过插值方法使新帧之间的图层属性均匀。

"复制选定的帧"：通过复制动画面板中的选定帧，以向动画添加帧。

"转换为时间轴动画"：将帧动画转换为时间轴动画。

"动画面板菜单"：包含其他用于编辑帧或时间轴持续时间以及用于配置面板外观的命令，单击面板菜单图标可查看可用命令。

2. 时间轴模式的动画面板

在 Photoshop CS5 中，还可以按照时间轴模式使用动画面板，如图 9-24 所示。时间轴模式显示文档图层的帧持续时间和动画属性。使用面板底部的工具可浏览各个帧，放大或缩小时间显示，切换洋葱皮模式，删除关键帧和预览视频。可以使用时间轴上自身的控件调整图层的帧持续时间，设置图层属性的关键帧并将视频的某一部分指定为工作区域。

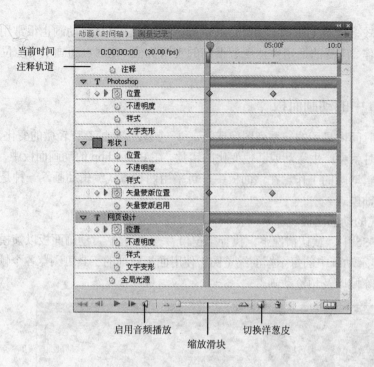

当前时间

注释轨道

启用音频播放　　　　切换洋葱皮

缩放滑块

图 9-24　时间轴模式的动画面板

在时间轴模式中，动画面板包含下列选项和按钮。

"高速缓存帧指示器"：显示一个绿条以指示进行高速缓存以便回放的帧。

"注释轨道"：从面板菜单中选取"编辑时间轴注释"，可在当前时间处插入文本注释。

"时间码或帧号显示"：显示当前帧的时间码或帧号（取决于面板选项）。

"当前时间指示器"：拖动当前时间指示器，可浏览帧或更改当前时间或帧。

"全局光源轨道"：显示要在其中设置和更改图层效果（如投影、内阴影以及斜面和浮雕）的主光照角度的关键帧。

"关键帧导航器"：轨道标签左侧、右侧的箭头按钮，将当前时间指示器从当前位置移动到上一个或下一个关键帧。单击中间的按钮可添加或删除当前时间的关键帧。

"图层持续时间条"：指定图层在视频或动画中的时间位置。要将图层移动到其他时间位置，请拖动此条。要裁切图层（调整图层的持续时间），请拖动此条的任一端。

"已改变的视频轨道"：对于视频图层，显示已改变帧的持续时间条。要跳转到已改变的帧，请使用轨道标签左侧的关键帧导航器。

"时间标尺"：根据文档的持续时间和帧速率，水平测量持续时间（或帧计数）。可从面板菜单中选取"文档设置"以更改持续时间或帧速率。刻度线和数字出现在标尺上，其间距随时间轴缩放设置的改变而变化。

"时间-变化秒表"：启用或停用图层属性的关键帧设置。选择此选项可插入关键帧并启用图层属性的关键帧设置。取消选择可移去所有关键帧，并停用图层属性的关键帧设置。

"动画面板菜单"：包含影响关键帧、图层、面板外观、洋葱皮和文档设置的功能。

"工作区域指示器"：拖动位于顶部轨道任一端的蓝色标签，可标记要预览或导出的动画或视频的特定部分。

9.4.2　GIF 动画的实现步骤

使用 Photoshop 软件制作 GIF 动画十分方便、快捷，而且可采用两种方式编辑动画，一种是动画帧模式，另一种是时间轴模式。下面结合两个例子，分别采用动画帧模式和时间轴模式实现 GIF 动画。

演练 9-5：采用动画帧模式制作"牛仔裤专题网"的 GIF 动画广告。

1）执行菜单栏中的"文件"→"新建"，在弹出的"新建"对话框中设置名称为"动画帧 GIF"、宽度为"980 像素"、高度为"140 像素"、分辨率为"72 像素/英寸"、背景内容为"白色"。

2）分别将素材图像"01.jpg"、"02.jpg"和"03.jpg"拖动进来，得到图层 1、图层 2 和图层 3。

3）新建图层 4，将其填充为颜色 RGB（34，51，94）；新建图层 5，将其填充为白色 RGB（255，255，255）。

4）将素材图像"04.jpg"拖动进来，得到图层 6，并将其不透明度设置为 50%。在工具箱中选择"横排文字工具"，设置字体为"华文行楷"，大小为"108 点"，输入文字"欢迎光临宇泽牛仔！"，得到文字图层。

5）执行菜单栏中的"窗口"→"动画"命令，打开动画面板。若其显示的是时间轴动画面板，则单击该面板右下角的"转换为帧动画"按钮 ，切换到帧动画面板。此时动画面板中有 1 帧，单击面板下方的"复制所选帧"按钮 得到第 2 帧，用同样的方法复制得到第 3、4、5 帧。

6）选中第 1 帧，在图层面板中设置"图层 1"可见，其余图层均为隐藏；选中第 2 帧，在图层面板中只显示"图层 2"；选中第 3 帧，在图层面板中只显示"图层 3"；选中第 4 帧，在图层面板中只显示"图层 4"；选中第 5 帧，在图层面板中只显示"图层 5"。

7）若想得到渐变的效果，可选择第 1 帧后单击动画面板下方的"过渡动画帧"按钮 ，在弹出的"过渡"对话框中可设置相应的参数，此例中按默认值设置，单击"确定"按钮。此时，会自动生成 2~6 共 5 个过渡帧，如图 9-25 所示。由于过渡帧具有半透明效果，因此可在第 2 帧至第 6 帧所对应的图层中显示出"背景层"。采用同样的方式，可在第 7 帧之后添加8~12 共 5 个过渡帧。

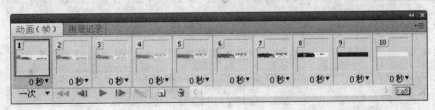

图 9-25　在第 1 帧之后插入 5 个过渡帧

8）按下〈Ctrl〉键，单击鼠标选择第 14、15 帧，单击面板下方的"复制所选帧"按钮 两次，得到 16~19 帧。复制第 19 帧，得到第 20 帧。选中第 20 帧，在图层面板中只显示"背景层"、"图层 6"和"文字图层"。

9）在每一帧下方的下拉列表框中设置其延迟时间。第 1 帧至第 13 帧设置为 0.2s，第 14 帧至第 19 帧设置为 0.1s，第 20 帧设置为 1s。在动画面板的左下角设置循环次数为"永远"，如图 9-26 所示。

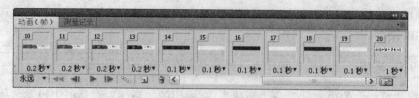

图 9-26　设置各帧的延迟时间及动画的循环次数

10）执行菜单栏中的"文件"→"存储为 Web 和设备所用格式"命令，单击弹出对话框中的"确定"按钮，将其存储为".gif"格式的动画。

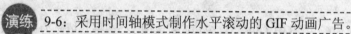

演练 9-6：采用时间轴模式制作水平滚动的 GIF 动画广告。

1）执行菜单栏中的"文件"→"新建"，在弹出的"新建"对话框中设置名称为"时间轴 GIF"、宽度为"300 像素"、高度为"300 像素"、分辨率为"72 像素/英寸"、背景内容为"白色"。

2）将素材图片"01.jpg"至"05.jpg"拖动至"时间轴 GIF"文件中，得到"图层 1"至"图层 5"。

3）执行菜单栏中的"窗口"→"动画"，打开动画面板，切换到时间轴模式。单击面板右上角的"动画面板菜单"按钮 ，执行其中的"文档设置"命令。在弹出的"文档时间轴设置"对话框中设置持续时间为"0:00:05:00"，单击"确定"按钮。

4）为了便于动画制作，可先将图层面板中的"图层 1"至"图层 5"隐藏起来。在动画面板中展开"图层 1"，单击"图层 1"下方"位置"左侧的"时间-变化秒表"按钮 ，此时会在当前时间轴上添加一个关键帧，将"图层 1"显示出来，使用"移动工具"将"图层 1"移动到图像的右侧，即不显示在当前图像中。

5）拖动"当前时间指示器" 至"01:00f"的刻度上，单击"图层 1"下方"位置"左侧的"在当前时间添加或删除关键帧"按钮 ，添加一个关键帧，如图 9-27 所示。使用"移动工具"将"图层 1"移动到图像的左侧。

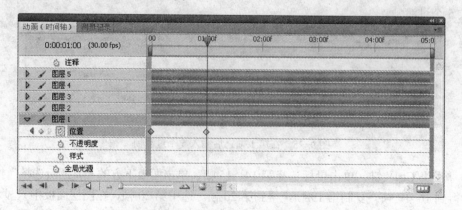

图 9-27　为"图层 1"添加关键帧

6）在动画面板中展开"图层2"，单击"图层2"下方"位置"左侧的"时间-变化秒表"按钮，此时会在当前时间轴上添加一个关键帧，将"图层2"显示出来，使用"移动工具"将"图层2"移动到图像的右侧。拖动"当前时间指示器"至"02:00f"的刻度上，单击"图层2"下方"位置"左侧的"在当前时间添加或删除关键帧"按钮，添加一个关键帧，如图9-28所示。使用"移动工具"将"图层2"移动到图像的左侧。

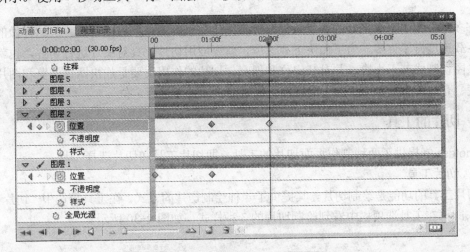

图 9-28　为"图层2"添加关键帧

7）参照步骤6），对"图层3"至"图层5"设置适当的关键帧，最终的动画面板如图9-29所示。

图 9-29　动画面板最终效果

8）执行菜单栏中的"文件"→"存储为 Web 和设备所用格式"，在弹出对话框的右下角设置动画循环选项为"永远"，单击"确定"按钮，将其存储为".gif"格式的动画。

9.5 应用切片工具生成所需图像

许多网页为了追求更好的视觉效果，经常采用一整幅图片来布局网页。但这样做的结果却使下载速度慢了许多。为了加快下载速度，就要应用切片工具对图片进行切片，也就是把一整张图切割成若干小块，并对其定位和保存。切片的作用主要是加快网页浏览和图片下载的速度、有效减少页面文件的大小以及更好地对页面元素进行定位。

9.5.1　切片的工具

Photoshop 提供了两种制作页面切片的工具，即切片工具和切片选择工具。

1. 切片工具

切片工具的功能是绘制切片，其提供了 4 种绘制切片的方式。在工具箱选中"切片工具" 后，即可在工具选项栏中看到绘制切片的 3 种样式，如图 9-30 所示。

图 9-30　切片工具选项栏

其中，"正常"样式允许用户使用光标绘制任意大小的切片。"固定长宽比"样式允许用户在右侧的高度和宽度文本框中输入指定的大小比例，然后再通过切片工具根据该比例绘制切片。"固定大小"样式允许用户在右侧的宽度和高度文本框中输入指定的大小，然后再通过切片工具根据大小绘制切片。

除了以上 3 种样式外，切片工具的工具选项栏还有"基于参考线的切片"按钮。若图像中包含参考线，则单击该按钮后 Photoshop 会根据参考线绘制切片。

2. 切片选择工具

除了切片工具外，Photoshop 还提供了切片选择工具，允许用户选中切片，然后对切片进行编辑。

在工具面板中，选择切片选择工具后，即可单击图像中已存在的切片，通过右键菜单进行编辑。编辑切片的命令共有以下 9 个。

"删除切片"命令可将选中的切片删除。

"编辑切片选项"命令可打开"切片选项"对话框。在该对话框中，用户可设置切片类型、切片名称、链接的 URL、目标打开方式、信息文本、图片置换文本、切片的大小、坐标位置以及背景颜色等选项。

"提升到用户切片"命令可将非切片区域转换为切片。

"组合切片"命令可将两个或更多的切片组合为一个切片。

"划分切片"命令可打开"划分切片"对话框，将一个独立的切片划分为多个切片。划分切片时，既可以水平方式划分，又可以垂直方式划分。

Dw Ps Fl

"置为顶层"命令，当多个切片重叠时，将某个切片设置在切片最上方。

"前移一层"命令，当多个切片重叠时，将某个切片的层叠顺序提高一层。

"后移一层"命令，当多个切片重叠时，将某个切片的层叠顺序降低一层。

"置为底层"命令，当多个切片重叠时，将某个切片设置在最底层。

9.5.2 切片的方法

切片方法主要有使用切片工具创建切片、利用参考线生成切片以及利用图层生成切片。使用切片工具创建切片时，可先在工具箱中选中"切片工具"，然后在图像中拖动选择一块区域，生成一个切片，该切片称为"用户切片"，其左上角会显示有"01"图标。剩下的区域，系统会自动为其创建切片，这些切片称为"自动切片"，其左上角会显示有"02"图标。利用参考线生成切片时，需先在图像中创建参考线，然后选择"切片工具"，在其工具选项栏上单击"基于参考线的切片"按钮。利用图层生成切片时，先要选择一个图层，然后执行菜单栏中的"图层"→"新建基于图层的切片"命令，该切片的左上角会显示有"06"图标。

同一张网页效果图，不同的人可能会切出不同的效果。对于切片而言，没有固定的模式。我们可以根据页面中的元素进行切片，例如 Logo 单独切片、导航栏单独切片、Banner 单独切片。切片时需要遵循的原则是：颜色一样的切成一个小图、网页中作为文字内容显示的区域切成一个小图，尽量切成一列一列的、小图与小图之间不要留空隙。

制作切片最终的目的是将图像切片导出为网页。在 Photoshop 中，按照指定的步骤，即可导出切片网页。

1．存储为 Web 和设备所用格式

执行菜单栏中的"文件"→"存储为 Web 和设备所用格式"，打开"存储为 Web 和设备所用格式"对话框，可以选择优化选项卡，也可以预览优化的图稿。

该对话框的右侧是用于设置切片图像仿色的选项，左侧是预览图像窗口，共包含 4 个选项卡，它们的功能分别为："原稿"可以显示没有优化的图像；"优化"可以显示应用了当前优化设置的图像；"双联"可以并排显示图像的两个版本；"四联"可以显示图像的 4 个版本。

针对图像中的色彩数目较少的图像，可选择双联模式，将图像格式设置为 GIF，色彩数目设置为 4 色，文件大小将被优化压缩。也可将图像显示为四联模式，将图像格式设置为 JPEG，品质设置为 2，虽然牺牲了一些图像品质，但图像大小会缩小许多，在网上的传输时间也缩短了。

2．输出设置

在设置图像的优化属性后，单击"存储为 Web 和设备所用格式"对话框右上角的"优化菜单"按钮 ，在弹出的菜单中执行"编辑输出设置"命令，即可打开"输出设置"对话框，在该对话框的"设置"下拉列表中，可进行以下 4 项设置。

"HTML"选项用于创建满足 XHTML 导出标准的 Web 页面，如果启用"输出 XHTML"复选框，则会禁用可以与此标准冲突的其他输出选项，并自动设置"标签大小写"和"属性大小写"选项。

"切片"选项的作用是设置输出切片的属性，包括设置切片代码以表格的形式存在还是以层的形式存在。另外，该对话框还提供了为切片命名的选项，允许用户设置切片的命名方式。

"背景"选项的作用是为整个页面提供一张整体的背景图像，或为页面设置背景颜色。选择"颜色"列表，可以设置背景为无色、杂边、吸管颜色、黑色以及其他颜色。

"存储文件"选项的作用是定义保存的切片图片属性，包括为图片文件命名、设置图片文件名的兼容性（字符集）以及设置图片保存的路径和存储方式等。

演练 9-7：对"宇泽"首饰电子商务网站首页进行切片处理。

1）使用 Photoshop 打开图像"'宇泽'首饰电子商务网站首页效果图.psd"，用缩放工具适当缩小图片大小，以便于切片。

2）为使切片准确，可使用参考线并设置对齐到参考线，或显示网格并对齐到网格。

3）使用"切片工具"在左上角 Logo 部分进行切片，如图 9-31 所示。要确保切片边界精准和图像边界重合，不可留下缝隙，放大图像，仔细检查是否出现切片重叠现象，若有重叠及时调整。

图 9-31　切出 Logo 区域

4）此时会生成"自动切片"02 和 03，使用"切片选择工具"右键单击 02、03 切片，选择"提升到用户切片"命令。调整 02、03 切片的边缘，使它们分别对应快速链接区域和搜索区域，如图 9-32 所示。余下的部分按照此方法继续切片。例如，03 切片为导航栏、04 切片为 Banner 条，如图 9-33 所示。

图 9-32　切出快速链接区域和搜索区域

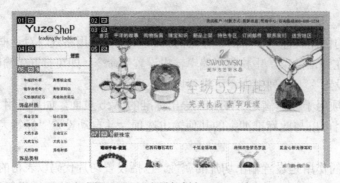

图 9-33　切出导航栏与 Banner 条

Dw **Ps** **Fl**

5）切割导航栏按钮，使用"切片选择工具"选择 03 切片，单击鼠标右键，执行"划分切片"命令。在弹出的"划分切片"对话框中，选择"垂直划分"，设置"9"个横向切片，单击"确定"按钮。系统切片后，需再使用"切片选择工具"对这 9 个切片的边缘作调整，导航栏的切片效果如图 9-34 所示。若需设置导航按钮的超链接属性，可使用"切片选择工具"右键单击某个导航按钮切片，执行"编辑切片选项"命令，在"切片选项"对话框中设置其 URL 属性。

图 9-34　对导航栏进行切片

6）采用适当的方法完成其他区域的切割。

7）切片输出。执行"文件"→"存储为 Web 和设备所用格式"，将优化的文件以 GIF 格式进行存储，单击"存储"按钮，在"将优化结果存储为"对话框中，设置存储位置，选择"格式"为 HTML 和图像。单击"保存"按钮后，将在指定的存储位置自动生成一个 HTML 文档和一个 images 文件夹。

9.6　课堂综合练习——"宇泽"首饰电子商务网站的效果图制作

本节主要依据色彩搭配方法、Logo 设计原则、导航栏设计模式完成"'宇泽'首饰电子商务网站"的效果图制作。通过本节的练习，读者能够充分掌握 Photoshop 在实际网页设计工作中的应用。网页规划图如图 9-35 所示，最终效果如图 9-36 所示。

A 区 Logo	B 区快速链接
	C 区导航
D 区搜索	F 区 Banner
E 区产品分类/站内向导	G 区产品展示
H 区版权	

图 9-35　网页规划示意图

图 9-36　"宇泽"首饰电子商务网站网页效果图

1）执行菜单栏中的"文件"→"新建"，在弹出的"新建"对话框中设置名称为"字泽网站效果图"、宽度为"995像素"、高度为"1140像素"、分辨率为"72像素/英寸"、背景内容为"白色"。执行菜单栏中的"视图"→"标尺"命令，将标尺显示出来。选择工具箱中的"移动工具"，从水平、垂直标尺上拖动出水平及垂直参考线。制作过程中可利用参考线精准布局。

2）A区Logo。在页面的左上角创建一个宽为240像素、高为95像素的选区，用来绘制Logo。此网站的Logo比较简单，仅由文字构成，使用"横排文字工具"即可完成。为避免样式单调，Logo中的文字使用了不同的字体和颜色。制作时，可先创建"logo"图层组，然后在该组中创建文字图层。

3）B区快速链接。创建一个"快速链接"图层组，将B区相应图层放置在该组中。紧邻A区，在页面顶部创建一个宽为755像素、高为30像素的选区，创建图层"快速链接-背景"后，将前景色设置为RGB（204，204，0），使用"油漆桶工具"填充选区。使用"横排文字工具"，设置字体为"宋体"、大小为"13点"、颜色为RGB（0，0，0），输入链接文字，并使用"|"将这些链接项分隔开来。

4）C区导航。由于导航区与Banner区要使用统一的背景，可为它们设置一个图层组"banner/导航"。在A区的下方创建一个宽为755像素、高为325像素的选区。创建图层"banner-背景"，设置前景色为RGB（102，51，102），使用"油漆桶工具"填充选区。使用"横排文字工具"，设置字体为"黑体"、大小为"16点"、颜色为RGB（255，255，255），输入导航项目文字。

5）D区搜索。创建图层组"搜索"。在Logo区的下方，创建一个宽为240像素、高为60像素的选区，创建图层"搜索-背景"，将前景色设置为RGB（247，247，247），填充选区。创建图层"输入框"，使用"矩形选框工具"生成选区后，单击右键选择"描边"，设置宽度为1px，颜色为RGB（165，172，178）。创建图层"按钮"，使用"矩形选框工具"生成选区后，单击右键选择"描边"，设置宽度为1px、颜色为RGB（165，172，178），并使用颜色RGB（255，200，80）填充选区。使用"横排文字工具"，设置字体为"黑体"，大小为"14点"，颜色为RGB（0，0，0），输入"搜索"二字。

6）E区产品分类/站内向导。"产品分类"区域主要是使用文字工具输入相应的栏目标题和对应的项目，使用素材图像"分隔线.gif"将其分隔开来。"站内向导"区域则要使用"圆角矩形工具"，在工具选项栏中设置"路径"模式，半径为6px。将画笔大小设置为1px，硬度为100%，前景色设置为RGB（230，230，230），绘制路径后，单击路径面板下方的"用画笔描边路径"按钮。其中的图标可直接使用素材图像"卡通人物.png"、"礼物.png"以及"竖直分割线.png"，最后使用"横排文字工具"输入相应的说明性文字。

7）F区Banner。直接拖入素材图像"banner.jpg"。

8）G区产品展示。此区域分为"最新珠宝"、"超人气珠宝"、"特价商品"3个部分。可使用文字工具输入相应的类别名称，将素材图像"图标.png"拖动至类别名称的左侧。创建矩形选区并描边选区后，得到商品外围的边框线，将边框线对应的图层复制14份之后摆放在相应的位置。将素材图像"001.jpg"至"015.jpg"共15张图片分别拖放在相应的边框中，最后使用文字工具输入产品名称及价格。

9）H区版权。可将Logo对应的图层复制后拖动至该区域，然后使用"横排文字工具"

Dw **Ps** **Fl**

创建段落文字后，输入相应的版权信息内容。

9.7 课堂综合实训——"上海天众汽车用品"公司主页效果图制作

1. 实训要求

参照本章所讲的内容，制作"上海天众汽车用品"公司主页效果图，在制作过程中注意体会网页设计中色彩的应用、Logo 的设计要点以及导航栏的设计风格。最终效果如图 9-37 所示。

图 9-37 "上海天众汽车用品"公司主页效果

2. 过程指导

1）执行菜单栏中的"文件"→"新建"，设置相应参数。执行菜单栏中的"视图"→"标尺"，显示标尺并拖动出水平及垂直参考线。制作过程中可利用参考线精准布局。

2）在图像中创建出一些矩形选区，对其填充颜色或渐变，构成网站背景。

3）网站 Logo 简洁、明了，由字母"T"与"Z"组合而成，为避免过于单调添加内阴影和外发光样式。

4）导航栏采用简单的顶部水平文字项目导航。使用文字工具输入相应的导航项目，使用三角标志的分隔符将它们分隔开来。

5）公司简介由段落文字和一些修饰边框构成，在"关于我们"和"MORE"这些关键字上添加描边效果。

6）精品专区部分展示出 4 张产品图片，可在每张图片的 4 个角上添加适当的修饰边框。

7）在页面底部的版权区内使用文字工具输入相应的说明性文字。

9.8 习题

1．为某房地产信息网站设计网站 Logo，要求创意新颖、设计简洁。

2. 为个人博客网站设计导航栏，最终效果参照图 9-38。

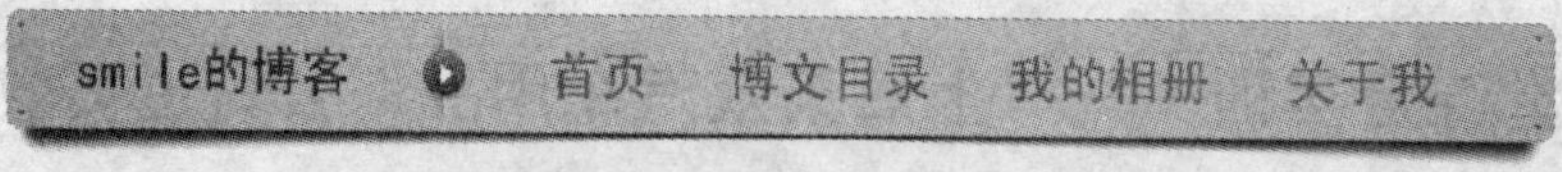

smile的博客　　　首页　　博文目录　　我的相册　　关于我

图 9-38　导航栏效果图

3. 利用素材文件夹中的图片，分别制作动画帧模式和时间轴模式的广告动画。

4. 为飞鸟网络科技公司设计主页，最终效果参照图 9-39。

图 9-39　网页效果图

5. 对上题制作的网页效果图中的导航栏进行切片。

第 10 章

Flash CS5 的基本操作

Flash 是一款集多种功能于一体的矢量图形编辑和动画制作专业软件，Flash 具有交互性，并且数据量小、效果好，不需要播放类软件支持等特点，所以用 Flash 制作的动画作品被广泛用于网页中，包括动态网页、网页广告、网站片头等。

知识要点

➢ 认识 Flash CS5；

➢ 认识 Flash CS5 的常用工具；

➢ 认识 Flash CS5 的基本操作；

➢ 测试与发布。

预期目标

➢ 认知 Flash CS5 的常用面板；

➢ 掌握 Flash 的基本操作；

➢ 能够熟练完成 Flash CS5 元件的制作；

➢ 学会网页导航条的制作。

10.1 认识 Flash CS5

Adobe Flash CS5 是目前 Flash 的较新版本，是动画制作与特效制作最优秀的软件之一。Flash CS5 具有强大的交互功能和图像质量高等特点。

Flash 可制作出各种风格的动画，其应用领域非常广泛，包括动画短片、网站片头、网页广告、动态网页、互动教学和交互游戏等。

10.1.1 常见术语

1. swf

swf 是 Shock Wave Flash 的简写，是 Macromedia 公司（现已被 Adobe 公司收购）的动画设计软件 Flash 的专用格式，swf 文件通常也被称为 Flash 文件。它是一种支持矢量和点阵图形的动画文件格式，被广泛应用于网页设计、动画制作等领域，swf 普及程度很高。

2. fla

fla 文件是 Flash 的源文件，可以在 Flash 软件中打开、编辑和保存，Flash 中所有的原始素材和全部原始信息都保存在 fla 文件中，所以 fla 文件最好保留，方便下次直接编辑。

3. flv

flv 是 Flash Video 的简称，flv 流媒体格式是随着 Flash 的推出发展而来的视频格式。flv 文件体积小巧，一部电影只有 100MB 左右，是普通视频文件体积的 1/3，而且 CPU 占有率低、视频质量良好，因此在网络上盛行。目前网上的几家著名视频共享网站均采用 flv 格式提供视频文件。

4. avi

avi 是 Audio Video Interleaved 的简写，即音频视频交错格式，它是将语音和影像同步组合在一起的文件格式。avi 格式对视频文件采用了一种有损压缩方式，压缩比较高，尽管画面质量不是太好，但其应用范围仍然非常广泛，avi 主要应用在多媒体光盘上，用来保存电视剧、电影等各种影像信息。

10.1.2　Flash CS5 工作界面

Flash 的工作界面由几个主要部分组成：菜单栏、工具箱、时间轴、场景和舞台、属性和库面板以及浮动面板，如图 10-1 所示。

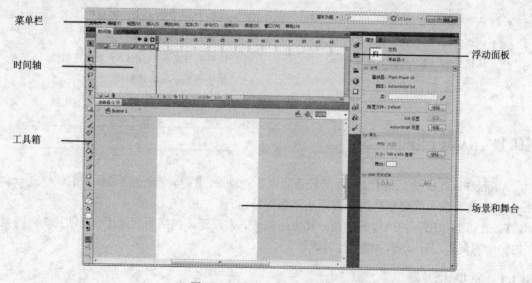

图 10-1　Flash CS5 的工作界面

Flash CS5 工作界面可以随意改变，在主菜单栏执行"窗口"→"工作区"命令，可以在菜单栏中选择 Flash CS5 已经设置好的各种工作界面。

10.1.3　Flash CS5 工具箱

Flash CS5 工具箱位于工作界面最左侧，在菜单栏中执行"窗口"→"工具"，或者按〈Ctrl+F2〉组合键，可以关闭或者显示工具箱。工具箱为用户提供了图形编辑的各种工具，分别为"工具"、"查看"、"颜色"和"选项" 4 个功能区。

1. "工具"区

"工具"区提供了选择、创建、编辑图像等工具。

2. "查看"区

"查看"区提供手形、缩放工具，主要功能为改变舞台画面以便更好地观察效果。

3. "颜色"区

"颜色"区主要用于选择绘制、编辑图形的笔触颜色和填充色。

4. "选项"区

在"选项"区内可以为当前使用的工具进行属性的选择，并且不同工具有不同的选项。

10.1.4 Flash CS5 常用面板介绍

1. "属性"面板

在 Flash CS5 中，"属性"面板位于工作界面的右侧，用于显示或更改当前动画文档、文本、元件、形状、位图、视频、组帧或工具的相关信息和设置，根据所选对象的不同，该面板中显示的内容也不相同。图 10-2 所示的是"影片剪辑"属性面板，它包括基本信息及"位置和大小"选项区、"3D 定位和查看"选项区、"色彩效果"选项区、"显示"选项区和"滤镜"选项区。

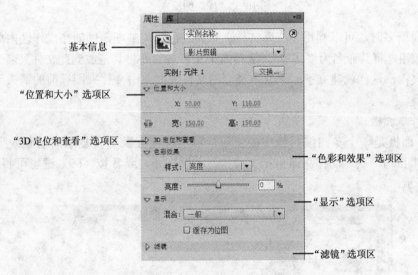

图 10-2 "影片剪辑"属性面板

2. "库"面板

Flash 的"库"面板用于管理和存放文件。用户创建的元件，导入的图片、声音、影片和组件等内容都存放到库中，这样就可以对资源进行高效的管理。

在菜单栏中执行"窗口"→"库"，或按〈Ctrl+L〉组合键，弹出如图 10-3 所示的"库"面板，库中列表显示出所有项目的名称，并允许用户查看和应用这些元素。"库"面板中项目名称左侧的图标指示该项目的文件类型。

预览窗口用于显示所选对象；单击"排序"按钮可对库面板中的对象进行排序；当项目较多、查找不方便时，在查找文本框中输入名称即可找到需要的项目；操作区中包含"新建元件"按钮，"新建文件夹"按钮，"属性"按钮以及"删除"按钮。

单击"库"面板中的"文件列表"，在列表中选择其他 Flash 文件，可打开对应的"库"

面板，这样可实现 Flash 影片之间的库共享。

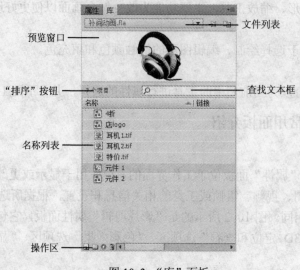

图 10-3 "库"面板

当库项目繁多时，可以利用建立库文件夹对其进行分类整理，例如在操作区内单击"新建文件夹"按钮，将其命名为"文本"，选择库中文字对象并将其拖放到此文件夹名上，即可移动到文件夹内，这样就建立了一个文本类型的文件夹，单击文件夹图标前的箭头可将文件夹展开或折叠。

3. "动作"面板

"动作"面板是一个专门编写程序的窗口，可实现交互及更为复杂的动画效果，在主菜单中执行"窗口"→"动作"即可把"动作"面板打开，或者按〈F9〉键也可将其打开，如图 10-4 所示。

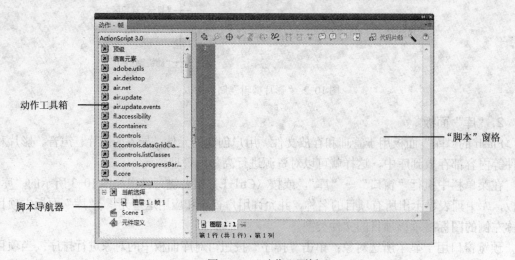

图 10-4 "动作"面板

4. "组件"面板

在主菜单中执行"窗口"→"组件"即可把"组件"面板打开，或者按〈Ctrl+F7〉组合键也可将其打开，或者单击浮动面板中的"组件"按钮 ⚙ 可快速打开"组件"面板，如图 10-5 所示。

图 10-5 "组件"面板

组件是 Flash 自带的参数已经定义的复杂影片剪辑，是 Flash 开发者为方便用户开发出来的具有特殊功能的影片剪辑，包括留言板、单选框、复选框、登录条、按钮、播放器等，使用组件可以快速地制作出网页中的元素。

10.2 Flash CS5 的常用工具与基本操作

10.2.1 新建与打开

在制作 Flash 动画之前必须要创建一个 Flash 文档，打开 Flash 场景和舞台区，显示为"欢迎页面"。图 10-6 所示的是"欢迎界面"，在左边"从模板创建"列表中选择"广告"类别并单击，则弹出"从模板新建"对话框，Flash 中给出一系列网络广告横幅的标准尺寸，如表 10-1 所示，这些广告横幅尺寸遵循国际广告局（IAB）的准则设置。

图 10-6 欢迎界面

表 10-1 广告横幅标准尺寸

广告类型	尺寸（像素）	广告类型	尺寸（像素）	广告类型	尺寸（像素）
宽擎天柱广告	160×600	图标链接广告	88×31	告示牌广告	728×90
擎天柱广告	120×600	按钮 1	120×90	中等矩形广告	300×250
半页广告	300×600	按钮 2	120×60	弹出式正方形广告	250×250
全横幅广告	468×60	纵向横幅广告	120×240	纵向矩形广告	240×400
半横幅广告	234×60	方形按钮	125×125	大型矩形广告	336×280

欢迎界面的中间列表为新建列表，此选择列表创建的 Flash 文档的 Flash 文件尺寸默认大小为 550 像素×400 像素，打开属性面板可以重新设置舞台大小，将其设置为符合国际广告局准则的尺寸。

演练 10-1：新建中等矩形的 Flash 横幅广告。

1）打开 Flash CS5，在菜单栏中执行"文件"→"新建"，弹出如图 10-7 所示"新建文档"对话框。

2）在"常规"选项卡"类型"列表中选择"ActionScript 2.0"，单击"确定"按钮，新建一个基于 ActionScript 2.0 脚本的 fla 文件。

3）打开如图 10-8 所示舞台属性面板，在"属性"选项区中单击大小后面的"编辑"按钮。

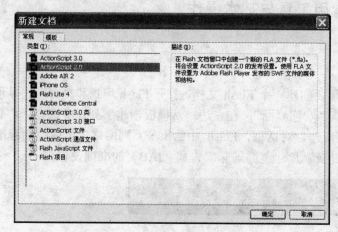

图 10-7 "新建文档"对话框

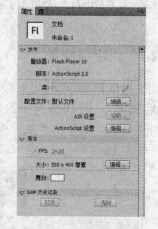

图 10-8 舞台属性面板

4）弹出如图 10-9 所示"文档设置"对话框，设置尺寸为"300 像素×250 像素"。

5）单击"确定"按钮，即可完成 Flash 文档的创建。在菜单栏中执行"文件"→"保存"，保存 Flash 文档。

6）也可打开"模板"选项卡，从模板中创建 Flash 文档，在后面的演练中会有介绍，利用此方法创建的 Flash 文档默认为 ActionScript 3.0 的设置。

图 10-9 "文档设置"对话框

Dw Ps Fl

10.2.2 时间轴

"时间轴"面板主要用于创建动画和控制动画的播放过程，如图 10-10 所示。

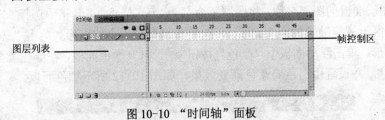

图 10-10 "时间轴"面板

"时间轴"面板左侧为图层列表，供用户创建、管理控制动画的图层。层就像一张"透明纸"，在上面画一些图形、写一些文字，然后将多层"透明纸"重叠在一起，就能实现最终的效果。右侧为帧控制区，由帧、时间轴标尺、时间轴状态以及时间轴视图等部分组成。

单击"显示"图标👁，可以将所有图层显示或者隐藏，单击"显示"图标下面的"•"图标，可以显示或隐藏一个图层。

单击"锁定"图标🔒，可以将所有图层锁定或者取消锁定，单击"锁定"图标下面的"•"图标，可以对一个图层进行锁定操作，图层锁定后，就不可对该层进行编辑。

在时间轴的帧上单击鼠标右键，可以对帧进行操作。

10.2.3 场景和舞台

舞台又叫做工作区域，是 Flash 动画中的元素最大活动空间。场景也就是常说的舞台，是编辑和播放动画的矩形区域，在舞台上可以放置和编辑矢量图形、文本框、按钮、导入的位图图片、视频剪辑等对象。舞台的属性包括大小、颜色、帧频等信息。单击场景空白部分，打开舞台属性面板，可以在此面板中设置 Flash 动画的帧频、舞台的大小以及舞台背景色。

场景的建立主要是为了方便管理，以提高工作效率，对于一段很长的影片，或者由于有明显分节的几个段子组成的动画，可以将它们分到不同的场景里，以避免时间轴太长，从而方便管理和制作。

在主菜单中执行"插入"→"场景"，可插入场景。在编辑舞台的右上角单击"编辑场景🔺"图标，即可切换场景。

10.2.4 笔触和填充

所有绘图工具的选项栏里都有一个对象"绘制"按钮◻，当选择此按钮后，绘制的图形自动群组成一个整体对象。

使用直线工具和铅笔工具可以绘制笔触效果，打开属性面板可以设置笔触属性。用户可以使用默认的笔触绘制图形，油漆桶工具可以为封闭或者半封闭图形填充设置的颜色。

在使用矩形工具或者椭圆工具时，可以先通过属性面板为绘制的图形指定笔触和填充参数，再进行绘制。

下面以实例说明笔触和填充的应用方法。

演练 10-2：创建"come on"团购网站背景。

1）在 Flash CS5 的菜单栏中执行"文件"→"新建"，弹出如图 10-11 所示的"从模板新建"对话框，选择"模板"选项卡，在"类别"列表中，选择"广告"类别，然后在"模板"列表中选择"240×400 垂直矩形"，创建舞台大小为"240×400"的矩形广告横幅。

2）双击图层面板的图层名称，将图层重命名为"天空"，在工具箱中选择"矩形工具▢"，并在下方选项区设置笔触颜色为"无▢"，绘制布满舞台大小的矩形。单击"选择工具▸"，选择绘制的矩形，单击浮动面板中"颜色"按钮，打开颜色面板，在颜色类型下拉列表选择"线性渐变"，并设置由白色向蓝色渐变效果，如图 10-12 所示颜色面板。

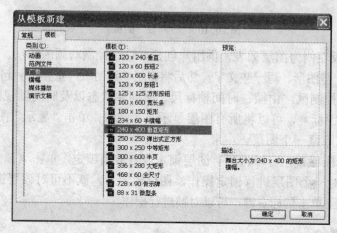

图 10-11 "从模板新建"对话框

3）在工具箱中选择变形工具"渐变变形工具"，然后调整图形填充的渐变效果，单击绘制的矩形，出现三个控制点和两条平行线，旋转并缩放控制点，调整成如图 10-13 所示效果。

4）单击"新建图层"按钮，新建图层 2，并命名为"草地"。单击矩形工具，将笔触颜色调整为无，绘制矩形。单击选择工具，将鼠标移至矩形端点，鼠标下方出现尖角，移动矩形端点，将鼠标移至矩形边上，鼠标下方出现圆弧，拖曳鼠标，可将矩形的边调整为弧线，将矩形调整为如图 10-14 所示效果。

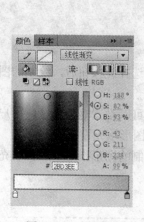

图 10-12 颜色面板

图 10-13 调整渐变效果

图 10-14 绘制"草地"

Dw Ps Fl

5）选择"草地"，打开颜色面板，在颜色类型下拉列表选择"径向渐变"，并设置由草绿色向嫩绿色渐变效果，并使用渐变变形工具调整渐变效果。

6）新建图层 3，并命名为"白云"，按住"白云"图层名称不放向下拖曳鼠标，将此图层移至"草地"图层下方。单击"椭圆工具" ◯，按住〈Shift〉键可以绘制正圆，笔触颜色设置为"无"，将填充色设置为"白色"，绘制出多个椭圆，如图 10-15 所示效果。

7）单击选择工具，将舞台外的多余部分框选并删除。将鼠标移至图形边缘，调整白云形状，单击绘制的白云，在菜单栏中执行"修改"→"形状"→"柔化填充边缘"命令，弹出"柔化填充边缘"对话框，使用默认参数，单击"确认"按钮，出现如图 10-16 所示柔化边缘效果。

8）使用椭圆工具在舞台右上角绘制一个白色椭圆，并对此椭圆使用"柔化填充边缘"命令，将距离参数设置为"40"，单击"确认"按钮，使用选择工具框选多余部分并删除。至此，该广告横幅背景基本完成。

9）在工具栏中选择"文本工具" T，打开属性面板，设置文本的属性，输入文字"C"、"ome on"和"大家一起来购吧"，并调整大小及位置，最终效果如图 10-17 所示。

图 10-15　绘制多个椭圆　　　　图 10-16　柔化边缘效果　　　图 10-17　最终效果

10）在菜单栏中执行"文件"→"保存"，保存 Flash 文档。

10.2.5　多角星形工具

应用多角星形工具可以绘制出不同样式的多边形和星形，在工具栏中选择"多角星形工具" ◯，在舞台上单击鼠标并拖曳，绘制出多边形，打开如图 10-18 所示的属性面板，可以设置"多边形"或者"星形"的笔触和填充效果，单击"选项"按钮，弹出"工具设置"对话框，可以设置多边形的边数或者星形的顶点数，还可以设置星形顶点的深度。

图 10-18　属性面板

 10-3：创建"come on"团购网站新年促销广告。

1）在 Flash CS5 的菜单栏中执行"文件"→"新建"，从模板中新建舞台大小为 300 像素×250 像素的矩形广告横幅。

2）在工具箱中选择矩形工具，打开颜色面板，选择"径向渐变"类型，将颜色调整为从

中心颜色 "R：204，G：0，B：0" 到 "R：81，G：0，B：0" 的渐变，然后绘制矩形。选择矩形，打开属性面板，设置矩形位置和大小，X 为 "0"，Y 为 "0"，宽度为 "300"，高度为 "250"。

3）单击 "新建图层" 按钮 ，新建图层 2。单击 "多角星形工具"，打开属性面板，设置笔触颜色为 "无" ，填充颜色为 "白色"。打开颜色面板，设置透明参数 Alpha 为 "5%"。单击属性面板工具设置 "选项" 按钮，设置样式为 "星形"，边数为 "10"，星形顶点大小为 "0.1"。然后绘制多个星形，效果如图 10-19 所示。

4）单击图层列表中的 "锁定" 按钮 ，将图层锁定，然后新建图层 3，继续选择 "矩形工具"，将笔触颜色设置为 "桔黄色"，填充色设置为 "无" 。打开属性面板，将笔触高度设置为 "2"，绘制矩形，然后将笔触高度设置为 "9"，样式设置为 "点刻线"，在刚才绘制的矩形中绘制一个小的矩形。单击 "选择工具" 将两个矩形框选，然后单击 "变形工具"，出现 8 个控制点，然后旋转图形，如图 10-20 所示。

图 10-19　绘制多个星形

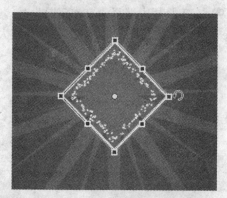

图 10-20　旋转图形

5）新建图层 4，单击文本工具，输入文字 "春"、"2012"、"Come on 大家一起来购吧" 以及 "新年放送，点击进入→"。选择以上文本，打开属性面板，调整文本属性并移动，最终效果如图 10-21 所示。

6）在矩形工具栏中选择星形工具，打开属性面板，将笔触颜色设置为 "无"，填充色设置为 "桔黄色"，设置样式为 "星形"，边数为 "4"，星形顶点大小为 "0.1"，然后绘制星星，最终效果如图 10-22 所示。

图 10-21　文本输入

图 10-22　最终效果

7）在菜单栏中执行"文件"→"保存"，保存 Flash 文档。

10.2.6 元件

元件是 Flash 动画的重要组成部分，Flash 中包含 3 种元件类型，即图形元件、影片剪辑和按钮元件。Flash 中所有元件都被放入到库面板中，可以随时调用，非常方便。

1．图形元件

图形元件一般用于创建静态图像或创建可重复使用的、与时间轴关联的动画，图形元件中的动画有多少帧，则主场景就要延续多少帧，图形元件有自己的编辑区和时间轴。

交互式动画、声音、视频不可制作在图形元件中。

 10-4：创建图形元件"特价标语"。

1）在 Flash CS5 的菜单栏中执行"文件"→"新建"，从模板中新建舞台大小为 240 像素×400 像素的矩形广告横幅。打开属性面板，设置 Flash 舞台背景色为"R：204，G：204，B：204"。

2）在菜单栏中执行"插入"→"新建元件"，弹出如图 10-23 所示"创建新元件"对话框。

3）在此对话框的名称文本框中输入元件名称"特价标语"，类型列表选择"图形"类，单击"确定"按钮，进入图形元件编辑区及时间轴。

4）选择工具箱中的"椭圆工具" 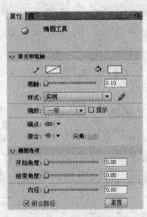，打开属性面板设置参数，如图 10-24 所示。在"填充和笔触"区设置笔触为"无"，填充色为"白色"，然后在场景中绘制椭圆，按〈Shift〉键绘制圆。

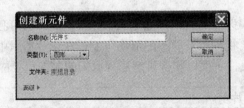

图 10-23 "创建新元件"对话框   图 10-24 椭圆工具设置

5）使用"选择工具" ▶ 选择绘制的圆，打开属性面板，调整圆的位置为"X：0，Y：0"，大小为"宽：100，高：100"。使用类似方法将笔触颜色设置为"R：255，G：102，B：0"，笔触样式为"虚线"，绘制圆，并调整位置为"X：6，Y：6"，大小为"宽：88，高：88"。

6）新建图层 2，选择"矩形工具" ▢，如图 10-25 所示绘制矩形效果，选择图层 1 中的圆，按〈Ctrl+C〉组合键复制，在图层列表中选择图层 2，然后在编辑区单击鼠标右键，执行

"粘贴到当前位置"命令,打开属性面板,将圆形改为"实线"类型,这时矩形和圆形相交,矩形和圆被拆分,将矩形和圆形多余的部分删除,如图 10-25 所示为最终效果。需要注意的是,在绘制矩形和圆时,工具栏下面选项区的"对象绘制"按钮 ◎ 不能按下。

7)在工具箱中单击"文本工具"按钮 T,打开属性面板,如图 10-26 所示设置文本工具参数,将文字设置为"只读"类型,字符系列设置为"黑体",大小设置为"22 点",颜色设置为"白色",输入文字"惊爆价",将颜色改为"R:255,G:102,B:0",再输入文字"￥118",最终效果如图 10-27 所示。

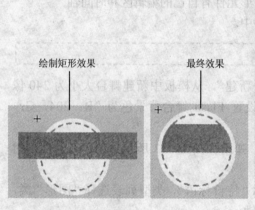

图 10-25　绘制矩形效果和最终效果　　图 10-26　文本工具参数　图 10-27　"特价标语"最终效果

8)创建的元件可以重复使用,单击编辑区左上角"场景"按钮 Scene 1,退出元件编辑区。打开库面板,在名称列表中选择元件并拖放到舞台中,打开属性面板,图形元件属性包括"位置和大小"区域,可调整元件在舞台中的位置和大小;"色彩效果"区域可改变元件的色彩效果,例如亮度、色调、alpha 等;"循环"区域可调整元件在动画中的播放效果。

9)在菜单栏中执行"文件"→"保存",或者按〈Ctrl+S〉组合键,将其保存为"元件.fla"文件。

2.影片剪辑

影片剪辑同图形元件一样有自己的编辑区和时间轴,但是又不完全相同。它可独立于主场景时间轴进行播放。交互式动画、声音、视频以及静态图形均可制作在影片剪辑中。影片剪辑放到舞台上可以应用色彩以及滤镜效果,下面以实例讲解影片剪辑的制作以及应用。

演练 10-5:创建某网站台灯广告的影片剪辑。

在本例中将以位图素材创建一个影片剪辑,同时讲解位图的编辑方法。

1)在 Flash CS5 的菜单栏中执行"文件"→"新建",从模板中新建舞台大小为 350×250 的矩形广告横幅,打开属性面板,设置 Flash 舞台背景色为"R:204,G:204,B:204"。

2)在菜单栏中执行"插入"→"新建元件",在弹出的对话框中,选择类型"影片剪辑"类型,单击"确定"按钮,进入影片剪辑编辑区及时间轴。

3)在菜单栏中执行"文件"→"导入"→"导入到库",将素材"键盘.jpg"导入到库中。

4）打开库面板，在名称列表中单击"键盘.jpg"实例并将其拖放到舞台上。在编辑区上选择图片实例单击鼠标右键，执行"分离"命令，位图实例转换为形状，并且舞台上的图像与库中项目分离。

5）选择"套索工具" ，在工具箱下方选项区，单击"魔术棒"功能按钮 ，可以选择分离位图的填充区域。

单击"魔术棒设置"按钮，弹出"魔术棒设置"对话框，"阈值"参数输入一个介于 1 和 200 之间的值，用于定义所选区域内的相邻像素之间达到的颜色接近程度，阈值数值越高，包含的颜色范围越广。如果输入 0，则只选择与单击的第一个像素的颜色完全相同的像素，在这里设置为 10。"平滑"选项用于定义所选区域的边缘的平滑程度。

定义好"阈值"和"平滑"值后，把鼠标放在白色部分单击，选中白色相近的区域，清除所选区域，去除白色背景前后效果如图 10-28 所示。

演练 10-6：创建某网站台灯广告。

继续上面的操作，在本例中讲解利用影片剪辑的属性参数调整制作台灯广告。

6）单击编辑区左上角"场景"按钮 ，退出元件编辑区，打开库面板，在"名称"列表中单击元件并拖放到舞台中。打开属性面板，设置影片剪辑的属性，打开"滤镜"区，单击"添加滤镜"按钮 ，选择"发光"效果，为该元件添加发光滤镜，如图 10-29 所示，设置发光模糊值为 12 像素，发光强度为 200%，颜色为白色，滤镜效果如图 10-30 所示。

图 10-28　去除白色背景前后效果　　　　图 10-29　添加发光滤镜

7）打开"色彩效果"参数区，选中"Alpha"样式，设置为"10%"，并移动到舞台左下角，按住〈Ctrl〉键并移动灯具，可以复制一个元件，并调整 Alpha 值为"30%"，继续复制两个并调整 Alpha 值为"50%"、"100%"，如图 10-31 所示。

8）新建图层 2，选择矩形工具，调整笔触颜色为"无"，填充色为"黑色"，绘制矩形，并输入文字"现代简约时尚床头灯具"以及"仅售￥199"，最终效果如图 10-32 所示。

9）在菜单栏中执行"文件"→"保存"命令，或者按〈Ctrl+S〉组合键，将其保存。

3. 按钮元件

按钮元件用于创建能激发某种交互行为的按钮，创建按钮元件的关键是设置 4 种不同状态的帧，即"弹起"、"指针经过"、"按下"和"点击"。

  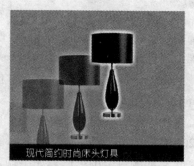

图 10-30　滤镜效果　　　　　图 10-31　复制影片剪辑　　　　　图 10-32　最终效果

弹起：设置鼠标指针不在按钮上时按钮的外观。

指针经过：设置鼠标指针放在按钮上时按钮的外观。

按下：设置按钮被单击时的外观。

点击：　设置鼠标响应区域，在这个区域创建的图形不会出现在画面中。

10-7：制作精致按钮。

1）在 Flash CS5 的菜单栏中执行"文件"→"新建"，从模板中新建舞台大小为 350 像素×250 像素的矩形广告横幅，打开属性面板，设置 Flash 舞台背景色为"R：204，G：204，B：204"。

2）在菜单栏中执行"插入"→"新建元件"，在弹出"创建新元件"对话框中选择"按钮"类型，创建一个按钮元件，并且进入按钮元件的舞台和时间轴，如图 10-33 所示，包括"弹起"、"指针经过"、"按下"和"点击"4 个帧状态。

3）在工具箱中选择矩形工具，打开颜色面板，选择"径向渐变"类型，将颜色调整为从中心颜色"R：255，G：102，B：0"到边缘"R：255，G：0，B：0"的渐变，按住〈Shift〉键绘制矩形，绘制一个正方形。

4）分别在"指针经过"和"按下"状态帧上单击鼠标右键，执行"插入关键帧"命令，在"点击"帧上单击鼠标右键，执行"插入帧"命令。

5）在时间轴上选择"指针经过"帧，在主菜单中执行"修改"→"形状"→"柔化填充边缘"命令，对矩形边缘进行柔化，如图 10-34 所示为柔化边缘效果。选择"按下"帧，选择矩形，打开颜色面板，调整矩形的颜色为纯色"R：255，G：57，B：0"。

6）单击"新建图层"按钮，新建图层 2，在工具箱中选择"椭圆工具"，打开颜色面板，将笔触颜色设置为"无"，填充色设置为白色"R：255，G：255，B：255"半透明，Alpha 设置为"30%"，绘制圆，效果如图 10-35 所示。

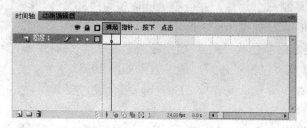  

图 10-33　按钮元件时间轴　　　　　图 10-34　柔化边缘效果　　图 10-35　绘制圆

7）单击"新建图层"按钮⬛，新建图层 3，在"指针经过"帧插入关键帧，在工具箱中单击"多角星形工具"，颜色设置为白色不透明，样式设置为"星形"，边数为"8"，星形顶点大小为"0.1"，然后绘制星星，效果如图 10-36 所示。在"按下"帧插入关键帧，调整星星的位置。

8）单击"新建图层"按钮⬛，新建图层 4，在工具箱中单击"文本工具" T，打开属性面板，将文字字体系列设置为"华文琥珀"，颜色设置为"白色"，输入文字"首页"。

9）在"指针经过"状态帧上单击鼠标右键，执行"插入关键帧"命令，选择文本，在属性面板中添加滤镜"发光"效果，设置模糊值为"10"，发光颜色为"白色"，在"按下"状态帧上单击鼠标右键，执行"插入关键帧"命令，选择文字并打开属性面板，将滤镜"发光"效果参数"挖空"复选框钩上。

10）按钮制作完成，如图 10-37 所示为"弹起"、"指针经过"和"按下"3 个状态帧效果，将按钮拖放到舞台上就可以使用。

图 10-36 绘制星星　　　　　　　　　　　　图 10-37 按钮的效果

10.3 测试与发布

Flash 动画完成后，为了检查动画是否能正常播放，播放效果是否顺畅，需要对影片进行测试。测试完成后，就可以将 Flash 动画作为文件导出，或者发布动画。但是发布动画之前需要对动画进行优化，以减少文件的大小，使动画能够更快速地下载和播放。

 10-8：测试与发布影片。

1）在 Flash 动画制作完成后，在 Flash CS5 主菜单执行"控制"，弹出如图 10-38 所示控制菜单，该菜单提供了 Flash 动画的测试方式。

2）在主菜单中执行"控制"→"播放"，或者按〈Enter〉键，则从时间轴起始位置开始播放动画，但是此时不会播放动画中影片剪辑的动画效果。

3）执行"控制"→"测试影片"→"测试"，或者按〈Ctrl+Enter〉组合键，将会弹出"测试"窗口，播放完整的动画效果，如图 10-39 所示。如果文件已经保存过，该操作将在文件的保存位置自动输出一个 swf 文件。

4）在 Flash CS5 主菜单执行"文件"→"发布设置"，弹出如图 10-40 所示"发布设置"对话框，默认包括"格式"选项卡、"Flash"选项卡和"HTML"选项卡，如图 10-41 和图 10-42 所示。

图 10-38　控制菜单　　　　　　　　　　　图 10-39　测试窗口

- ●"格式"选项卡："格式"选项卡用于设置发布后输出的文件格式，默认选项"Flash（swf）"和"HTML（html）"格式，在对话框中打开相应的选项卡，如果用户选中其他输出格式，也会引出相应的选项卡。另外还可以将 Flash CS5 文档发布成为"GIF 图像"、"JPEG 图像"、"PNG 图像"、"Windows 放映文件"、"Macintosh放映文件"。

- ● Flash 选项卡：单击切换到"Flash"选项卡，如图 10-41 所示，默认的播放器是 FlashPlayer 10。在选项中有 3 个区域"图像和声音"、"SWF 设置"和"高级"。调节"JPEG品质"可以调节动画中每一帧画面的质量，以确定整个动画的图像质量。如果选中"防止导入"一项，"密码"栏变为有效，允许用户在发布文件时添加密码，保护自己的知识产权。

- ● HTML 选项卡：单击切换到"HTML"选项卡，在其中可以设置"模板"、"尺寸"、"回放的参数"、"品质"、"窗口模式"、"HTML 对齐"、"缩放"和"Flash 对齐"等选项的设置，如图 10-42 所示。

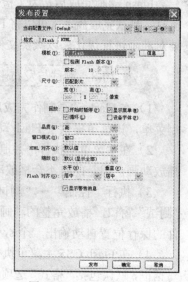

图 10-40　"发布设置"对话框　　　图 10-41　"Flash"选项卡　　　图 10-42　"HTML"选项卡

5）最后，单击"发布"按钮，经过文件创建过程，发布动画成为所选的格式。

本节主要运用 Flash 笔触、填充和创建按钮等知识，完成横向导航条的制作，通过本节练习，读者能够熟练掌握 Flash 图形与元件的创建并灵活运用。

10.4.1 导航条简介

导航条是网页的一个重要组成部分。导航条的设计，有时会决定一个页面的成败，同时导航条也是提高站点易用性的关键，横向导航条是网页中最常用的导航方式。

横向导航条符合人们通常的浏览习惯，同时也便于页面内容的排版，其缺点在于如果使用不合理，可能会给人以呆板、单调的感觉。

10.4.2 制作过程

1. 背景制作

1）新建一个 ActionScript 2.0 的 Flash 文档，打开属性面板，设置舞台大小为"800 像素×300 像素"，设置舞台颜色为"#CCCCCC"。

2）选择"矩形工具"，绘制两个矩形，颜色分别为"#B4B4B4"和"#FF6600"，效果如图 10-43 所示。

3）选择"直线工具"，打开属性面板，设置笔触为"3.0"，绘制一条黑色直线，然后将颜色笔触设置为"1.0"，绘制白色直线，效果如图 10-44 所示。

图 10-43 绘制矩形   图 10-44 绘制白色直线

2. 按钮制作

1）在主菜单栏中执行"插入"→"新建元件"，新建按钮元件"按钮 1"，单击"确定"按钮，进入按钮编辑区，选择"矩形工具"，绘制颜色为"#FF6600"的矩形，在"点击"状态帧插入帧。

新建图层 2，打开颜色面板，选择"线性渐变"类型，绘制从白色到透明色渐变的矩形，如图 10-45 所示为弹起状态，然后在"指针经过"状态帧插入空白关键帧。

图 10-45 弹起状态

2）打开库面板，选择按钮"元件 1"单击鼠标右键，执行"直接复制"，弹出"直接复制元件"对话框，在名称框中输入"按钮 2"，单击"确定"按钮。在库面板列表中双击"按钮 2"进入按钮编辑区，为图层 1"指针经过"帧插入关键帧。单击"弹起"帧，选择矩形，打开颜色面板，将颜色调整为比背景色深的灰色"#A3A3A3"。

3）在主菜单栏中执行"插入"→"新建元件"，新建按钮元件"按钮 3"，单击"确定"

按钮。选择"文本工具",输入"公告",颜色设置为"#FF6600",在"指针按下"帧插入关键帧,将文字颜色调整为黑色,在"按下"帧中插入关键帧,将文字调整为灰色"#666666",最后在"点击"帧插入帧。

同样方法制作出"联系我们"文字按钮。

3. 导航条制作

1)单击舞台左上角"场景 1"按钮返回主场景,新建图层 2,并将图层 2 顺序调整到图层 1 下方。打开库面板将"按钮 1"拖放到舞台,然后将"按钮 2"拖放到舞台,打开属性面板,展开"滤镜"选项区,单击"添加滤镜"按钮,添加"投影"效果,设置投影强度值为"54%"。按〈Ctrl〉键拖动按钮并复制,出现如图 10-46 所示效果。

2)选择"文本工具",为按钮添加静态文字,效果如图 10-47 所示,可根据需要添加不同导航文字。

图 10-46 添加按钮效果

图 10-47 添加静态文字

3)将"公告"和"联系我们"按钮拖放到舞台,最终效果如图 10-48 所示。

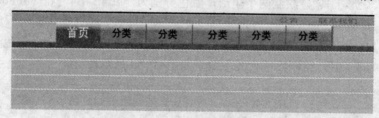

图 10-48 最终效果

4)导航栏制作完成,按〈Ctrl+S〉组合键保存 Flash 文档,下章学习 ActionScript 后可以为按钮添加链接。

10.5 课堂综合实训——制作导航条

1. 实训要求

纵向导航条也是网页中比较常用的导航方式,纵向导航条也较易于被浏览者接受。通过本节的训练制作出一个纵向导航条。

2. 过程指导

1)新建一个 ActionScript 2.0 的 Flash 文档。

2)执行"文件"→"导入"→"导入到舞台",将背景素材导入舞台,效果如图 10-49 所示。

3)新建按钮元件,选择"基本矩形工具",打开属性面板,展开"属性"选项区,设置

Dw Ps Fl

圆角为5，绘制与背景色相似的圆角矩形，再制作出其他帧状态。

4）将按钮拖放到舞台，并输入文字，最终效果如图10-50所示。

图 10-49　添加背景

图 10-50　最终效果

10.6　习题

1. 利用绘图工具绘制出如图10-51所示效果。

2. 利用元件以及滤镜创建宽为240像素，高为440像素的广告横幅，如图10-52所示。

图 10-51　操作题1

图 10-52　操作题2

3. 制作如图10-53所示的导航条。

图 10-53　导航条

第 *11* 章

Flash CS5 动画设计

由于 Flash 动画是高压缩的，文件数据量非常小，易于在网络上传输，所以在网页中存在大量丰富多彩的 Flash 动画，这些动画都是由几种最基本的动画效果组成的，如补间动画、补间形状动画等。本章重点对 Flash 动画设计方面的知识进行讲解，希望读者能够达到可以自主制作简单动画的水平。

知识要点	预期目标
➤ 认识几种基本动画；	➤ 了解有关动画制作的基本知识，认识动画制作的基本流程；
➤ 认识引导层动画与遮罩动画；	
➤ 认识 ActionScript 2.0。	➤ 灵活掌握各种动画制作的方法；
	➤ 能够利用 Flash AS 2.0 制作交互性动画。

11.1 逐帧动画

一部优秀的 Flash 动画是与逐帧动画分不开的，逐帧动画类似电影的播放模式，使用逐帧动画可以制作一些真实专业的动画效果。

逐帧动画是常见的动画形式，是在时间帧上逐帧绘制内容，由一帧一帧稍有变化的画面组成。

由于逐帧动画的每一帧内容都不一样，不仅使制作步骤复杂化，而且最终输出的文件量也很大。但它的优势也很明显：逐帧动画具有非常大的灵活性，可以表现复杂而细腻的动作。逐帧动画常用的制作方式主要有以下几种。

1）导入序列帧。将静态图片导入到 Flash 中，创建逐帧动画。

2）绘制矢量图。逐帧绘制场景中的内容。

3）创建文字逐帧动画。用文字制作逐帧动画，可实现文字逐字显示、跳跃、旋转等特效。

4）导入静态图片。将静态图片导入到 Flash 中，创建逐帧动画。

演练 11-1：创建 "come on 团购网" 广告中文字逐一显示动画。

在本例中利用逐帧动画制作出文字逐一显示效果和文字闪烁效果。

（1）绘制背景

1）在 Flash CS5 的菜单栏中执行"文件"→"新建"，在对话框选择"模板"选项卡创建舞台大小为 240×400 的矩形横幅广告。

2）在工具箱中选择"矩形工具"，颜色设置为"R:102，G:102，B:102"，绘制矩形，然后设置颜色为"R:255，G:102，B:0"，再绘制矩形，效果如图 11-1 所示，在第 30 帧上单击鼠标右键，执行"插入帧"命令。

（2）制作文字逐帧动画

1）新建图层 2，选择"文本工具"T，打开属性面板，设置文字字体为"Algerian"，大小为"80"，输入文字"C"。

2）在第 2 帧上单击鼠标右键，执行"插入关键帧"，选择"文本工具"T，打开属性面板，设置文字字体为"黑体"，大小为"26"，颜色为"黑色"，输入文字"大"，设置文字字体为"Algerian"，大小为"26"，输入文字"O"，使用"选择工具"选择文字并移动位置，如图 11-2 所示。

3）在第 3 帧上单击鼠标右键，执行"插入关键帧"，选择"文本工具"T，在"大"文本框中添加文字"家"，同样在"O"文本框中添加"M"。

4）重复上一步骤分别在第 4、5、6、7、8 帧插入关键帧，并分别添加文字"一"、"起"、"购"、"物"、"吧"，以及"E"、"空格"、"O"、"N"，最终效果如图 11-3 所示，在第 30 帧上单击鼠标右键，执行"插入帧"。

图 11-1　绘制矩形　　　　　图 11-2　文字效果　　　　　图 11-3　文字最终效果

（3）添加素材

新建图层 3，执行菜单"文件"→"导入"→"导入到库"，将广告素材导入到库中，打开"库"面板，将广告素材拖放到舞台中，在第 30 帧上单击鼠标右键，执行"插入帧"。

（4）制作文字闪烁动画

1）新建图层 4，选择"多角星形工具"，打开属性面板，在"填充和笔触"区内，设置笔触颜色为"无"，填充色为"红色"，在"工具设置"中单击"选项"按钮，弹出"工具设置"对话框，样式设置为"星形"，边数设置为"12"，绘制星形。

选择"文字"工具，打开属性面板，设置文字字体为"隶书"，大小为"35"，颜色为"R:155，G:153，B:0"，输入文字"4折抢购中"，将文字"抢"字号大小调整为"50"，在第30帧上单击鼠标右键，执行"插入帧"命令，最终效果如图11-4所示。

2）在第10、11、12、13帧分别插入关键帧，并单击第10、13帧，按〈Delete〉键删除星形和文字，制作出闪烁效果，如图11-5所示。

图 11-4　最终效果

图 11-5　时间轴

3）按〈Ctrl+Enter〉组合键测试影片，然后在主菜单中执行"文件"→"保存"，或者按〈Ctrl+S〉组合键，将Flash文档保存。

11.2　补间动画、传统补间动画与补间形状动画

在Flash中为了制作出图像运动的动画，需要在两个帧之间制作"补间动画"，补间动画功能强大，易于创建。本节将详细介绍Flash CS5中的传统补间动画和补间形状动画。

11.2.1　补间动画

补间动画是Flash CS4中引入的概念，功能强大并且易于创建，创建补间动画可对动画进行最大程度的控制。

1. 什么是补间动画

创建补间动画可以对元件实例或文本字段的大多数属性进行动画处理，如旋转，缩放，调整透明度或色调。例如，可以编辑元件实例的 Alpha（透明度）属性以使其淡出到屏幕上。

2. 补间动画的制作

创建补间动画的步骤如下。

1）在舞台上添加元件或者文本。

2）在Flash CS5的菜单栏中执行"插入"→"补间动画"，或者鼠标右键单击舞台上的对象或时间轴上的当前帧，在弹出的菜单列表中选中"创建补间动画"。

Dw Ps Fl

需要注意的是，如果舞台上的对象不是元件或者文本的话，会弹出如图 11-6 所示的对话框，单击"确定"后该对象将转换为影片剪辑。

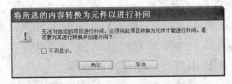

图 11-6 "将所选的内容转换为元件
以进行补间"对话框

图 11-7 补间动画时间轴

创建补间动画后，补间范围在时间轴中变化为具有蓝色背景的单个图层中的一组帧，如图 11-7 所示。其中补间范围的目标对象可具有一个或多个随时间变化的属性。单击补间动画的补间范围，即可选中整个补间范围，可将补间范围任意拉伸调整大小，并从时间轴中的一个位置拖到另一个位置。

在创建补间动画时应注意以下几个方面。

1）补间动画的整个补间范围由一个目标对象组成，使用属性关键帧而不是关键帧。

2）Flash 在创建补间时会将不允许创建补间动画的对象类型转换为影片剪辑。

3）在补间动画范围上不允许创建帧脚本。

4）补间动画只能对每个补间应用一种色彩效果。

演练 11-2：创建广告运动效果。

创建"come on 团购网"广告，在本例中利用补间动画，制作出耳机进入画面的效果。

1）在 Flash CS5 的菜单栏中执行"文件"→"新建"，创建舞台大小为 240×400 的矩形广告横幅。

2）选择"矩形工具" ，打开颜色浮动面板，设置为"径向渐变"类型，颜色设置如图 11-8 所示效果。绘制矩形，打开属性面板，调整矩形位置为"X：0,Y：0"，大小为"宽度：240，高度：400"，在第 40 帧上单击鼠标右键，执行"插入帧"。

3）在菜单栏中执行"插入"→"新建元件"，新建图形元件"店名 logo"，输入文字，最终效果如图 11-9 所示，返回场景，将其从库中拖放到舞台，如图 11-10 所示加入"logo"元件效果。

图 11-8 颜色设置　　　　图 11-9 店名 logo　　　　图 11-10 加入 logo

4）在菜单栏中执行"文件"→"导入"→"导入到库"，将素材"耳机.tif"、"8 元特价.tif"导入到库中。新建图层 2，将素材"耳机.tif"拖放到舞台，打开属性面板，调整耳机大小为

"150×150"，单击鼠标右键，在弹出菜单列表中执行"转换为元件"，将其转换为图形元件，然后单击鼠标右键，在弹出菜单列表中执行"创建补间动画"命令。

5）单击第 1 帧，将耳机移动到矩形下方，打开属性面板，设置耳机位置为"X：50,Y：400"。单击第 10 帧，将耳机移动到"X：50,Y：110"。单击第 12 帧，将耳机移动到"X：50,Y：150"。单击第 14 帧，将耳机移动到"X：50,Y：120"。单击第 16 帧，将耳机移动到"X：50,Y：140"。单击第 18 帧，将耳机移动到"X：50,Y：130"，制作出耳机移动缓冲的效果。

6）单击第 22 帧，选择耳机，打开属性面板，展开"色彩效果"选项卡，在样式下拉列表中选择"亮度"，将亮度调整为"70"，同时单击第 18、26 帧，将耳机亮度调整为"0"，制作出耳机闪烁的效果，补间动画时间轴如图 11-11 所示。

7）创建图层 3，将"8 元特价"素材拖放到舞台，并输入文字"耳机"、"市场价：￥30"、"团购价：￥8"，并且选择"直线工具"，在文字"市场价：￥30"上画横线，最终效果如图 11-12 所示。

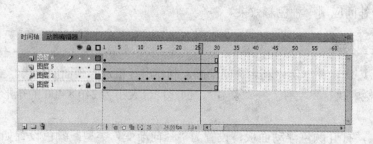

图 11-11　补间动画时间轴

图 11-12　最终效果

8）按〈Ctrl+Enter〉组合键测试影片，然后在主菜单中执行"文件"→"保存"，或者按〈Ctrl+S〉组合键，将 Flash 文档保存。

制作此动画时，可将后面特价的文字及图片也做成补间动画效果，可自行发挥，由于篇幅关系，在这里不再赘述。

11.2.2　什么是传统补间动画

传统补间动画是早期用来在 Flash Pro 中创建动画的一种方式。它类似于较新的补间动画，但创建过程更为复杂，并且不够灵活，传统补间动画所具有的某些类型的动画控制功能是补间动画所不具备的。

1. 传统补间动画简介

传统补间动画将图层中的对象或实体作为一个整体，通过定义整体在运动过程中的初始帧和结束帧的状态，由 Flash CS5 自动生成如位置、大小、旋转、颜色、透明度等变化的动画效果。

需要注意的是，运动动画所处理的对象必须是舞台中群组后的矢量图形、字符、引入到舞台的元件或其他导入的素材对象，否则就无法使用运动动画。

Dw **Ps** **Fl**

2. 传统补间动画的制作

创建传统补间动画的步骤如下。

1）在舞台上为开始帧添加元件或者文本。

2）创建结束帧，并调整舞台上的对象。

3）选择在时间轴上两个关键帧之间的多个帧中的一个帧，在 Flash CS5 的菜单栏中执行"插入"→"传统补间"命令，或者在时间轴上单击鼠标右键，在弹出的菜单列表中选中"创建传统补间"命令。

在创建传统补间动画时应注意以下几个方面。

1）Flash 在创建补间时会将不允许创建补间动画的对象类型转换为图形元件。

2）传统补间允许添加帧脚本。

3）利用传统补间，能够在两种不同色彩效果（如色调和 Alpha 透明度）之间创建动画。

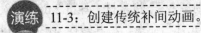 11-3：创建传统补间动画。

（1）制作开始帧

1）运行 Flash CS5 新建一个 Flash 文档，创建舞台大小为 300×250 的矩形广告横幅，并打开属性面板，设置舞台颜色为"#FFFF99"。

2）在主菜单中执行"文件"→"导入"→"导入到舞台"，将素材"加湿器.tif"导入到舞台，在舞台中的图片上单击鼠标右键，执行"转换为元件"命令，将其转换为图形元件。将其移动到舞台上方，如图 11-13 所示位置。

（2）制作结束帧

在 15 帧处插入一个关键帧，拖动元件，改变元件位置，按〈Shift〉键可以使其沿垂直方向移动位置，如图 11-14 所示。

（3）创建直线移动动画

单击第 1 帧，在 Flash CS5 的菜单栏中执行"插入"→"传统补间"，或者在时间轴上单击鼠标右键，在弹出的菜单列表中选中"创建传统补间"命令。

（4）特殊运动效果实现

选择时间轴上第 1 帧，打开属性面板，如图 11-15 所示。

图 11-13　开始帧

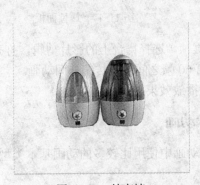

图 11-14　结束帧

图 11-15　帧属性面板

缓动参数是设定速度变化的，取值范围是"-100～+100"，如果数值大于 0，数值越大，缓冲越大，运动变化速度由快到慢越明显；如果数值小于 0，数值越小，缓冲越不明显，运动变化速度由慢到快。

"旋转"参数是设定对象的旋转方向及旋转次数的。旋转属性有 4 种设置，分别是：无、自动、顺时针和逆时针，默认情况下是"自动"。对象在开始帧和结束帧没有角度变化的情况下，选择"顺时针"或者"逆时针"选项，则强制性进行顺时针或者逆时针旋转，并且可以设定旋转的次数。

演练 11-4：创建元件颜色及透明度变化运动动画。

1）运行 Flash CS5 新建一个 Flash 文档，创建舞台大小为 300×250 的矩形广告横幅，并打开属性面板，设置舞台颜色为"#FFFF99"。

2）在主菜单中执行"文件"→"导入"→"导入到舞台"，将素材"耳机 2.tif"导入到舞台，在舞台中的图片上单击鼠标右键，执行"转换为元件"命令，将其转换为影片剪辑。将其移动到舞台上方，如图 11-16 所示效果。

3）选择舞台上的影片剪辑，打开属性面板，展开"色彩效果"选项区，在样式下拉列表中选择"Alpha"，将值调为"0"，属性面板如图 11-17 所示。

4）在第 25 帧插入关键帧，选择舞台上的影片剪辑，打开属性面板，将 Alpha 值调为"100"，然后为第 1 到第 25 帧之间创建传统补间动画。

5）在第 35 帧插入关键帧，选择舞台上的影片剪辑，打开属性面板，展开"色彩效果"选项区，在样式下拉列表中选择"亮度"，将值调为"100"，效果如图 11-18 所示，然后为第 25 到第 35 帧之间创建传统补间动画。

图 11-16　添加素材　　　　图 11-17　属性面板　　　　图 11-18　亮度调整效果

6）在第 60 帧插入关键帧，选择舞台上的影片剪辑，打开属性面板，样式下拉列表中选择"无"，最后为第 35 到第 60 帧之间创建传统补间动画。

7）按〈Enter〉键测试播放效果。

11.2.3　什么是补间形状动画

补间形状动画是 Flash 动画中使用比较多的动画基本类型之一。

1. 补间形状动画简介

形变动画是在开始帧和结束帧端点之间，通过改变矢量图形的形状、色彩、大小、位置

222　Dw　Ps　Fl

等而实现的动画。形变动画制作出来的效果更加精彩，也更富有表现力和趣味性。

补间形状动画由矢量图形组成，如果使用图形元件、按钮、文字，则必先打散，即转化为矢量图形再变形。

2．补间形状动画的制作

创建补间形状动画的步骤如下。

1）在舞台上为开始帧添加形状。

2）创建结束帧并改变形状。

3）选择时间轴上两个关键帧之间的多个帧中的一个帧，在 Flash CS5 的菜单栏中执行"插入"→"形状补间"，或者时间轴上单击鼠标右键，在弹出的菜单列表中选中"创建形状补间"命令。

演练 11-5：文字和图片对象的打散。

对于很多整体的对象，要完成形变动画前，必须先分离这些元素，把这些对象打散后才能成功创建形变动画。

1）运行 Flash CS5 新建一个 Flash 文档，创建舞台大小为 300×250 的矩形广告横幅，打开属性面板，将背景色设置为"#AF5756"。

2）选择"文本工具" **T**，输入文字"10 月 一场最美的相见"，选中文字对象单击鼠标右键，在弹出的菜单中执行"分离"命令，这样将多个整体文字分离成单个文字，再执行一次"分离"命令，文字才能被完全打散，文字打散的过程如图 11-19 所示。

10 月 一场最美的相见　　10 月 一场最美的相见　　10 月 一场最美的相见

图 11-19　文字打散的过程

3）创建图层 2，在主菜单中执行"文件"→"导入"→"导入到舞台"，打开属性面板，调整图片大小和位置，选中图片对象单击鼠标右键，在弹出的菜单中执行"分离"命令，图片打散的过程如图 11-20 所示。

4）在主菜单中执行"文件"→"保存"，或者按〈Ctrl+S〉组合键，将 Flash 文档保存。

演练 11-6：利用形变补间创建"墨颜文学社"论坛宣传动画。

1）打开演练 11-5 保存的 Flash 文档。

2）在时间轴上图层 1 的第 30 帧上单击鼠标右键，执行"插入关键帧"，选择第 1 帧，单击"选择工具"，删除一部分文字，只保留"1"，然后选择时间轴上 1 到 30 帧之间的任意帧单击鼠标右键，创建形状补间。

3）在第 60 帧插入关键帧，目的是让文字保留一段时间，然后在第 80 帧插入空白关键帧，输入文字"墨颜文学社"，并将其完全打散，如图 11-21 所示，然后创建补间形状动画。

4）在主菜单中执行"文件"→"保存"，或者按〈Ctrl+S〉组合键，将 Flash 文档保存。

演练 11-7：利用形状提示点制作动画。

形状提示会标识起始形状和结束形状中的相对应的点，可以控制形变动画的变化过程。

1）打开演练 11-6 保存的 Flash 文档。

图 11-20　图片打散的过程　　　　　　　　图 11-21　文字输入并打散

2）在时间轴上图层 2 的第 30 帧上单击鼠标右键，执行"插入关键帧"，选择第 1 帧单击鼠标右键，创建形状补间。

3）在主菜单中执行"修改"→"形状"→"添加形状提示点"，或按〈Ctrl＋Shift＋H〉组合键，则该帧的形状上就会增加一个带有字母的红色圆圈，相应的，在第 30 帧的相同位置也会出现一个"提示圆圈"，执行 4 次命令，创建 a、b、c、d 共 4 个提示点。

4）调整形状提示点位置，按顺时针方向从左上角开始将形状提示点按 a、b、c、d 顺序分别放到图片的 4 个角上，如图 11-22 所示。

5）单击第 30 帧，调整形状提示点位置，按顺时针方向从左上角开始将形状提示点按 d、c、b、a 顺序分别放到图片的 4 个角上，如图 11-23 所示。

需要注意的是，如果放置成功，则开始帧的"提示圆圈"变成黄色，结束帧的"提示圆圈"变成绿色；放置不成功或不在一条曲线上时就不变色。

6）按〈Enter〉键播放动画效果，由形状提示点控制的变化过程如图 11-24 所示。

图 11-22　开始帧形状提示点　　　图 11-23　结束帧形状提示点　　　图 11-24　变化过程

7）在主菜单中执行"文件"→"保存"，或者按〈Ctrl+S〉组合键，将 Flash 文档保存。

11.3　引导层动画与遮罩动画

除了前面介绍的最基本的动画类型外，Flash 还有其他一些常用的动画类型——引导层动画和遮罩动画。

11.3.1　引导层动画

引导层动画是运动动画中的一种特殊类型，也是常用的运动动画之一。

1.　什么是引导层动画

一般来说，运动动画产生补间动画时，都是按照直线运动的方式。然而在一些动画制作中，会给一些物体添加不规则的动作，让这些物体按照设定的路径轨迹运动，这就是引导层动画。

2.　引导层动画的制作

引导层动画制作步骤如下。

1）创建被引导图层。被引导层中的对象可以是影片剪辑、图形元件、按钮、文字等，但不能应用形状（矢量图），最常用的动画形式是传统补间动画。

2）创建引导层。引导层中的对象可以是用钢笔、铅笔、线条、椭圆工具、矩形工具或画笔工具等绘制出的线段。

3）在图层列表中选择创建的"引导层"，单击鼠标右键，选择"引导层"，将图层转换为引导层。

4）在图层列表中将被引导层拖放到引导层下面，被引导层在引导层下方以缩进的形式显示，如图 11-25 所示。

5）将被引导层中的对象绑定到引导线的起点和终点。

需要注意的是，被引导图层可以有一个或多个，而且引导层在导出影片时为不可见的。

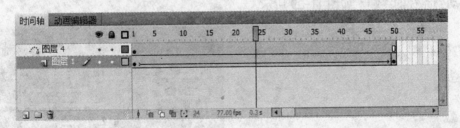

图 11-25　引导层动画图层列表

演练　11-8：制作 Flash 小游戏——小球走迷宫。

在本例中制作小球从起点沿着迷宫走到终点的动画。因为迷宫不是一条直线，所以利用前面介绍的动画制作起来非常麻烦，在这里利用引导层动画将会非常容易地实现这一效果。

1）运行 Flash CS5 新建一个 Flash 文档。

2）在主菜单中执行"文件"→"导入"→"导入到库"，将素材"迷宫.jpg"导入到舞台，选择"文本工具"输入文字"走迷宫"以及"小朋友，请以最快速度从蜜蜂小姐那里到达蜜蜂先生那里吧!"，如图11-26所示效果，然后在第60帧插入帧。

3）新建图层2，图层2作为被引导层，选择"椭圆工具" ，在起点位置绘制小球，在小球上单击鼠标右键，执行"转换为元件"命令，将小球转化为元件，这样做的目的是为了创建传统补间动画，在时间轴上第60帧插入关键帧，创建传统补间动画。

4）新建图层3，这一层是为了创建引导层，选择"钢笔工具" ，使用钢笔工具绘制直线或者曲线非常方便，在起始位置单击创建锚点，然后在下一个位置单击即可绘制一条直线，然后继续单击可创建其他直线线段，在单击时如果不松手并且拖放可绘制曲线，如图11-27所示为创建的引导线，然后在第60帧插入帧。

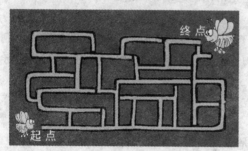

图11-26　迷宫背景

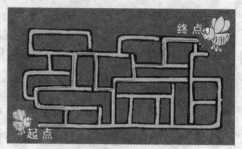

图11-27　绘制引导线

5）在时间轴图层列表中选择图层3单击鼠标右键，执行"引导层"命令，将其转换为引导层，然后将图层2拖放到引导层下，转换为"被引导层"，时间轴如图11-28所示。

6）单击图层2第1帧，将小球移动到路径的起始点。需要注意的是，小球的中心必须与曲线的起点重合，否则将得不到沿曲线运动的效果。同起始点一样，单击第60帧，将该帧的小球移动到路径的终端，如图11-29所示。

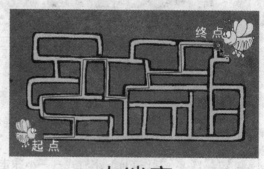

图11-29　绑定起点和终点

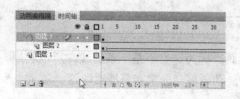

图11-28　时间轴

7）单击〈Ctrl＋Enter〉组合键进行测试，这样就完成了整个引导层动画的制作。

11.3.2 遮罩动画

1．遮罩动画的简介

遮罩层也叫蒙板，是一种特殊图层，遮罩层就像一张被镂空的纸，在遮罩层中的物体所处的区域，相当于纸中被镂空的部分，透过镂空区域就可以看到下面被遮罩的东西，但遮罩层中的图形对象在播放时是看不到的。

遮罩层和下层的被遮罩图层有严格的上下层关系，次序绝不可颠倒。

2．遮罩动画的制作

遮罩动画制作步骤如下。

1）创建被遮罩层。

2）创建遮罩层。

3）在图层列表中选择遮罩层，单击鼠标右键，执行"遮罩层"，遮罩层图标为"▧"。紧贴它下面的图层将变为被遮罩层，其内容会透过遮罩层上的填充区域显示出来。被遮罩的图层以缩进形式显示，其图标将从普通层图标"▫"更改为被遮罩的图层的图标"▧"。如果想使更多层被遮罩，只要把这些层拖到被遮罩层下面就行，普通层转换为遮罩层或被遮罩层后默认为锁定状态。

需要注意的是，遮罩层中的对象的许多属性是被忽略的，如渐变色、透明度、颜色和线条样式等。另外遮罩层中的对象可以是按钮、影片剪辑、图形、位图、文字等，但不能使用线条，如果一定要用线条，可以将线条转化为"填充"。

> 演练 11-9：实现"Come on"网站广告语的彩色流光效果。

下面以实例来说明遮罩动画的制作步骤如下。

1）运行 Flash CS5 新建一个 Flash 文档。

2）选择工具箱中的"文本工具" T，输入文字"Come on 团购放心实惠"，在时间轴上45 帧处插入帧。

3）新建图层 2，选择工具箱中的"矩形工具" ▫，设置颜色为"线状渐变"色，在文字右边绘制出一个无边矩形，如图 11-30 所示。在时间轴上 45 帧处插入关键帧，然后将矩形移动到文字右边，最后创建补间形状动画。

4）新建图层 3，选择文字并复制，在时间轴上选择图层 3，单击鼠标右键执行"粘贴到当前位置"命令，然后将文字打散。

5）鼠标右键单击图层 3，执行"遮罩层"命令，将其转换为遮罩层，如图 11-31 所示。

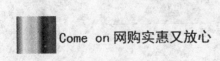

Come on 网购实惠又放心

图 11-30　绘制无边矩形

图 11-31　转换为遮罩层

6）按〈Enter〉键测试，效果如图 11-32 所示。

Come on 网购实惠又放心　　Come on 网购实惠又放心

Come on 网购实惠又放心　　Come on 网购实惠又放心

图 11-32　遮罩动画效果

11.4　ActionScript 在 Flash 中的应用

11.4.1　ActionScript 概述

ActionScript 是针对 Flash Player 的编程语言，它在 Flash 内容和应用程序中实现了交互性、数据管理以及其他许多功能。因为大多数人使用的都是 ActionScript 2.0，在本书中介绍 ActionScript 2.0 而不介绍 3.0。

在 Flash CS5 的主菜单中执行"窗口"→"动作"，或者按〈F9〉快捷键，打开动作面板，如图 11-33 所示。

动作面板右侧是"脚本区域"窗口，左侧分别是"程序语句菜单"窗口和"所选对象动作位置"窗口。

在脚本区域窗口中可以直接输入命令语句，也可以从动作面板左面的程序语句菜单窗口中选择要添加的命令语句，双击添加到脚本区域窗口内，最后再进行参数的设定从而完成命令语句的编写。

根据实现目的的不同，在 Flash CS5 中针对 ActionScript 2.0 文档可以在 3 个不同的地方添加动作脚本。

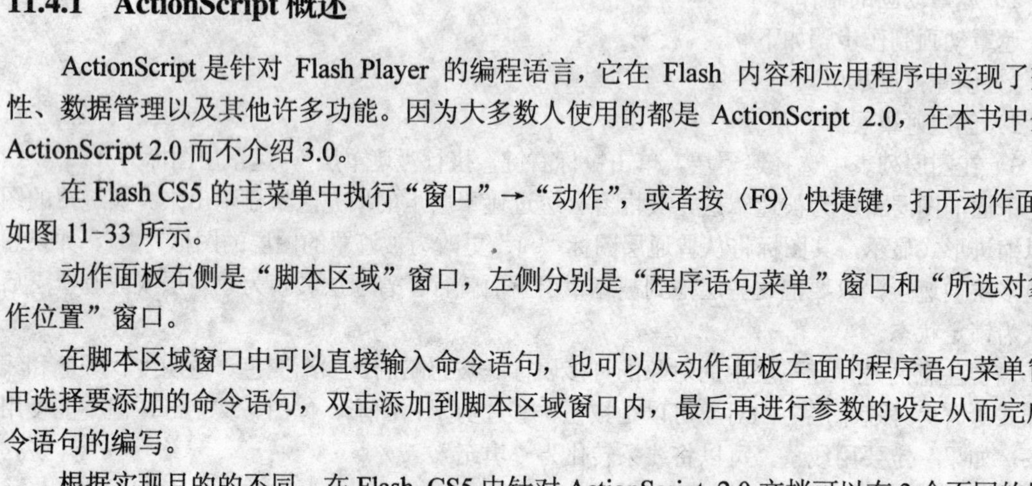

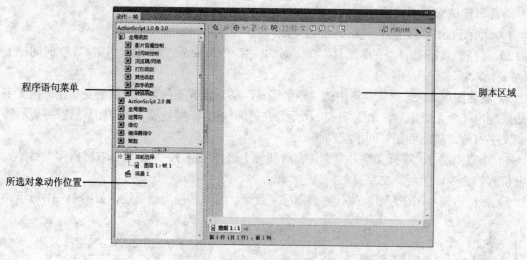

图 11-33　动作面板

1. 帧动作

帧动作必须添加在关键帧上，它随着影片的播放而执行对程序语句的控制。例如，在第二个关键帧上添加某个语句的程序，当影片播放到这一帧的位置时，就会触发这个动作，即

Dw Ps Fl

执行这个程序语句命令。

事件在关键帧中的写法：

元件名称.事件名称 = function(){
　要执行的语句
　.....
　};

2．按钮动作

按钮动作是当按钮发生某些事件时才会触发动作命令的执行，比如当按钮弹起、鼠标经过、按下以及释放时执行某些动作。有了按钮动作，就会更容易地完成交互式的界面和动画。

3．影片剪辑

在影片剪辑中加上动作，当影片剪辑被载入或者取得某些数据信号时，才会执行相应的动作命令。

事件在元件上的写法：

on(事件名称){
　要执行的语句
　......
　};

在动画中添加交互功能，可以通过两种方式来触发事件，一种是基于时间的，当达到某一时刻（某一帧）时，便自动发生某个事件；另一种是基于动作的，例如单击鼠标或按下键盘按键，这就是 Flash 鼠标（键盘）事件。

4．Flash 鼠标（键盘）事件

当操作动画中的某个按钮被按下或者按下某个键盘按键时，便发生了鼠标（键盘）事件，这种事件一般与某个按钮的触发状态有关，鼠标（键盘）事件包括以下 8 种类型。

press（按下）：是指在鼠标指针经过按钮时，按下鼠标的左键，以实现按下按钮。

release（释放）：当鼠标指针在按钮范围内时，按下了鼠标左键，并且在鼠标指针经过按钮时，释放按住的鼠标左键。

releaseOutside（外部释放）：是指当鼠标指针在按钮范围内时，按下了鼠标左键并按下了按钮，然后将鼠标指针移到按钮之外，释放鼠标左键和按钮。

keyPress "<key>"（按键）：是指按下指定键盘上的按键，即可设定与鼠标操作同样效果的快捷键。

rollOver（滑过）：是指鼠标指针滑过按钮区域。

rollOut（滑离）：是指鼠标指针滑出按钮区域。

dragOut（拖过）：是指在鼠标指针滑过按钮时按下鼠标按钮，然后滑出此按钮，再滑回此按钮，这个动作比较复杂，一般很少作为触发条件。

dragOver（拖离）：是指在鼠标指针滑过按钮时按下鼠标左键，然后滑出此按钮区域。

5．时间轴控制命令

做好一个动画后，如果没有添加任何 ActionScript 代码，那么动画就会按帧开始播放。控制时间轴就是由用户来控制动画的播放，常用的时间轴控制命令有：

stop()：时间轴停止播放；

play()：可以指定动画继续播放；

gotoAndPlay(scene, frame)：跳转并播放，跳转到指定场景的指定帧，并从该帧开始播放，如果没有指定场景，则将跳转到当前场景的指定帧；

gotoAndStop(scene, frame)：跳转并停止播放，跳转到指定场景的指定帧，并从该帧停止播放，如果没有指定场景，则将跳转到当前场景的指定帧。

 11-10：实现按钮控制动画播放的效果。

网页中的很多 Flash 都有交互性，让用户控制动画播放，下面就介绍这种效果的实现方法。

1）在 Flash CS5 的菜单栏中执行"文件"→"新建"，在弹出的"新建文档"对话框中，单击"常规"选项卡，选择"ActionScript 2.0"类型，单击"确定"按钮，新建一个 ActionScript 2.0 的文档。

2）选择"椭圆工具"，在舞台上绘制一个圆，在第 60 帧插入关键帧，将圆拖动到舞台右边，然后创建一个补间形状动画。

3）新建图层 2，在菜单栏中执行"窗口"→"公用库"→"按钮"，打开 Flash CS5 自带的库按钮，如图 11-34 所示，打开"playback flat"文件夹，将播放和停止按钮拖放到舞台上，如图 11-35 所示。

图 11-34　库按钮

图 11-35　添加按钮

4）新建图层 3，命名为"AS"，按〈F9〉键打开动作面板，输入以下语句：
```
stop();
```
按〈Ctrl+Enter〉组合键测试影片，时间轴停在第一帧不播放。

5）单击"播放"按钮，打开动作面板，输入以下语句：
```
On(release){
play();
}
```
单击"停止"按钮，打开动作面板，输入以下语句：
```
On(release){
stop();
}
```

6）按〈Ctrl+Enter〉组合键测试影片，圆停止不动，单击播放按钮，圆开始运动，单击停止按钮，圆停止运动。

网页中的很多广告，无论用户单击什么位置，都会跳转到链接的地址中，下面就介绍这种效果的实现方法。

1）打开已经做好的 Flash 源文件，单击"锁定"按钮 🔒，将所有图层锁定以便以后的操作。选择最上面的图层，单击"新建图层"按钮。

2）选择"矩形工具"绘制一个和 Flash 舞台大小一样的矩形，选择矩形单击鼠标右键，执行"转换为元件"命令，将其转换为按钮。打开属性面板，展开"色彩效果"选项区，选择样式"Alpha"，设置 Alpha 参数为"0"，使矩形按钮为完全透明。

3）打开动作面板，为按钮添加脚本，输入以下语句：

```
on (press) {
getURL("http://www.网页名称.com","_blank");
}
```

将"http://www.网页名称.com"修改为需要链接的网址即可。

4）按〈Ctrl+Enter〉组合键测试影片，鼠标在广告画面任何位置按下即可弹出所链接的网址。

很多网页上都有很多漂亮的时钟，下面制作一个 Flash 时钟，同时讲解在 ActionScript 2.0 中获取时间的方法以及动态文本设置的方法。

1）打开 Flash CS5，新建一个基于 ActionScript 2.0 的文档。

2）选择"基本矩形工具" ▢，绘制矩形，打开属性面板，设置填充色为桔黄色，展开"矩形选项"区，设置圆角为"5.00"，然后按〈Ctrl〉键拖动复制两个矩形。

3）选择"直线工具"，绘制一条白色直线，绘制的矩形和直线效果如图 11-36 所示。

4）在菜单栏中执行"文件"→"导入"→"导入到舞台"，将素材"小女孩.jpg"导入到舞台并调整位置，效果如图 11-37 所示。

图 11-36　绘制矩形和直线　　　　　　　图 11-37　添加素材并调整位置

5）新建图层 2，选择"文本工具"，在矩形中间直接输入冒号。打开属性面板，选择"动态文本"类型，在第一个矩形中画一个文本框，并打开属性面板的"选项"区，设置变量为"h"，然后在第二、三个矩形中分别画一个文本框并设置变量为"m"，"s"，添加文本框效果如图 11-38 所示。

6）新建图层 3，按〈F9〉键打开动作面板，输入以下语句（注意"//"后面是注释内容，不影响程序运行）：

　　　　//使用系统日期之前，必须定义一个日期对象
　　　　a=new Date();
　　　　//获得系统的分钟，判断如果 h 小于 10，则前面加 0，例如 5，则显示为 05
　　　　h=a.getHours();
　　　　if(h<10) h="0"+h
　　　　//获得系统的分钟，判断如果 m 小于 10，则前面加 0
　　　　m=a.getMinutes();
　　　　if(m<10) m="0"+m
　　　　//获得系统的秒数，判断如果 s 小于 10，则前面加 0
　　　　s=a.getSeconds();
　　　　if(s<10) s="0"+s

　　7）最后在第二帧插入帧，以便刷新时间，按〈Ctrl+Enter〉组合键测试影片，最终效果如图 11-39 所示。

图 11-38　添加文本框

图 11-39　最终效果

11.4.2　使用 AS 制作网页中图片切换效果案例

　　网页中的焦点图片栏目或者网页中的广告，可以自动切换画面也可以使用按钮进行切换控制，下面就介绍一下这种效果的制作。

　　演练 11-13：制作网站首页图像切换控制效果。

　　在此动画中先利用传统补间动画制作出图片不使用按钮切换效果，即顺序自动闪白切换，然后添加按钮，制作出单击按钮切换到相应图片的效果。

　　1）在 Flash CS5 的菜单栏中执行"文件"→"新建"，在弹出的"新建文档"对话框中，单击"常规"选项卡，选择"ActionScript 2.0"类型，单击"确定"按钮，新建一个基于 ActionScript 2.0 的文档。

　　2）在菜单栏中执行"插入"→"新建元件"，新建一个按钮元件，选择"矩形工具"，将笔触颜色设为"白色"，填充色设为"灰色"，绘制一个矩形。

　　在"指针经过"帧上添加关键帧，选择矩形，打开颜色面板，将填充色设为"桔黄色"，在"点击"帧上单击鼠标右键执行"插入帧"命令。

　　3）返回主场景，在菜单栏中执行"文件"→"导入"→"导入到库"，将素材"1.jpg"、"2.jpg"、"3.jpg"导入到库中。

Dw Ps Fl

4）将素材"1.jpg"拖放到舞台并调整大小，单击鼠标右键执行"转换为元件"将其转换为影片剪辑，打开属性面板，展开"色彩效果"选项区，选择样式"亮度"，设置亮度为"100%"，图片变为全白。在第 10 帧插入关键帧，并将亮度调整为"0%"，然后创建传统补间动画，最后在第 30 帧插入帧，从而制作出闪白出现效果。

5）新建图层 2，参照上一步骤，在第 31 帧到第 60 帧制作出素材"2.jpg"的闪白出现动画。新建图层 3，在第 61 帧到第 90 帧制作出素材"2.jpg"的闪白出现动画，如图 11-40 所示时间轴。

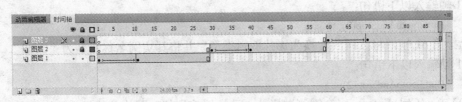

图 11-40   图片切换时间轴

6）新建图层 4，打开库面板，将按钮元件拖放到舞台，并按〈Ctrl〉键拖动复制两个，选择"文本工具"，输入白色静态文字"1"、"2"、"3"，添加按钮效果如图 11-41 所示。

7）选择按钮 1，按〈F9〉键打开动作面板，输入下面语句：

```
on(rollOver){
gotoAndPlay(1);
}
```

选择按钮 2，输入下面语句：

```
on(rollOver){
gotoAndPlay(31);
}
```

选择按钮 3，输入下面语句：

```
on(rollOver){
gotoAndPlay(61);
}
```

8）按〈Ctrl+Enter〉组合键测试影片，鼠标经过某个按钮就切换到相应的图片，测试效果如图 11-42 所示。

图 11-41   添加按钮效果

图 11-42   测试效果

9）如果实现动画播放到某一个图片时，相应的按钮自动变为"指针经过"状态即桔黄色的效果，在图层 4 的第 31 帧和第 61 帧分别添加关键帧，在时间轴上选择第 1 帧，然后选择按钮 1，打开属性面板，如图 11-43 所示选择"影片剪辑"类型，此时弹出"元件转换丢失脚本警告"对话框，单击"确定"按钮，将按钮元件转换为影片剪辑类型，并将其实例名称命名为"butt1"。

在时间轴上单击图层 4 第 1 帧，打开动作面板，输入以下语句：

   butt1.gotoAndStop(2);

选择第 31 帧，将按钮 2 转换为影片剪辑类型，并将其实例名称命名为"butt2"，在时间轴第 31 帧输入以下语句：

   Butt2.gotoAndStop(2);

选择第 61 帧，将按钮 3 转换为影片剪辑类型，并将其实例名称命名为"butt3"，在时间轴第 61 帧输入以下语句：

   Butt3.gotoAndStop(2);

10）按〈Ctrl+Enter〉组合键测试影片，动画播放到某一图片，其相应按钮会自动变为桔黄色，影片测试效果如图 11-44 所示。

图 11-43　转换元件类型

图 11-44　影片测试效果

11.5　课堂综合练习——使用 Flash 制作广告

Flash 体积小，易于在网络中传输，所以在网页中有大量的 Flash 广告，本节完成 Flash 横幅广告制作。

11.5.1　任务分析

本节主要利用传统补间动画，完成"Come on 团购网"网站促销活动广告，此动画效果如下。

1）文字"100%"从上方进入舞台中间。

2）然后文字"中奖啦！"从左边向右移动进入舞台中间同时"100%"随着"中奖啦！"向右退出舞台。

3）最后文字"中奖百分百　活动开始>>"进入舞台，效果同步骤 2）一样。

4）单击"中奖百分百　活动开始>>"会进入该网购网站。

234　Dw　Ps　Fl

11.5.2 制作过程

1. 制作广告背景

1）在 Flash CS5 的菜单栏中执行"文件"→"新建"，创建舞台大小为"300×250"的中等矩形广告。

2）打开属性面板，设置舞台背景色为"#999999"。选择"矩形工具" ▭，将填充色设置为"红色"，在舞台底部绘制出如图 11-45 所示的矩形。

2. 制作网站 logo 以及广告语

选择"文本工具" T，打开属性面板，调整文字系列为"黑体"，大小为"15.0"，输入文字"活动期间：购买所有商品均可参与抽奖，机会多多，不容错过，活动解释归本网"，然后输入文字"Come on 大家一起来购物"字样，文字输入效果如图 11-46 所示，单击"锁定"按钮 🔒，将背景图层锁定。

3. 制作主体广告动画

1）在主菜单中执行"插入"→"新建元件"，创建图形元件"百分百"，选择"文本工具" T，打开属性面板，调整文字系列为"黑体"，大小为"55.0"，颜色为"红色"，输入文字"中奖"，打开属性面板，调整颜色为"白色"，加亮显示颜色调整为"红色"，在同一文本框中输入文字"百分百"，然后打开属性面板，调整大小为"33.0"，颜色为"红色"，加亮显示颜色为"白色"，输入文字"活动开始>>"，最终效果如图 11-47 所示。

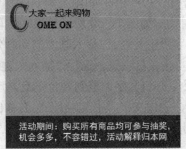

图 11-45　绘制矩形背景　　　　图 11-46　文字输入效果　　　　图 11-47　"百分百"元件

2）进入主场景，在时间轴上单击"新建图层"按钮 ▪，创建图层 2。选择"文字工具" T，输入大小为"650.0"，颜色为"红色"的文字"100%"，打开属性面板，展开滤镜列表，单击"添加滤镜"按钮 ▪，添加"模糊"滤镜，设置模糊 X 的值为"0"像素，模糊 Y 的值为"90"像素，并调整文字在舞台正上方，模糊效果如图 11-48 所示。需要注意的是，如果设置 X 和 Y 的值不一样，需要先将"链接 X 和 Y 的属性值"按钮断开。

3）在时间轴上第 25 帧单击鼠标右键，执行"插入关键帧"，并将文字"100%"移动到舞台中间，打开滤镜列表，模糊 Y 的值调整为"0"像素，效果如图 11-49 所示。然后在时间轴上第 1 到第 25 帧之间，单击鼠标右键执行"创建传统补间"命令，这样就创建了一个从图 11-48 到图 11-49 运动的传统补间动画。

4）在时间轴上第 40 帧单击鼠标右键，执行"插入关键帧"，然后在第 64 帧单击鼠标右键,执行"插入关键帧"命令,并将文字调整到舞台正右方,然后在第40帧上单击鼠标右键,执行"创建传统补间"命令,创建文字"100%"向右移出画面的动画效果。

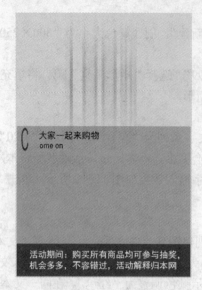
图 11-48　模糊效果

图 11-49　"100%"移入舞台中间

5）创建图层3,在时间轴上第26帧单击鼠标右键,执行"插入关键帧",输入文字"中奖啦!",并将文字移动到舞台正左方,在时间轴上第60帧单击鼠标右键,执行"插入关键帧"命令,并将文字移动到舞台中间,如图11-50所示效果。在第26帧上单击鼠标右键,执行"创建传统补间"命令,创建文字"中奖啦!"移入画面的动画效果。

6）在时间轴上第75帧单击鼠标右键,执行"插入关键帧",然后在第102帧单击鼠标右键,执行"插入关键帧"命令,并将文字调整到舞台正右方,然后在第75帧上单击鼠标右键,执行"创建传统补间"命令,创建文字"中奖啦!"向右移出画面的动画效果。

7）创建图层4,在时间轴上第70帧单击鼠标右键,执行"插入关键帧",打开库面板,将图形元件"百分百"拖放到舞台上,调整到舞台正左方,在第100帧单击鼠标右键,执行"插入关键帧"命令,将图形元件移动到舞台中间,如图11-51所示。

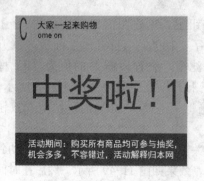
图 11-50　文字移入舞台中间

图 11-51　"百分百"移入画面

8）选择图层1和图层4的140帧,单击鼠标右键,执行"插入帧",使如图11-52所示的最终画面停留片刻再重新播放,最终时间轴效果如图11-53所示。

图 11-52　最终效果

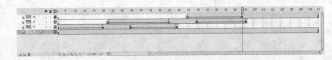

图 11-53　最终时间轴效果

4．创建网站链接

1）参照演练 11-11 的制作方法，打开库面板，双击"百分百"元件，进入其编辑区，新建图层 2，绘制透明按钮并打开动作面板，添加以下语句：

```
on (press) {
getURL("http://www.Come on 网页名称.com","_blank");
}
```

2）按〈Ctrl+Enter〉组合键测试影片，然后在主菜单中执行"文件"→"保存"命令，将 Flash 文档保存。

11.6　课堂综合实训——制作"Come on"网购商城特价广告

1．实训要求

参照本章所讲的内容，制作"Come on"网购商城特价广告，在制作过程中灵活运用 Flash CS5 的各种动画制作方法。

2．过程指导

1）启动 Flash CS5 并创建舞台大小为 300×250 的中等矩形广告。

2）绘制舞台大小的舞台背景，如图 11-54 所示。

3）新建图层 2，绘制黑色矩形，如图 11-55 所示，创建黑色矩形从左方移入舞台的动画效果。

图 11-54　绘制背景　　　　　　　　图 11-55　绘制黑色矩形

4）创建图层 3，制作黑色矩形出现后紧接着桔黄色矩形移入画面的动画效果。

5）创建图层 4，输入颜色为黑色的文字"Come on 商城今日特价商品"，需要注意的是该

文字出现在黑色矩形进入舞台后，效果如图 11-56 所示。

6）创建图层 5，绘制半透明红色矩形，桔黄色矩形进入舞台后此矩形出现动画。

7）输入文字"抢购价：￥8"，然后创建文字出现动画，可自由发挥。

8）导入第一个广告素材并创建动画，选择该广告最后一帧，添加输入脚本"stop();"语句，效果如图 11-57 所示。

图 11-56　文字出现效果

图 11-57　广告效果

9）制作其他 3 个广告动画效果，如图 11-58 所示，在每一个广告结束最后一帧添加关键帧并在动作面板中输入"stop();"脚本语句。

10）制作出"1"、"2"、"3"、"4" 4 个文字按钮，将按钮添加到舞台上，参照 11.4.2 节的制作方法，制作 4 个广告切换控制效果，如图 11-59 所示。

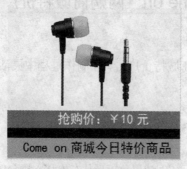

图 11-58　其他广告效果

图 11-59　添加文字按钮

11）按〈Ctrl+Enter〉组合键测试影片，如图 11-60 所示，然后在主菜单中执行"文件"→"保存"，将 Flash 文档保存。

图 11-60　影片测试动态效果

Dw Ps Fl

1．制作出如图 11-61 所示某网站首页图片切换效果。

图 11-61　操作题 1

2．制作出如图 11-62 所示的网页中常见的律动条效果（提示：使用传统补间动画）。

图 11-62　操作题 2

3．制作出如图 11-63 所示某酒店网站首页广告效果。

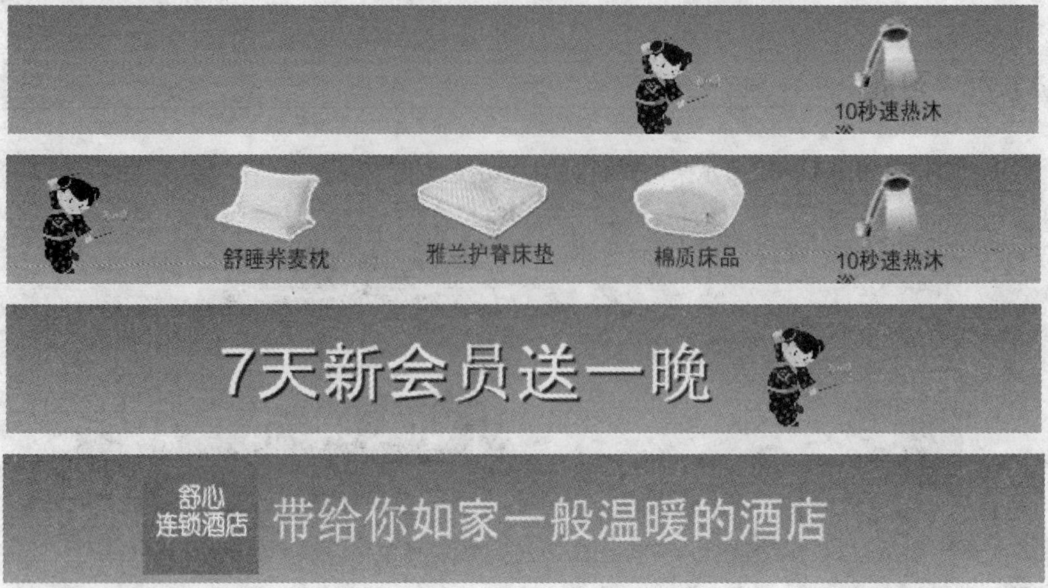

10秒速热沐

舒睡荞麦枕　雅兰护脊床垫　棉质床品　10秒速热沐

7天新会员送一晚

舒心
连锁酒店　带给你如家一般温暖的酒店

图 11-63　操作题 3

Dw Ps Fl

第 *12* 章

综合练习——"宇泽首饰电子购物网站"的制作

本章是全书知识汇总、灵活运用的一章，通过设计制作"宇泽首饰电子购物网站"将众多知识串联起来，进一步捋顺知识结构，巩固提高读者"CSS+DIV"模式的运用能力。

知识重点

➢ Photoshop 切片的操作方法；

➢ 布局分析规划；

➢ CSS 规则的编写；

➢ 模板创建的方法。

预期目标

➢ 能够灵活运用 Dreamweaver、Photoshop 和 Flash 三款软件制作网站所需素材；

➢ 能够灵活运用 Dreamweaver 实现最终布局；

➢ 能够掌握网站静态页面开发的全过程。

12.1　需求分析与布局分析

在进行网站设计之前，需要对网站的系统功能进行详细的分析，以确保最终网站能够符合客户需求。

12.1.1　网站需求分析简述

1．网站简述

电子购物网站是集商品展示、商品搜索、商品购买于一体的大型网站，具有品种齐全、功能完善、操作简便等优点。

2．需求分析

（1）购物网首页

展示网站总体布局，发挥导航作用。它包括商品分类模块、个人登录模块、最新消息模块、最新商品推荐模块、特价商品模块、人气商品模块、商品搜索模块、商品排行模块等。以上模块便于顾客了解购物网站的主要功能，为顾客提供方便快捷的操作。

（2）商品搜索页

电子购物网站中的商品对于顾客来讲无异于一个商品的海洋，要想在众多产品中选择符合客户意愿的商品，商品搜索功能必不可少。顾客可以通过输入关键字进行快速查找，检索自己需要的商品，这些商品以列表的形式展现在顾客面前，供顾客筛选。

（3）商品展示页面

顾客如果想要查看商品的详细信息，就需要进入商品展示页面。该页面包含商品的各种详细信息，顾客可以根据商品的展示说明来选择是否购买。

（4）性能需求

由于整个网站涉及大量的商品信息以及用户信息的发布，要求信息登录、修改、删除操作延迟时间要短。搜索操作要求得到大量数据结构时，延迟不能太长。

12.1.2 根据效果图分析布局

"宇泽首饰电子购物网"是以在线销售珠宝为主的购物平台，主要包括主页面、搜索页面和产品详细信息页面 3 部分，这里针对这 3 个页面进行分析。

1. 主页面布局规划

主页面应该包括网站的 Logo、导航、产品搜索框、个人账户、产品分类、部分产品推荐以及广告位等栏目。通过成熟地构思与设计，"宇泽首饰电子购物网"主页面最终效果如图 12-1 所示，布局示意图如图 12-2 所示。

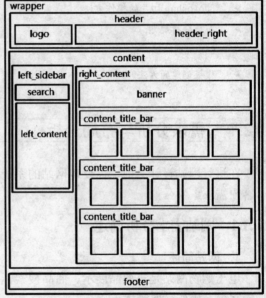

图 12-1 主页面最终效果　　　　　　　　图 12-2 主页面布局示意图

2. 搜索页面布局规划

搜索页面是访问者在搜索栏中输入关键字后，通过系统搜索找出符合条件的产品列表页面。通过成熟地构思与设计，"宇泽首饰电子购物网"搜索页面最终效果如图 12-3 所示，布局示意图如图 12-4 所示。

3. 产品详细信息页面布局规划

产品详细信息页面是访问者查看具体产品时显示的页面，通过成熟地构思与设计，"宇泽首饰电子购物网"产品详细信息页面最终效果如图 12-5 所示，布局示意图如图 12-6 所示。

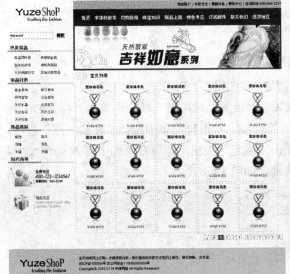

图 12-3　搜索页面最终效果

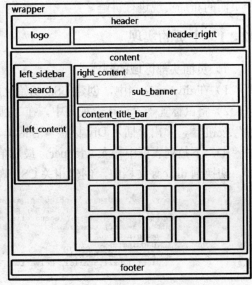

图 12-4　搜索页面布局示意图

图 12-5　产品详细信息页面最终效果

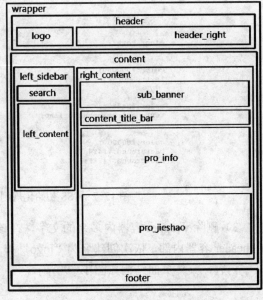

图 12-6　产品详细信息页面布局示意图

12.2　实现过程

在制作页面之前，首先定义站点，以方便对站点内文件进行管理和操作。其次，在站点中创建"images"和"style"两个文件夹，用于放置图片和样式文件。最后新建"index.html"文档和"div.css"文档，并将两个文档链接起来。在完成了这些准备工作以后，下面分别对各个页面的布局实现进行讲解。

12.2.1 主页的实现

1. 页面头部区域的制作

1）在 div.css 文档中，创建 CSS 初始化规则，如图 12-7 所示。

2）将鼠标置于"设计"视图中，在"插入"面板的"常用"选项卡中单击"插入 Div 标签"按钮圖，弹出"插入 Div 标签"对话框，在"插入"下拉菜单中选择"在插入点"选项，在"ID"下拉列表框中输入 wrapper，最后单击"确定"按钮，即可在页面中插入 wrapper 容器。切换到 div.css 文档中，创建相关 CSS 规则，如图 12-8 所示。

```
body, div, address, blockquote, iframe, ul, ol,
dl, dt, dd, li, dl, h1, h2, h3, h4, pre, table,
caption, th, td, form, legend, fieldset, input,
button, select, textarea {
    margin:0;
    padding:0;
    font-style: normal;
    font:12px/1.5 Arial, Helvetica, sans-serif;
}
ol, ul, li {
    list-style: none;
}
img {
    border:0;
    vertical-align:middle;
}
p {
    text-indent:2em;
}
.clear {
    clear:both;
}
a {
    color:#000000;
    text-decoration:none;
}
a:hover {
    color:#BA2636;
    text-decoration:underline;
}
body {
    color:#000000;
    background:#f4f4e8;
    background: #FFF;
}
```

```
#wrapper {
    width:1000px;
    margin:0 auto;
}
```

图 12-7　CSS 初始化规则　　　图 12-8　wrapper 容器的 CSS 规则

3）删除 wrapper 容器内多余的文字，在该容器内部插入一个名为"header"的 div 容器。在 header 容器内部，依次创建名为"logo"和"header_right"的 div 容器，并插入图像和相关文字内容，具体页面结构如图 12-9 所示。

```
<body>
<div id="wrapper">
  <div id="header">
    <div id="logo"><img src="images/logo.gif" width="240" height="90" /></div>
    <div id="header_right">
      <div id="top"><a href="#">我的账户</a><span>|</span><a href="#">付款方式</a>
<span>|</span><a href="#">最新消息</a><span>|</span><a href="#">帮助中心</a><span>|
</span>咨询热线:400-686-1234</div>
    </div>
  </div>
</div>
</body>
```

图 12-9　hearder 容器的页面结构

4）在 div.css 文档中，创建相关 CSS 规则，如图 12-10 所示。切换回设计页面，页面效果如图 12-11 所示。

```
#header {
    width:1000px;
    height:90px;
    padding-top:10px;
}
#logo {
    width:240px;
    height:90px;
    float:left;
}
#header_right {
    float: left;
    width:750px;
    height:90px;
    text-align:right;
}
#top {
    height:30px;
    width:750px;
    background: #CC0;
    line-height:30px;
}
#top span {
    padding-left:5px;
    padding-right:5px;
}
```

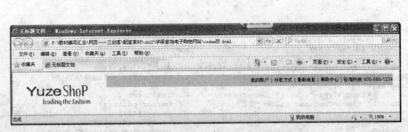

图 12-10　CSS 规则　　　　　　　　　　　图 12-11　设计页面预览效果

5）在 top 容器的后面插入名为"nav"的 div 容器，使用无序列表在该容器内部搭建导航，具体结构如图 12-12 所示。返回 div.css 文档中，创建相关 CSS 规则，如图 12-13 所示。

```
<div id="wrapper">
  <div id="header">
    <div id="logo"><img sr...</div>
    <div id="header_right">
    <div id="top"><a href...</div>
    <div id="nav">
      <ul>
        <li><a href="#">首页</a></li>
        <li><a href="#">宇泽的故事</a></li>
        <li><a href="#">购物指南</a></li>
        <li><a href="#">珠宝知识</a></li>
        <li><a href="#">新品上架</a></li>
        <li><a href="#">特色专区</a></li>
        <li><a href="#">订阅邮件</a></li>
        <li><a href="#">联系我们</a></li>
        <li><a href="#">送货地区</a></li>
      </ul>
    </div>
  </div>
</div>
```

```
#nav {
    width:750px;
    height:60px;
    background: #663366;
}
#nav ul {
    padding:20px 15px
}
#nav ul li {
    float:left;
    margin-left:15px;
}
#nav ul li a {
    color:#FFF;
    font-size:16px;
    font-family:"黑体";
}
```

图 12-12　new 容器的页面结构　　　　　图 12-13　new 容器的 CSS 规则

2．主页左侧导航的制作

1）将鼠标定位在"设计"视图中，单击"插入"面板的"插入 Div 标签"按钮，弹出"插入 Div 标签"对话框，在"插入"下拉菜单中选择"在标签之后"选项，并在其后方下拉菜单中选择"<div id="header">"选项，在"ID"下拉列表框中输入 content，最后单击"确定"按钮，即可在 header 容器后面插入 content 容器，如图 12-14 所示。

2）参照上述方法，在 content 容器内部插入名为"left_sidebar"的 div 容器，此时页面结构如图 12-15 所示。返回 div.css 文档中，创建相关 CSS 规则，如图 12-16 所示。

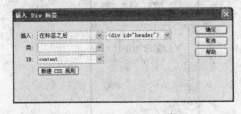

```
<body>
<div id="wrapper">
  <div id="header">
    <div id...
  </div>
  <div id="content">
    <div id="left_sidebar"></div>
  </div>
</div>
</body>
```

```
#content {
    width:1000px;
    float:left;
}
#left_sidebar {
    width:240px;
    height:500px;
    float:left;
}
```

图 12-14　插入 content 容器　　　　图 12-15　left_sidebar　　　图 12-16　left_sidebar
　　　　　　　　　　　　　　　　　　　容器的页面结构　　　　　　　容器的 CSS 规则

3）在 left_sidebar 容器内部插入名为"search"的 div 容器，用于制作商品搜索栏。在该容器内部插入表单域、文本字段和按钮，具体页面结构如图 12-17 所示。切换到 div.css 文档中，创建相关 CSS 规则，如图 12-18 所示。保存当前文档，预览后的效果如图 12-19 所示。

```
<div id="content">
  <div id="left_sidebar">
    <div id="search">
      <form action="" method="get" >
        <input name="searchtext" type="text"
class="newsletter_input" id="searchtext"
value="keyword" size="25"/>
        <input type="submit" name="button"
id="button" class="button" value="搜索" />
      </form>
    </div>
  </div>
</div>
```

图 12-17　search 容器的页面结构

```
#search {
    background:#f7f7f7;
    padding:20px 10px;
}
#searchtext {
    height:20px;
}
#button {
    color:#000;
    background:#ffc850;
    font:bold 11px Arial, Helvetica,
sans-serif;
    text-decoration:none;
    margin-left:10px;
    border:1px solid #5b7a92;
}
#button:hover {
    cursor:pointer;
    color:#fff;
    background:#663300;
    border:1px solid #ffc850;
}
```

图 12-18　search 容器的 CSS 规则　图 12-19　搜索栏预览效果

4）将鼠标定位在设计视图中，单击"插入"面板的"插入 Div 标签"按钮，弹出"插入 Div 标签"对话框，在"插入"下拉菜单中选择"在标签之后"选项，并在其后方下拉菜单中选择"<div id="search">"选项，在"ID"下拉列表框中输入 left_content，最后单击"确定"按钮，即可在 search 容器后面插入 left_content 容器。

5）在 left_content 容器内部，依次创建应用"sider_title_box"类规则的 div 容器以及应用"left_menu"类规则的无序列表，用于实现左侧商品分类导航，具体页面结构如图 12-20 所示。

```
<div id="content">
  <div id="left_sidebar">
    <div id="search">
      <form a...>
    </div>
    <div class="sider_title_box">热卖商品</div>
    <ul class="left_menu">
      <li><a href="#">幸福四叶草</a></li>
      <li><a href="#">典雅铂金戒</a></li>
      <li><a href="#">施华洛世奇</a></li>
      <li><a href="#">奥特莱斯店</a></li>
      <li><a href="#">天然泗滨砭石</a></li>
      <li><a href="#">其他热卖商品</a></li>
    </ul>
    <div class="clear"></div>
  </div>
</div>
```

图 12-20　左侧商品分类导航的页面结构

6）切换到 div.css 文档中，创建相关 CSS 规则，如图 12-21 所示。保存当前文档，预览后的效果如图 12-22 所示。

```
.sider_title_box {
    background:
url(images/sider_title_box_bg.gif)
no-repeat left bottom;
    height:25px;
    width:230px;
    font-size:16px;
    color:#663366;
    padding-left:10px;
    font-family:"黑体";
}
ul.left_menu {
    padding:10px;
}
ul.left_menu li {
    float:left;
    margin-left:5px;
}
ul.left_menu li a {
    width:80px;
    height:25px;
    line-height:25px;
    display:block;
    border-bottom:1px #e4e4e4
dashed;
    color:#504b4b;
    padding-left:10px;
}
ul.left_menu li a:hover {
    background:
url(images/a_hover_bg.gif)
no-repeat left center;
}
```

图 12-21　左侧商品分类导航的 CSS 规则　　图 12-22　左侧商品分类导航的预览效果

7）将鼠标定位在图 12-20 所示的"<div class="clear"></div>"标签后面，在当前位置插入应用"sider_title_box"类规则的 div 容器以及应用"left_menu"类规则的无序列表，如图 12-23 所示。由于之前已经创建了对应的类规则，这里当页面结构创建完成时，页面效果自动呈现出来，如图 12-24 所示。

图 12-23　页面结构　　　　　　　　　　　　图 12-24　预览效果

8）将鼠标定位在图 12-23 中"<div class="clear"></div>"标签后面，在当前位置插入应用"sider_title_box"类规则的 div 容器以及应用"guide"类规则的 div 容器，将预先准备好的图像插入其中，其结构如图 12-25 所示。

9）切换到 div.css 文档中，创建相关 CSS 规则，如图 12-26 所示。保存当前文档，预览后的效果如图 12-27 所示。

```
<div class="clear"></div>
<div class="sider_title_box">站内向导</div>
<div class="guide"> <img src="images/guide_01.jpg"
width="240" height="71" /></div>
<div class="guide"><img src="images/guide_02.jpg"
width="240" height="71" /></div>
<div class="clear"></div>
```

```
.guide {
    height:80px;
    margin:10px 0;
}
```

图 12-25　页面结构　　　　图 12-26　CSS 规则　　　图 12-27　预览效果

3. 主页右侧主体区域的制作

1）将鼠标定位在"设计"视图中，单击"插入"面板的"插入 Div 标签"按钮 ，弹出"插入 Div 标签"对话框，在"插入"下拉菜单中选择"在标签之后"选项，并在其后方下拉菜单中选择"<div id="left_sidebar">"选项，在"ID"下拉列表框中输入 right_content，最后单击"确定"按钮，即可在 left_sidebar 容器后面插入 right_content 容器。

2）在 right_content 容器内部插入名为"banner"的 div 容器，切换到 div.css 文档中，创建相关 CSS 规则，如图 12-28 所示。保存当前文档，预览后的效果如图 12-29 所示。

```
#right_content {
    float:left;
    width:750px;
}
#banner {
    width:740px;
    height:255px;
    background: url(images/banner.jpg)
no-repeat left bottom;
    border-left:5px #663366 solid;
    border-bottom:5px #663366 solid;
    border-right:5px #663366 solid;
}
```

图 12-28　banner 容器的 CSS 规则

图 12-29　banner 容器的预览效果

3）在 banner 容器内部插入应用"content_title_bar"类的 div 容器，此时页面结构如图 12-30
所示。切换到 div.css 文档中，创建相关 CSS 规则，如图 12-31 所示。

```
<div id="content">
  <div id="left_sidebar">
    <div i...>
  </div>
  <div id="right_content">
    <div id="banner"></div>
    <div class="content_title_bar">最新珠宝</div>
  </div>
</div>
```

图 12-30　插入 div 容器的页面结构

```
.content_title_bar {
    height:30px;
    background:#FFF
url(images/content_title_bar_bg.gif)
no-repeat left center;
    padding-left:60px;
    line-height:30px;
    font-family:"黑体";
    font-size:16px;
    color:#663366;
    margin:5px 0;
}
```

图 12-31　对应 CSS 规则

4）在应用"content_title_bar"类的 div 容器后面，插入应用"prod_box"类的 div 容器，
用于盛放商品简要信息，具体页面结构如图 12-32 所示。

```
<div id="right_content">
  <div id="banner"></div>
  <div class="content_title_bar">最新珠宝</div>
  <div class="prod_box">
    <div class="product_title"><a title="珊瑚手链-爱莲" href="#" target="_blank">珊瑚手链-爱莲</a></div>
    <div class="product_img"><img src="images/001.jpg" width="110" height="110" /></div>
    <div class="prod_price"><span class="reduce">&yen;270</span> <span class="price">&yen;215</span></div>
  </div>
</div>
```

图 12-32　用于盛放商品简要信息的页面结构

5）切换到 div.css 文档中，创建相关 CSS 规则，如图 12-33、图 12-34 所示。保存当前文
档，预览后的效果如图 12-35 所示。

```
.prod_box {
    width:120px;
    height:160px;
    border:1px #D4D4D4 solid;
    float:left;
    padding:5px 10px;
    margin-left:5px;
    margin-top:5px;
}
.product_title {
    text-align:center;
}
.product_title a {
    text-decoration:none;
    color: #333;
    padding:5px 0 5px 0;
    font-weight:bold;
    border:0;
}
```

```
.product_title a:hover {
    color:#064E5A;
}
.product_img {
    text-align:center;
    margin-bottom:8px;
}
.prod_price {
    text-align:center;
}
span.reduce {
    color:#666666;
    text-decoration:line-through;
}
span.price {
    color:  #DE1010;
}
```

图 12-33　用于盛放商品简要
　　信息的 CSS 规则一

图 12-34　用于盛放商品简要
　　信息的 CSS 规则二

图 12-35　用于盛放商品简要
　　信息的预览效果

6）将图 12-32 所示的代码复制，然后执行多次"粘贴"操作，即可制作出多个商品超链

接，如图 12-36 所示。

7）参照步骤 3）～6）的方法，制作出主页剩余商品的超链接，如图 12-37 所示。

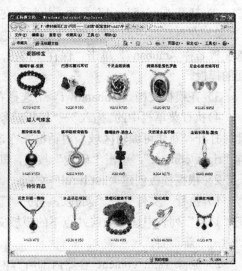

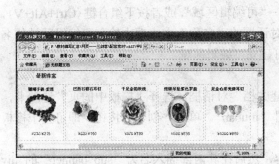

图 12-36　多个商品超链接预览效果 　　　　图 12-37　主页预览效果

4．footer 区域的制作

1）将鼠标定位在"设计"视图中，单击"插入"面板的"插入 Div 标签"按钮 ，弹出"插入 Div 标签"对话框，在"插入"下拉菜单中选择"在标签之后"选项，并在其后方下拉菜单中选择"<div id="content">"选项，在"ID"下拉列表框中输入 footer，最后单击"确定"按钮，即可在 content 容器后面插入 footer 容器。

2）根据需要在 footer 容器内插入 logo 以及版权文字内容，具体结构如图 12-38 所示。切换到 div.css 文档中，创建相关 CSS 规则，如图 12-39 所示。

```
<div id="footer">
   <div id="footer_logo"></div>
   <div id="footer_mid">
全天均可网上订购，支持货到付款，我们提供的付款方式有网
上银行、银行转账、支付宝。<br/>
      京ICP证100000号 京公网安备110000000000号<br/>
      Copyright &copy; 2012-2116 宇泽网络 All Rights Reserved
   </div>
</div>
```

```
#footer {
      height:90px;
      background:#CCC;
      clear:both;
      padding:10px;
      margin-top:20px;
}
#footer_logo {
      float:left;
      width:240px;
      height:90px;
      background:
url(../images/foot_logo.gif) no-repeat;
}
#footer_mid {
      float:left;
      width:730px;
      height:60px;
      padding:15px 5px;
      font:12px;
}
```

图 12-38　footer 容器的页面结构 　　　　图 12-39　footer 容器的 CSS 规则

3）保存当前文档，根据预览效果细微调整某些 CSS 规则。

至此，"宇泽首饰电子购物网"主页的布局已经全部实现完成。下面通过模板功能快速创建网站其他页面。

12.2.2　检索页的实现

之前已经将网站主页实现了，根据最初的网站规划可知，网站检索页的布局与主页有部

分相似之处，这里拟采用"模板"功能快速创建检索页。

1．将主页另存为模板

1）打开"index.html"页面，执行"文件"→"另存为模板"，打开"另存模板"对话框。

2）在对话框中的"站点"下拉列表中选择站点"模板示例"，在"另存为"文本框中输入模板名称"muban"。单击"保存"按钮，将当前页面"index.html"保存为用于创建其他页面的模板。

3）在模板文档"muban.dwt"中选择右侧主体区域中名为"right_content"的 div 容器。

4）执行菜单栏中的"插入"→"模板对象"→"可编辑区域"，或者按下组合键〈Ctrl+Alt+V〉，此时打开"新建可编辑区域"对话框。在该对话框的"名称"文本框中输入可编辑区域的名称"right_content"，单击"确定"按钮，即可建立可编辑区域。

2．根据模板创建"list.html"文档

1）执行"文件"→"新建"，打开"新建文档"对话框，选择"模板中的页"选项卡，在"站点"列表中选择当前站点下的模板文件"muban"，单击"创建"按钮，即可基于模板创建一个新页面。

2）删除 right_content 容器内部所有内容，然后在其内部插入名为"sub_banner"的 div 容器，具体结构如图 12-40 所示。

3）切换到 div.css 文档中，创建相关 CSS 规则，如图 12-41 所示。

```
<div id="right_content">
  <div id="sub_banner"></div>
</div>
```

图 12-40　sub_banner 容器的页面结构

```
#sub_banner {
    width:740px;
    height:150px;
    background:url(../images/sub_banner_bg.jpg)
no-repeat left center;
    border-left:5px #663366 solid;
    border-bottom:5px #663366 solid;
    border-right:5px #663366 solid;
}
```

图 12-41　sub_banner 容器的 CSS 规则

4）参照主页中制作商品信息列表的方法，在当前二级页面中创建相同结构的信息列表，使之呈现出如图 12-42 所示的效果。

图 12-42　二级页面预览效果

Dw Ps Fl

5）在商品信息列表的后面插入应用"pagination"类的div容器，并在其中插入一组无序列表，页面结构如图12-43所示。

```
<div class="pagination">
    <ul>
        <li class="disablepage">上一页</li>
        <li class="currentpage">1</li>
        <li><a href="#">2</a></li>
        <li><a href="#">3</a></li>
        <li><a href="#">4</a>...</li>
        <li><a href="#">5</a></li>
        <li><a href="#">6</a></li>
        <li><a href="#">7</a></li>
        <li><a href="#">8</a></li>
        <li><a href="#">下一页</a></li>
    </ul>
</div>
```

图12-43　插入应用"pagination"类的页面结构

6）切换到div.css文档中，创建相关CSS规则，如图12-44、图12-45所示。

```
.pagination {
    height:25px;
    margin-top:10px;
}
.pagination ul {
    margin: 0;
    padding: 0;
    text-align: right;
    font-size: 12px;
}
.pagination li {
    list-style-type: none;
    display: inline;
    padding-bottom: 1px;
}
.pagination a, .pagination a:visited {
    padding: 0 5px;
    border: 1px solid #9aafe5;
    text-decoration: none;
    color: #2e6ab1;
}
```

```
.pagination a:hover, .pagination a:active {
    border: 1px solid #2b66a5;
    color: #000;
    background-color: #FFC;
}
.pagination li.disablepage {
    padding: 0 5px;
    border: 1px solid #929292;
    color: #929292;
}
.pagination li.currentpage {
    font-weight: bold;
    padding: 0 5px;
    border: 1px solid navy;
    background-color: #2e6ab1;
    color: #FFF;
}
```

图12-44　插入应用"pagination"类的CSS规则一　　图12-45　插入应用"pagination"类的CSS规则二

7）保存当前文档，预览后的效果如图12-46所示。

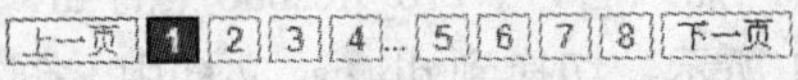

图12-46　翻页按钮的预览效果

12.2.3　产品信息页的实现

当访问者选中某个产品时，网站将自动跳转到该产品的详细信息页面。在此页面中，主要对产品的各种信息加以描述，使得浏览者加深了解要购买的产品。由于此页面与首页的布局有一定相似之处，这里同样可以使用"模板"功能创建该页面。

1）使用模板创建新页面，删除right_content容器内部所有内容，然后在其内部插入名为"sub_banner"的div容器。

2）在sub_banner容器后面插入应用"content_title_bar"类的div容器。在该容器后面插入名为"pro_info"的div容器，并根据需要添加相关图像和文字信息，具体页面结构如图12-47所示。

3）切换到 div.css 文档中，创建相关 CSS 规则，如图 12-48、图 12-49 所示。

```html
<div id="right_content">
    <div id="sub_banner"></div>
    <div class="content_title_bar">珠宝详情</div>
    <div id="pro_info">
        <div class="product_bigimg"><img src=
"images/product_bigimg_01.jpg" width="350" height="250" /></div>
        <div class="details_big_box">
            <h3>18K黄金神秘几何图案蓝宝石镶钻戒指</h3>
            <ul>
                <li>商品编号：1000839198</li>
                <li>字泽价：&yen;9500.00</li>
                <li>商品评分：5分</li>
                <li>促销消息：此商品由挚爱名品提供，VIP享受96折</li>
                <li>附件：鉴定证书1份</li>
                <li>库存情况：现货</li>
                <li>运费说明：字泽珠宝商城全场免运费</li>
                <li>购买数量：1</li>
            </ul>
            <a href="#" class="prod_buy">加入购物车</a> <a href="#"
class="prod_buy">收藏该商品</a> </div>
        </div>
    </div>
```

图 12-47　产品信息页的页面结构

```css
#pro_info {
    height:280px;
    padding:5px 20px;
}
.product_bigimg {
    width:350px;
    height:250px;
    float:left;
}
.prod_buy {
    width:75px;
    height:24px;
    display:block;
    float:left;
    background:
url(../images/link_bg.gif)
no-repeat center;
    margin:2px 0 0 5px;
    text-align:center;
    line-height:24px;
    text-decoration:none;
    color: #006600;
}
```

图 12-48　产品信息页的 CSS 规则一

4）保存当前文档，预览后的效果如图 12-50 所示。

```css
.details_big_box {
    width:340px;
    float:left;
    margin-left:20px;
    text-align:left;
}
.details_big_box h3 {
    color:#663366;
    text-align:center;
    font-size:16px;
    font-weight:bold;
}
.details_big_box ul {
    padding:5px 10px 5px 10px;
}
.details_big_box li {
    border-bottom:1px #CCC dashed;
    height:25px;
}
```

图 12-48　产品信息页的 CSS 规则二

图 12-50　产品信息页的预览效果

5）在 pro_info 容器后面，插入名为 "pro_jieshao" 的 div 容器，并在其中输入商品的详细信息，具体结构如图 12-51 所示。切换到 div.css 文档中，创建相关 CSS 规则，如图 12-52 所示。保存当前文档，通过浏览器即可看到最终效果。

```html
<div id="pro_jieshao">
    <h3>产品详细介绍</h3>
    <div class="jieshao">
        <p>戒指中间是一个...</p>
    </div>
    <h3>注意事项</h3>
    <div class="jieshao">
        <p>1.不要让化妆...</p>
        <p>2.间中以稀释...</p>
        <p>3.储存饰品...</p>
        <p>4.经常检查饰...</p>
    </div>
</div>
```

图 12-51　pro_jieshao 容器的页面结构

```css
#pro_jieshao {
    height:300px;
    margin-top:10px;
    background:#e7e3de;
    padding:20px;
}
#pro_jieshao h3 {
    color:#663366;
    font-size:16px;
}
.jieshao {
    background:#FFF;
    padding:5px;
}
```

图 12-52　pro_jieshao 容器的 CSS 规则

至此，"宇泽首饰电子购物网" 主要类型网页已经全部制作完成，读者可以根据自己的喜好修改相关的 CSS 规则，进一步美化整个页面。

12.3 习题

1. 使用 DIV+CSS 的方式制作如图 12-53 所示的页面。

2. 策划一个电子商务网站，并撰写网站策划，要求使用 DIV+CSS 的方式制作出网站的一些子页面，如图 12-54、图 12-55、图 12-56 所示。

图 12-53　操作题 1

图 12-54　操作题 2 网站主页面

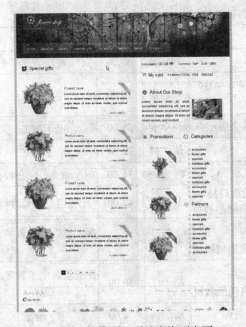

图 12-55　操作题 2 网站查询列表页

图 12-56　操作题 2 产品详细信息页面

精品教材推荐目录

序号	书号	书名	作者	定价	配套资源
1	978-7-111-32787-5	计算机基础教程(第2版)	陈卫卫	35.00	电子教案
2	978-7-111-08968-5	数值计算方法(第2版)	马东升	25.00	电子教案、配套教材
3	978-7-111-31398-4	C语言程序设计实用教程	周虹等	33.00	电子教案、配套教材
4	978-7-111-33365-4	C++程序设计教程——化难为易地学习C++	黄品梅	35.00	电子教案、全新编排结构
5	978-7-111-36806-9	C++程序设计	郑莉	39.80	电子教案、习题答案
6	978-7-111-33414-9	Java程序设计(第2版)	刘慧宁	43.00	电子教案、源程序
7	978-7-111-02241-6	VisualBasic程序设计教程(第2版)	刘瑞新	30.00	电子教案、源程序、实训指导、配套教材
8	978-7-111-38149-5	C#程序设计教程	刘瑞新	32.00	电子教案、配套教材
9	978-7-111-31223-9	ASP.NET 程序设计教程(C#版)(第2版)	崔淼	38.00	电子教案、配套教材
10	978-7-111-08594-2	数据库系统原理及应用教程(第3版)——"十一五"国家级规划教材	苗雪兰 刘瑞新	39.00	电子教案、源程序、实验方案、配套教材
11	978-7-111-19699-0	数据库原理与SQL Server 2005应用教程	程云志	31.00	电子教案、习题答案
12	978-7-111-38691-9	数据库原理及应用(Access 版)(第2版)——北京高等教育精品教材	吴靖	34.00	电子教案、配套教材
13	978-7-111-02264-5	VisualFoxPro 程序设计教程(第2版)	刘瑞新	34.00	电子教案、源代码、实训指导、配套教材
14	978-7-111-08257-5	计算机网络应用教程(第3版)——北京高等教育精品教材	王洪	32.00	电子教案
15	978-7-111-30641-2	计算机网络——原理、技术与应用	王相林	39.00	电子教案、教学视频
16	978-7-111-32770-7	计算机网络应用教程	刘瑞新	37.00	电子教案
17	978-7-111-38442-7	网页设计与制作教程(Dreamweaver+Photoshop+Flash 版)	刘瑞新	32.00	电子教案
18	978-7-111-12530-3	单片机原理及应用教程(第2版)	赵全利	25.00	电子教案
19	978-7-111-15552-1	单片机原理及接口技术	胡健	22.00	电子教案
20	978-7-111-10801-9	微型计算机原理及应用技术(第2版)	朱金钧	31.00	电子教案、配套教材
21	978-7-111-20743-6	80x86/Pentium 微机原理及接口技术(第2版)——北京高等教育精品教材	余春暄	42.00	配光盘、配套教材
22	978-7-111-09435-7	多媒体技术应用教程(第6版)——"十一五"国家级规划教材	赵子江	35.00	配光盘、电子教案、素材
23	978-7-111-26505-4	多媒体技术基础(第2版)——北京高等教育精品教材	赵子江	36.00	配光盘、电子教案、素材
24	978-7-111-32804-9	计算机组装、维护与维修教程	刘瑞新	36.00	电子教案
25	978-7-111-26532-0	软件开发技术基础(第2版)——"十一五"国家级规划教材	赵英良	34.00	电子教案